DIANGONG JINENG SHIXUN JIAOCHENG

电工技能
实训教程

主 编 朱文胜

苏州大学出版社
Soochow University Press

图书在版编目(CIP)数据

电工技能实训教程/朱文胜主编. —苏州:苏州大学出版社,2019.6(2024.12重印)
高职高专"十三五"规划教材
ISBN 978-7-5672-2816-0

Ⅰ.①电… Ⅱ.①朱… Ⅲ.①电工技术—高等职业教育—教材 Ⅳ.①TM

中国版本图书馆 CIP 数据核字(2019)第 100551 号

内 容 提 要

本书以"电工国家职业标准"为编写依据,在内容选择上结合目前我国大、中型企业实际情况,突出工艺要领与操作技能的培养。书中不仅列举了大量的实训,还总结了从业人员在实际工作中常见故障的分析和处理方法。学生经过系统训练后,可达到职业技能鉴定中、高级以上水平。

全书共分 10 章,主要内容有:安全用电,常用工具及仪表使用,导线选型及加工工艺,一般电气线路及照明安装工艺,电动机拆装工艺,电动机基本控制线路的安装、调试与检修,常用生产机械电气控制设备故障检修,PLC 应用技术,变频器使用简介,交流伺服电机控制技术。

本书可作为高职高专电类专业和机电一体化专业的教材,也可作为职工培训教材。

电工技能实训教程

朱文胜 主编

责任编辑 周建兰

苏州大学出版社出版发行
(地址:苏州市十梓街1号 邮编:215006)
苏州工业园区美柯乐制版印务有限责任公司印装
(地址:苏州工业园区双马街97号 邮编:215121)

开本 787 mm×1 092 mm 1/16 印张 17 字数 414 千
2019 年 6 月第 1 版 2024 年 12 月第 4 次印刷
ISBN 978-7-5672-2816-0 定价:42.00 元

苏州大学版图书若有印装错误,本社负责调换
苏州大学出版社营销部 电话:0512-67481020
苏州大学出版社网址 http://www.sudapress.com
苏州大学出版社邮箱 sdcbs@suda.edu.cn

高等职业教育规划教材

前言 Preface

  本书以"电工国家职业标准"为编写依据，充分体现"淡化理论，够用为度，培养技能，重在应用"的原则，在内容选择上结合目前我国大、中型企业实际情况，突出工艺要领与操作技能的培养。书中不仅列举了大量的实训，还总结了从业人员在实际工作中常见故障的分析和处理方法。学生经过系统训练后，可达到职业技能鉴定中、高级以上水平。本书可作为高职高专电类专业和机电一体化专业教材，也可作为职工培训教材。

  本书主要特点是：

  1. 在编写方法上打破了以往教材过于注重"系统性"的倾向，摒弃了一些一般内容和烦琐的数学推导，采用阶跃式、有选择的编写模式，强调实践，简化理论，突出实用技能，内容体系更加合理。

  2. 注重现实社会发展和就业需求，以培养职业岗位群的综合能力为目标，充实训练块的内容，强化应用，有针对性地培养学生较强的职业技能。

  3. 教材内容的设置有利于扩展学生的思维空间和学生的自主学习，着力于培养和提高学生的综合素质，使学生具有较强的创新能力，促进学生的个性发展。

  4. 教材内容充分反映新知识、新技术、新工艺和新方法，具有超前性、先进性。

  5. 在学习本教材时，读者应对电机及拖动、低压电器及电气控制原理、PLC原理、变频器原理等知识具有一定的了解。

  本书在内容安排上遵循由浅入深的原则，并紧密结合电工应具备的技能。主要内容有：安全用电，常用工具及仪表的使用，导线选型及加工工艺，一般电气线路及照明安装工艺，电动机拆装工艺，电动机基本控制线路的安装、调试与检修，常用生产机械电气控制设备故障检修，PLC应用技术，变频器使用简介及交流伺服电机控制技术。

  本书由朱文胜主编，侍孝虎、陈海芹、赵斯军为副主编。

  由于编写时间紧迫，编者水平有限，书中缺点和错误之处在所难免，敬请广大读者批评指正。

编 者

2019 年 3 月

目录

第1章 安全用电 (001)
1.1 电工安全操作规程 (001)
1.2 触电与急救知识 (004)

第2章 常用工具及仪表使用 (007)
2.1 常用电工工具(课题一) (007)
2.1.1 高、低压验电器 (007)
2.1.2 钢丝钳、尖嘴钳和断线钳 (008)
2.1.3 螺钉旋具 (009)
2.1.4 电工刀、剥线钳 (010)
2.1.5 冲击钻 (010)
2.2 常用仪表的使用 (011)
2.2.1 数字式多用表 (011)
2.2.2 兆欧表 (012)
2.2.3 直流电桥的使用 (014)

第3章 导线选型及加工工艺 (018)
3.1 导线选型 (018)
3.2 导线连接的要求 (019)
3.3 导线连接的方法及导线与设备元件的连接方法(课题二) (021)

第4章 一般电气线路及照明安装工艺 (029)
4.1 线路分类和安装工艺 (029)
4.1.1 室内配线的基本要求及工艺 (029)
4.1.2 室内配线的工序 (029)
4.1.3 照明电路安装工艺要求 (030)

4.2 明敷和暗敷线路 ·· (030)
　4.2.1 塑料护套线配线 ·· (030)
　4.2.2 管线线路 ··· (031)
4.3 电能表的接线与安装 ·· (034)
　4.3.1 单相电能表 ·· (034)
　4.3.2 三相电能表(课题三) ··· (035)

第5章 电动机拆装工艺 ·· (039)

5.1 电动机的工作原理 ·· (039)
5.2 三相笼型异步电动机的拆装(课题四) ··································· (040)
5.3 定子绕组的拆换工艺(课题五) ·· (046)
5.4 绕组线圈计算及展开图、下线图的绘制(课题六) ··················· (048)
5.5 嵌线工艺(课题七) ··· (053)
5.6 绕组的初步检测及浸漆烘干处理 ··· (060)

第6章 电动机基本控制线路的安装、调试与检修 ························· (064)

6.1 三相异步电动机控制线路的安装工艺 ··································· (064)
　6.1.1 电动机控制线路的安装工艺 ·· (064)
　6.1.2 常用低压电器的选用 ·· (066)
　6.1.3 电气系统图简介 ·· (068)
6.2 基本控制线路的安装、调试与检修 ······································ (070)
　6.2.1 三相异步电动机的正转控制线路(课题八) ······················· (070)
　6.2.2 三相异步电动机的正反转控制线路(课题九) ···················· (073)
　6.2.3 三相异步电动机的自动往返控制线路(课题十) ················· (078)
　6.2.4 三相异步电动机的星形-三角形控制线路(课题十一) ········· (079)
　6.2.5 双速电动机自动变速控制线路(课题十二) ······················· (081)
　6.2.6 正反转控制及停车能耗制动控制线路(课题十三) ·············· (083)
　6.2.7 三台电动机顺序启动逆序停车控制线路(课题十四) ··········· (085)

第7章 常用生产机械电气控制设备故障检修 ································ (087)

7.1 电气控制线路的故障检查方法 ·· (087)
　7.1.1 电阻检查法 ·· (087)
　7.1.2 电压检查法 ·· (088)
7.2 车床常见故障分析与处理 ··· (089)
　7.2.1 C616型普通车床电气控制系统图 ··································· (089)
　7.2.2 车床控制线路的故障检修(课题十五) ······························ (091)

7.3 钻床常见故障分析与处理 ………………………………………………………… (092)
   7.3.1 钻床电气控制系统图 ……………………………………………………… (092)
   7.3.2 钻床控制线路的故障检修(课题十六) …………………………………… (093)
7.4 M7140 型卧轴矩台平面磨床 …………………………………………………… (096)
   7.4.1 电磁吸盘的结构 ……………………………………………………………… (096)
   7.4.2 M7140 型卧轴矩台平面磨床 ……………………………………………… (097)
7.5 铣床常见故障分析与处理 ………………………………………………………… (101)
   7.5.1 铣床电气控制系统图 ……………………………………………………… (101)
   7.5.2 铣床控制线路的故障检修(课题十七) …………………………………… (101)

第 8 章 PLC 应用技术 ……………………………………………………………… (107)

8.1 可编程控制器简介 ………………………………………………………………… (107)
8.2 三菱 FX 系列可编程控制器简介 ………………………………………………… (108)
   8.2.1 三菱 FX2N 系列 PLC 的构成 …………………………………………… (108)
   8.2.2 FX2N 系列 PLC 内部元器件及格式 …………………………………… (110)
   8.2.3 三菱 GX Works2 编程软件简介 ………………………………………… (115)
   8.2.4 指令系统简介 ……………………………………………………………… (119)
8.3 西门子 S7-200 系列可编程控制器简介 ………………………………………… (128)
   8.3.1 S7-200 系列 PLC 的构成及其性能 ……………………………………… (128)
   8.3.2 I/O 通道及内部继电器定义号分配 ……………………………………… (131)
   8.3.3 S7-200 指令系统简介 …………………………………………………… (140)
   8.3.4 STEP7-Micro/WIN32 编程软件简介 …………………………………… (142)
8.4 PLC 典型控制系统设计 …………………………………………………………… (148)
   8.4.1 PLC 控制系统设计的内容和步骤 ……………………………………… (148)
   8.4.2 PLC 设计应用实例 ……………………………………………………… (150)
8.5 PLC 基本控制系统设计与调试 ………………………………………………… (177)
   8.5.1 抢答器与 LED 显示控制 ………………………………………………… (177)
   8.5.2 四台电动机顺序启动逆序停车控制 …………………………………… (178)
   8.5.3 多种液体自动混合控制 ………………………………………………… (178)
   8.5.4 十字路口交通信号灯控制 ……………………………………………… (179)
   8.5.5 自动下料系统控制 ……………………………………………………… (179)
   8.5.6 自动运料系统控制 ……………………………………………………… (180)
   8.5.7 三层电梯的控制 ………………………………………………………… (180)

第 9 章 变频器使用简介 …………………………………………………………… (182)

9.1 变频器简介 ………………………………………………………………………… (182)
9.2 基本控制系统的设计与调试 ……………………………………………………… (183)

9.2.1 变频器的安装 …………………………………………………………… (183)
9.2.2 变频调速系统的调试 …………………………………………………… (185)
9.2.3 变频器的维护 …………………………………………………………… (186)
9.2.4 变频调速控制系统的基本要求 ………………………………………… (187)
9.3 常见变频器基本控制系统设计与调试 ………………………………………… (190)
9.3.1 三菱系列变频器 ………………………………………………………… (190)
9.3.2 西门子系列变频器 ……………………………………………………… (201)
9.3.3 综合设计及考核试题 …………………………………………………… (211)

第10章 交流伺服电机控制技术 …………………………………………………… (218)

10.1 交流伺服电机简介 ……………………………………………………………… (218)
10.2 三菱 PLC 位置控制指令简介 …………………………………………………… (225)
10.2.1 三菱 PLC 的脉冲输出功能及位控编程 ……………………………… (225)
10.2.2 步进电机的控制实例分析 …………………………………………… (231)
10.3 西门子 S7-200 系列 PLC 的脉冲输出功能及位控指令编程简介 …………… (236)
10.3.1 开环位控用于步进电机或伺服电机的基本信息 …………………… (236)
10.3.2 使用位控向导生成项目组件 ………………………………………… (241)
10.4 西门子 S7-200 SMART 系列 PLC 简介 ……………………………………… (248)
10.4.1 S7-200 SMART 简介 ………………………………………………… (248)
10.4.2 S7-200 SMART PLC 与 S7-200 PLC 的比较 ……………………… (250)
10.4.3 S7-200 SMART CPU 的运动控制功能 …………………………… (251)

参考文献 …………………………………………………………………………………… (264)

第 1 章　安全用电

1.1　电工安全操作规程

电气设备的安全措施,是指为保障人身及设备的安全,国家按照安全技术要求颁发了一系列规定和规程。由于专业性与地区性的差别,具体要求和内容应遵守所在部门颁发的规程执行。

1. 电气设备的安全防护措施

一台电动机的外壳如果没有接地,当某一绕组的绝缘损坏与机座或铁芯短接时,电动机外壳就会带电。这时,若有人触及这台电动机的外壳,电流通过人体经大地与配电变压器中性点形成回路,人就会遭受电击伤(即触电),如图 1-1(a)所示;如果这台电动机外壳接地,因为接地电阻很小(几欧),而人体电阻较大,所以对地短路电流绝大部分通过接地装置流经大地,与配电变压器中性点形成回路,而流过人体的电流相应减小,对人身安全的威胁也就大为减小,如图 1-1(b)所示。

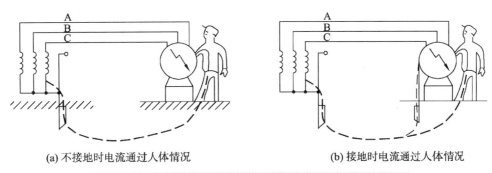

(a) 不接地时电流通过人体情况　　　　(b) 接地时电流通过人体情况

图 1-1　电动机外壳不接地时和接地时电流通过人体情况

为了避免电气事故的发生,电气设备最常用的防护措施是接地和接零。

(1) 接地分类

在电力工程中,接地技术应用极多,通常按接地的作用来分类,常用的有下列几种:

● 保护接地。在电力系统中,凡是为了防止电气设备及装置的金属外壳因发生意外带电而危及人身和设备安全的接地,叫作保护接地。

● 工作接地。在电力系统中,凡因设备运行需要而进行的接地,叫作工作接地。例如,配电变压器低压侧中性点的接地,发电机输出端的中性点接地等。

- 过电压保护接地(防雷接地)。为了消除电气装置或设备的金属结构免遭大气或操作过电压危险的接地,叫作过电压保护接地。
- 静电接地。为了防止可能产生或聚集静电荷而对设备或设施构成威胁的接地,叫作静电接地。
- 隔离接地。把不能受干扰的电气设备或干扰源用金属外壳屏蔽起来,并进行接地,能避免干扰信号影响电气设备正常工作,隔离接地也叫作金属屏蔽接地。

在以上各种接地中,以保护接地应用得最多最广,一般电工在日常施工和维修中,遇到的机会也最多。

低压电网的接地方式有以下几类,如图 1-2 所示。各类系统符号中的第一个字母表示低压系统对地关系:T 表示一点直接接地,I 表示所有带电部分与大地绝缘或经人工中性点接地。第二个字母表示装置的外露可导电部分的对地关系:T 表示与大地有直接的电气连接,而与低压系统的任何接地点无关;N 表示与低压系统的接地点有直接的电气连接。第二个字母后面的字母表示中性线与保护线的组合情况,S 表示分开的,C 表示公用的,C-S 表示部分是公共的。

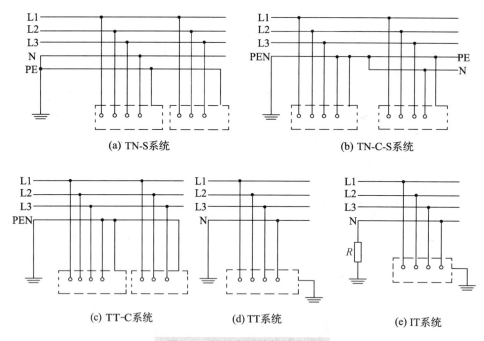

图 1-2 低压电网的接地方式

接地装置由接地体和接地线组成。埋入地下直接与大地接触的金属导体称为接地体。连接接地体和电气设备的金属导体称为接地线。接地体的对地电阻和接地线电阻的总和,称为接地装置的接地电阻。

- 接地电阻不得大于 4Ω,应采用专用保护接地插脚的插头。
- 保护接地干线截面应不小于相线截面的 $\frac{1}{2}$,单独用电设备应不小于 $\frac{1}{3}$。
- 同一供电系统中若采用了保护接地,就不能同时采用保护接零。
- 必须有防止中性线及保护接地线受到机械损伤的保护措施。

- 保护接地系统每隔一定时间要进行检验以检查其接地状况。

有以下几种情况的,可免予保护接地:

- 安装在不导电的建筑材料且离地面 2.2m 以上人体不能直接触及的电气设备,若要触及时人体已与大地隔绝。
- 直接安装在已有接地装置的机床或其他金属架构上的电气设备。
- 在干燥和不良导电地面(如木板、塑料或沥青)的居民住房或办公室里,所使用的各种日用电器,如电风扇、电烙铁和电熨斗等。
- 电度表和铁壳熔丝盒。
- 由 36V 或 12V 安全电源供电的各种电器的金属外壳。
- 采用 1:1 隔离变压器提供的 220V 或 380V 电源的移动电具。

(2) 接零的作用

接零的作用也是为了保护人身安全。因为零线阻抗很小,当一相碰壳时,就相当于该相短路,使熔断器或其他自动保护装置动作,从而切断电源,达到保护目的。

保护接零指在中性点接地系统中电气设备不带电部分(外壳、机座等)与零线连接。其适用于低压中性点直接接地、电压 380V/220V 的三相四线制电网中。

保护接零的安装要求如下:

- 保护零线在短路电流作用下不能熔断。
- 采用漏电保护器时应使零线和所有相线同时切断。
- 零线一般取与相线相等的截面。
- 零线应重复接地。
- 架空线路的零线应架设在相线的下层。
- 零线上不能装设断路器、刀闸或熔断器。
- 防止零线与相线接错。
- 多芯导线中规定用黄绿相间的线做保护零线。
- 电气设备投入运行前必须对保护接零进行检验。

2. 电气维修安全操作规程

维修作业时应当遵守以下各项规定和事项:

- 作业前由作业负责人布置作业要求、安全措施及注意事项。对不适合现场作业的人员不能分配工作或不准带电作业。
- 按作业现场情况认真执行停电、送电手续和制度,工作完毕后认真复查方可送电。
- 操作者要服从指挥,弄清工作范围,了解各项工作要求,执行安全措施,佩戴好安全用具。
- 维修用安全工具及用具必须经检查试验合格后方可使用。
- 在低压线路及设备上合闸、断闸或装卸保险时,应当穿绝缘靴,戴干燥线手套。操作时,应离开开关或保险一定的距离,并侧身操作,不要面向电闸。
- 断闸后,必须在切断电源的开关上挂出"有人工作,禁止合闸"的工作牌;未经挂牌人同意,在任何情况下都不得合闸及摘下工作牌。
- 不准带负荷合闸、断闸或装卸保险。
- 在由多电源供电的设备或线路上作业时,要注意断开各支路闸刀,并在各供电支路上直接对地线网接地线。接地线时(一人操作,一人监护),先接地线一端,然后另一端接到电气设备上。各供电支路与地线不允许通过熔丝连接。拆地线时顺序相反。

● 必须带电作业时,应由一人监护,一人操作,带电部位在操作者前面,距头部不得小于 30cm,同一位置上不得有两人同时操作。操作者周围如有其他带电导线、设备等,应当用绝缘物挡开。

1.2 触电与急救知识

在操作使用设备和对电气进行检查、维修过程中,人体因触及带电体而导致局部受伤或死亡的现象称为触电。电流对人体的伤害统称为触电事故。为了安全生产,防止触电事故,用电人员应掌握一定的安全用电知识,采取必要的措施,以避免触电事故。

1. 触电的危害

人体触电按伤害程度的不同可分为电击和电伤:电流通过人体时造成人体内部组织破坏的现象称为电击,电击是最危险的触电事故;造成人体的外部组织局部损害的现象称为电伤。

2. 触电的方式

(1) 单相触电

单相触电是人体上的某一部分触及一相电源,电流通过人体流入大地造成的触电伤害,单相触电可能发生在中性点接地或不接地的电网中,如图 1-3 所示。

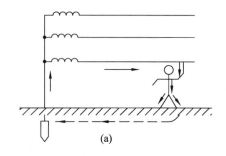
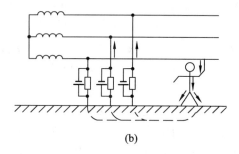

图 1-3 单相触电

(2) 两相触电

不管电网的中性点是否接地,人体同时和两相火线接触,就形成两相触电,如图 1-4 所示。两相触电时,人体承受的电压是 380V,触电后果严重。

(3) 接触电压、跨步电压触电

这也是危险性较大的一种触电方式。当外壳接地的电气设备绝缘损坏而使外壳带电,或导线断落发生单相接地故障时,电流由设备外壳经接地线、接地体(或由断落导线经接地点)流入大地,向四周扩散,在导线接地

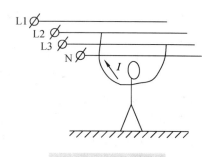

图 1-4 两相触电

点及周围形成强电场。其电位分布以接地点为圆心向周围扩散，一般距接地体 20m 远处电位为零。这时，人站在地上触及设备外壳，就会承受一定的电压，称为接触电压。如果人站在设备附近地面上，两脚之间也会承受一定的电压，称为跨步电压，如图 1-5 所示。接触电压和跨步电压的大小与接地电流、土壤电阻率、设备接地电阻及人体位置有关。当接地电流较大时，接触电压和跨步电压会超过允许值发生人身触电事故。特别是在发生高压接地故障或雷击时，会产生很高的接触电压和跨步电压。此外，如果电路或用电设备因漏电、过载、接头松动或短路等原因造成电火灾，也会造成触电事故。

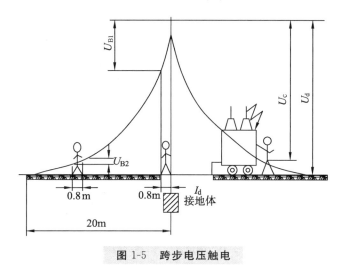

图 1-5 跨步电压触电

3. 触电急救

（1）脱离电源

发生触电事故时，要根据具体情况和条件采取不同的方法切断电源，尽快使触电者脱离电源。

若触电者失去知觉但还能呼吸，心脏尚在跳动时，应将其抬到通风处。对失去知觉、发生"假死"的触电者，应立即进行人工呼吸以及体外心脏按压措施，在送医院抢救过程中不要中断抢救。

（2）救护操作

下面介绍两种救护操作方法。

- 口对口人工呼吸法（图 1-6）。

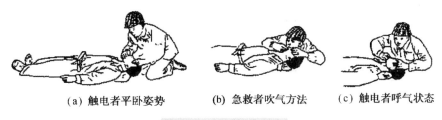

(a) 触电者平卧姿势　　(b) 急救者吹气方法　　(c) 触电者呼气状态

图 1-6 人工呼吸法

◇ 首先把触电者移到空气流通的地方，最好放在平直的木板上，使其仰卧，不可用枕头。然后把头侧向一边，掰开嘴，清除口腔中的杂物、假牙等。如果舌根下陷应将其拉出，使呼吸道畅通。同时解开衣领，松开上身的紧身衣服，使胸部可以自由扩张。

◇ 抢救者位于触电者的一边，用一只手紧捏触电者的鼻孔，并用手掌的外缘部压住其额部，扶正头部使鼻孔朝天。另一只手托在触电者的颈后，将颈部略向上抬，以便接受吹气。

◇ 抢救者做深呼吸，然后紧贴触电者的口腔，口对口吹气约 2s。同时观察其胸部有否扩张，以决定吹气是否有效和是否合适。

◇ 吹气完毕后立即离开触电者的口腔，并放松其鼻孔，使触电者胸部自然回复，时间约 3s，以利其呼气。

按照上述步骤不断进行，口对口吹气以 1min 14～16 次为宜，儿童以 1min 20～24 次为宜。触电者如腹部充气膨胀，可一面用手轻轻加压其上腹部，一面继续吹气。如果触电者张口有困难，可用口对准其鼻孔吹气，抢救效果与上述方法相近。

● 人工胸外心脏挤压法（图 1-7）。这种方法是用人工挤压心脏代替心脏的收缩作用。凡是心跳停止或不规则地颤动时，应立即采用这种方法进行抢救。具体做法如下：

(a) 急救者跪跨位置　　(b) 手掌压胸位置　　(c) 挤压方法示意图　　(d) 放松方法示意图

图 1-7　人工胸外心脏挤压法

◇ 使触电者仰卧，姿势与人工口对口呼吸法相同，但后背着地处应结实。

◇ 抢救者跨跪在触电者腰部两侧。

◇ 抢救者两手相叠（儿童可用一只手），用掌根置于触电者胸骨下端部位，即中指指尖置于其颈部凹陷的边缘、心窝稍上处，掌根所在的位置即为正确压区。然后掌根用力垂直向下挤压，使其胸部下陷 3～4cm 左右，可以压迫心脏使其达到排血的作用。对儿童动作要轻，以免压断胸骨。

◇ 使挤压到位的手掌突然放松，但手掌不要离开胸壁，依靠胸部的弹性自动恢复原状，使血液流回心脏。

以上救护操作必须连贯不间断地进行，1min 约 60 次为宜。经验证明，触电后的"假死"现象可长达 6h，若坚持正确的抢救，仍有复活的希望。

第 2 章 常用工具及仪表使用

2.1 常用电工工具（课题一）

课题目标

认识并学会使用常用电工工具。

2.1.1 高、低压验电器

1. 低压验电器

（1）低压验电器的结构及使用方法

低压验电器又称为验电笔，有笔式和螺钉刀式两种，如图 2-1 所示。

(a) 笔式　　　　　　　　(b) 螺钉刀式

1—笔尾的金属体；2—弹簧；3—小窗；4—笔身；5—氖管；6—电阻；7—笔尖的金属体

图 2-1 低压验电器

笔式低压验电器由氖管、电阻、弹簧、笔身和笔尖等组成。使用低压验电器时，必须按图 2-2 所示的正确方法把笔握妥，以手指触及笔尾的金属体，使氖管小窗背光朝自己。

当用低压验电器测带电体时，电流经带电体、低压验电器、人体、大地形成回路，只要带电体与大地间的电势差超过 60V，低压验电器中的氖管就发光。低压验电器的测试范围为 60～500V。

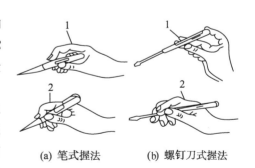

(a) 笔式握法　　　(b) 螺钉刀式握法

1—正确握法；2—错误握法

图 2-2 低压验电器的握法

（2）低压验电器的作用

● 区别电压高低。测试时可根据氖管发光的强弱来估计电压的高低。

● 区别相线与零线。在交流电路中，当验电器触及导线时，氖管发光的即为相线，正常情况下，触及零线时是不会发光的。

- 区别直流电与交流电。交流电通过验电器时,氖管里的两个极同时发光;直流电通过验电器时,氖管里的两个极只有一个极发光。
- 区别直流电的正、负极。把验电器连接在直流电的正、负极之间,氖管中发光的一极即为直流电的负极。
- 识别相线碰壳。用验电器触及电动机、变压器等电气设备外壳,氖管发光,说明该设备相线有碰壳现象。如果壳体上有良好的接地装置,氖管是不会发光的。
- 识别相线接地。用验电器触及正常供电的星形接法三相三线制交流电时,有两根比较亮,而另一根的亮度较暗,说明亮度较暗的相线与地有短路现象,但不太严重。如果两根相线很亮,而另一根不亮,则说明这一根相线与地肯定短路。

2. 高压验电器

高压验电器又称高压测电器,10kV 高压验电器由金属钩、氖管、氖管窗、紧固螺钉、护环和握柄组成,如图 2-3 所示。

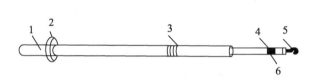

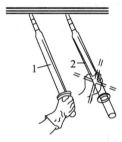

1—握柄;2—护环;3—紧固螺钉;4—氖管窗;5—金属钩;6—氖管

图 2-3　高压验电器

1—正确握法;2—错误握法

图 2-4　高压验电器的握法

在使用高压验电器时,应特别注意手握部位不得超过护环,如图 2-4 所示。

3. 使用验电器的安全知识

- 使用验电器前,应在已知带电体上测试,证明验电器确实良好,方可使用。
- 使用时,应使验电器逐渐靠近被测物体,直到氖管发亮;只有在氖管不发亮时,人体才可以与被测物体试接触。
- 室外使用高压验电器时,必须在气候条件良好的情况下才能使用。在雨、雪、雾及湿度较大的天气中,不宜使用,以防发生危险。
- 用高压验电器测试时,必须戴上符合要求的绝缘手套;不可一个人单独测试,身旁必须有人监护;测试时要防止发生相线间或对地短路事故;人体与带电体应保持足够的安全距离,10kV 高压的安全距离为 0.7m 以上。

2.1.2　钢丝钳、尖嘴钳和断线钳

1. 钢丝钳

钢丝钳有铁柄和绝缘柄两种。绝缘柄为电工用钢丝钳,常用的规格有 150mm、175mm、200mm 三种。

(1) 电工用钢丝钳的构造和用途

电工用钢丝钳由钳头和钳柄两部分组成。钳头由钳口、齿口、刀口和铡口四部分组成。

钢丝钳用途很多,钳口用来弯绞和钳夹导线线头,齿口用来紧固或起松螺母,刀口用来剪切或剖削软导线绝缘层,铡口用来铡切电线线芯、钢丝或铅丝等较硬金属丝。其构造及用途如图 2-5 所示。

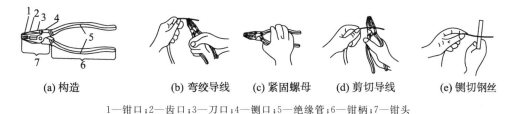

(a) 构造　　(b) 弯绞导线　　(c) 紧固螺母　　(d) 剪切导线　　(e) 铡切钢丝

1—钳口；2—齿口；3—刀口；4—铡口；5—绝缘管；6—钳柄；7—钳头

图 2-5　电工用钢丝钳

（2）使用电工用钢丝钳的安全知识

● 使用前必须检查绝缘柄的绝缘是否良好。绝缘如果损坏,进行带电作业时会发生触电事故。

● 剪切带电导线时,不得用刀口同时剪切相线和零线,或同时剪切两根相线,以免发生短路事故。

2. 尖嘴钳和断线钳

（1）尖嘴钳

尖嘴钳的头部尖细,适用于在狭小的工作空间操作。尖嘴钳也有铁柄和绝缘柄两种,绝缘柄的耐压为 500V。尖嘴钳的用途如下：

● 带有刀口的尖嘴钳能剪断细小金属丝。

● 尖嘴钳能夹持较小螺钉、垫圈、导线等元件。

● 在装接控制线路时,尖嘴钳能将单股导线弯成所需的各种形状。

（2）断线钳

断线钳又称斜口钳,钳柄有铁柄、管柄和绝缘柄三种。其中电工用的绝缘柄断线钳的耐压为 500V。断线钳是专供剪断较粗的金属丝、线材及导线电缆时使用的。

2.1.3　螺钉旋具

螺钉旋具又称为旋凿或起子,它是一种紧固或拆卸螺钉的工具。

1. 螺钉旋具的样式和规格

螺钉旋具的样式和规格很多,按头部形状可分为一字形和十字形两种。

一字形螺钉旋具常用规格有 50mm、100mm、150mm 和 200mm 等,电工必备的是 50mm 和 150 mm 两种。十字形螺钉旋具专供紧固和拆卸十字槽的螺钉,常用的规格有四种：Ⅰ号适用于螺钉直径为 2～2.51mm,Ⅱ号为 3～5mm,Ⅲ号为 6～8mm,Ⅳ号为 10～12mm。

磁性螺钉旋具按握柄材料可分为木质绝缘柄和塑胶绝缘柄两种。它的规格较齐全,分十字形和一字形。金属杆的刀口端焊有磁性金属材料,可以吸住待拧紧的螺钉,能准确定位、拧紧,使用很方便,目前使用也较广泛。

2. 使用螺钉旋具的安全知识

● 电工不可使用金属杆直通柄顶的螺钉旋具，否则易造成触电事故。

● 使用螺钉旋具紧固和拆卸带电的螺钉时，手不得触及螺钉旋具的金属杆，以免发生触电事故。

● 为了避免螺钉旋具的金属杆触及皮肤或邻近带电体，应在金属杆上穿套绝缘管。

3. 螺钉旋具的使用方法

● 大螺钉旋具的使用。大螺钉旋具一般用来紧固较大的螺钉。使用时，除大拇指、食指和中指要夹住握柄外，手掌还要顶住柄的末端，这样就可防止螺钉旋具转动时滑脱。

● 小螺钉旋具的使用。小螺钉旋具一般用于紧固电气装置接线柱头上的小螺钉，使用时，可用手指顶住木柄的末端捻旋。

2.1.4 电工刀、剥线钳

1. 电工刀

电工刀是用来剖削电线线头、切割木台缺口、削制木样的专用工具。使用电工刀时应注意以下几点：

● 使用时应将刀口朝外剖削。

● 剖削导线绝缘层时，应使刀面与导线呈较小的锐角，以免割伤导线。

● 使用电工刀时应注意避免伤手，不得传递刀身未折进刀柄的电工刀。

● 电工刀用毕，应随时将刀身折进刀柄。

● 电工刀刀柄无绝缘保护，不能用于带电作业，以免触电。

2. 剥线钳

剥线钳是用来剥削小直径导线绝缘层的专用工具。它的手柄是绝缘的，耐压为500V。

使用剥线钳时，将要剥削的绝缘层长度用标尺定好后，即可把导线放入相应的刃口中（比导线直径稍大），用手将钳柄握紧，导线的绝缘层即被割破，且自动弹出。

2.1.5 冲击钻

冲击钻是一种电动工具，具有两种功能：一种可作为普通电钻使用，使用时应把调节开关调到标记为"钻"的位置；另一种可用来冲打砌块和砖墙等建筑面的木楔孔和导线过墙孔，这时应把调节开关调到标记为"锤"的位置，如图2-6所示。冲击钻通常可冲打直径为6～16mm的圆孔。有的冲击钻还可调节转速，有双速和三速之分。在调速或调挡（"钻"和"锤"）时，均应停转。用冲击钻开凿墙孔时，需配用专用的冲击钻头，其规格按所需孔径选配，常用的有8mm、10mm、12mm和16mm等多种。

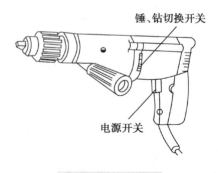

图2-6 冲击钻

在冲钻墙孔时，应经常把钻头拔出，以利于排屑；在钢筋建筑物上冲孔时，碰到坚实物不应施加过大压力，以免钻头退火。

2.2 常用仪表的使用

2.2.1 数字式多用表

1. 数字式多用表的结构

数字式多用表具有显示直观、速度快、功能全、测量精度高、可靠性好、小巧轻便、耗电量小以及便于操作等特点,受到人们的普遍欢迎,已成为电工、电子测量以及电子设备维修等部门的自备仪表。DT840 型数字式多用表就是一种用电池驱动的三位半数字多用表,可以进行直流电压、电流、电阻、二极管、晶体管 h_{FE}、带声响的通断等测试,并具有极性选择、量程显示及全量程过载保护等特点。如图 2-7 所示为一种数字式多用表的示意图。

使用数字式多用表测试前,应注意如下事项:

● 将 ON-OFF 开关置于 ON 位置,检查 9V 电池电压值。如果电池电压不足,显示器左边将显示"LOBAT"或"BAT"字符。此时,应打开后盖,更换 F22 型 9V 层叠电池。如无上述字符显示,则可继续操作。

● 测试笔插孔旁边的正三角中有感叹号的,表示输入电压或电流不应超过指示值。

● 测试前应将功能开关置于所需的量程上。

2. 直流电压、交流电压的测量

先将黑表笔插入 COM 插孔,红表笔插入 V/Ω 插孔,然后将功能开关置于 DCV(直流)或 ACV(交流)量程,并将测试表笔连接到被测源两端,显示器将显示被测电压值。在显示直流电压值的同时,将显示红表笔端的极性。如果显示器只显示"1",表示超量程,应将功能开关置于更高的量程(下同)。

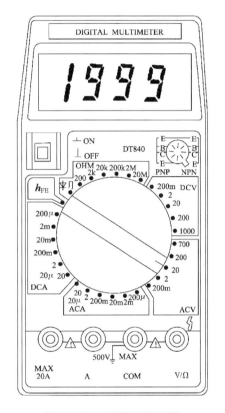

图 2-7 数字式多用表

3. 直流电流、交流电流的测量

先将黑表笔插入 COM 插孔,红表笔需视被测电流的大小而定。如果被测电流最大为 2A,应将红表笔插入 A 孔;如果被测电流最大为 20A,应将红表笔插入 20A 插孔。再将功能开关置于 DCA 或 ACA 量程,将测试表笔串联接入被测电路,显示器即显示被测电流值,在测量直流电流时,显示器会显示红表笔端的极性。

4. 电阻的测量

先将黑表笔插入 COM 插孔,红表笔插入 V/Ω 插孔(注意:红表笔极性此时为"+",与指针式多用表相反),然后将功能开关置于 OHM 量程,将两表笔连接到被测电路上,显示器将显示出被测电阻值。

5. 二极管的测试

先将黑表笔插入 COM 插孔,红表笔插入 V/Ω 插孔,然后将功能开关置于二极管挡,将两表笔连接到被测二极管两端,显示器将显示二极管正向压降的毫伏值。当二极管反向时则过载。

根据多用表的显示,可检查二极管的质量及鉴别所测量的管子是硅管还是锗管(注意数字多用表的红表笔是表内电池的正极,黑表笔是电池的负极)。

- 测量结果若在 1V 以下,红表笔所接为二极管正极,黑表笔为负极;若显示"1"(超量程),则黑表笔所接为正极,红表笔为负极。
- 测量显示值若在 550~700mV 之间者为硅管,若在 150~300mV 之间者为锗管。
- 如果两个方向均显示超量程,则二极管开路;若两个方向均显示"0"V,则二极管击穿、短路。

6. 晶体管放大系数 h_{FE} 的测试

先将功能开关置于 h_{FE} 挡,然后确定晶体管是 NPN 型还是 PNP 型,并将发射极、基极、集电极分别插入相应的插孔。此时,显示器将显示出晶体管的放大系数 h_{FE} 值(测试条件为基极电流 10μA,集电极与发射极间电压 2.8V)。

用数字式多用表可判别晶体管是硅管还是锗管以及管子的管脚(用表上的二极管挡或 h_{FE} 挡)。

- 基极判别。将红表笔接某极,黑表笔分别接其他两极,若都出现超量程或电压小,则红表笔所接为基极;若一个超量程,一个电压小,则红表笔所接不是基极,应换脚测。
- 管型判别。在上面测量中,若显示都为超量程,为 PNP 管;若电压都小(0.5~0.7V),则为 NPN 管。
- 集电极、发射极判别(用 h_{FE} 挡判别)。在已知晶体管类型的情况下(此处设为 NPN 管),将基极插入 B 孔,其他两极分别插入 C、E 孔。若 h_{FE} 在 1~10(或十几)之间,则三极管可能接反了;若 h_{FE} 在 10~100(或更大)之间,则接法正确。

7. 带声响的通断测试

先将黑表笔插入 COM 插孔,红表笔插入 V/Ω 插孔,然后将功能开关置于通断测试挡(与二极管测试量程相同),将测试表笔连接到被测导体两端。如果表笔之间的阻值约低于 30Ω,蜂鸣器会发出声音。

2.2.2 兆欧表

兆欧表又称摇表,是一种专门用来测量绝缘电阻的便携式仪表,在电气安装、检修和试验中应用十分广泛。绝缘材料在使用过程中,由于发热、污染、受潮及老化等原因,其绝缘电阻将逐渐降低,因而可能造成漏电或短路等事故。这就要求必须定期对电动机、电器和供电线路的绝缘性能进行检查,以确保设备正常运行和人身安全。

1. 兆欧表的选择

选择兆欧表时主要考虑其电压及测量范围。高压电气设备绝缘电阻要求高,须选用电压高的兆欧表进行测试;低压电气设备内部绝缘材料所能承受的电压不高,为保证设备安全,应选择电压低的兆欧表。

选择兆欧表测量范围的原则是不使测量范围过多地超出被测绝缘电阻的数值,以免因刻度较粗而产生较大的读数误差。另外,还要注意有些兆欧表的起始刻度不是零,而是 1MΩ 或 2MΩ。这种兆欧表不宜用来测量处于潮湿环境中的低压电气设备的绝缘电阻,因为在这种环境中设备的绝缘电阻较小,有可能小于 1MΩ,在仪表上读不到读数,容易误认为绝缘电阻为 1MΩ 或零值。

2. 兆欧表的正确使用与维护

● 测量前要先切断被测设备的电源,并将设备的导电部分与大地接通,进行充分放电以保证安全。用兆欧表测量过的电气设备,也要及时接地放电,方可进行再次测量。

● 测量前要先检查兆欧表是否完好,即在兆欧表未接上被测物之前,摇动手柄使发电机达到额定转速(120r/min),观察指针是否指在标尺的"∞"位置。将接线柱"L"(线路)和"E"(接地)短接,缓慢摇动手柄,观察指针是否迅速指在标尺的"0"位。若指针不能指到该指的位置,表明兆欧表有故障,应检修后再用。

● 根据测量项目正确接线。兆欧表上有三个接线柱,分别标有 L(线路)、E(接地)和 G(屏蔽)。其中,L 接在被测物和大地绝缘的导体部分,E 接在被测物的外壳或大地,G 接在被测物的屏蔽环上或不需测量的部分。

一般测量时将被测的绝缘电阻接到"L"和"E"两个接线端钮上。例如,三相电动机绕组之间的绝缘电阻,其接线如图 2-8(a)所示。若被测对象为线路对大地的绝缘电阻,应将被测端接到"L"端钮,被测外壳接"E"端钮。例如,测三相电动机一绕组对外壳的绝缘电阻,其接线如图 2-8(b)所示。

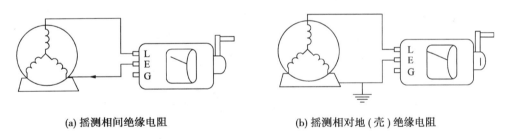

(a) 摇测相间绝缘电阻　　　　　　　(b) 摇测相对地(壳)绝缘电阻

图 2-8　三相电动机绕组接线

接线柱 G 用来屏蔽表面电流。如测量电缆的绝缘电阻时,由于绝缘材料表面存在漏电电流,将使测量结果不准确,尤其是在湿度很大的场合及电缆绝缘表面又不干净的情况下,会使测量误差增大。为避免表面电流的影响,在被测物的表面加一个金属屏蔽环,与兆欧表的"G"(屏蔽)接线柱相连。

● 接线柱与被测设备间连接的导线不能用双股绝缘线或绞线,应该用单股线分开单独连接,避免因绞线绝缘不良而引起误差。为获得正确的测量结果,被测设备的表面应擦拭干净。

● 摇动手柄应由慢渐快,若发现指针为零,说明被测绝缘物可能发生了短路,这时就不能继续摇动手柄,以防表内线圈发热损坏。手摇发电机要保持匀速,不可忽快忽慢而使指针不停地摆动。通常最适宜的速度是 120r/min。若指示正常,应使发电机转速达到 (120±20%)r/min,并在稳定转动 1min 后读数。

● 测量具有大电容设备的绝缘电阻,读数后不能立即停止摇动兆欧表,否则已被充电的电容器将对兆欧表放电,有可能烧坏兆欧表。应在读数后一方面降低手柄转速,一方面拆去"L"端线头,在兆欧表停止转动和被测物充分放电以前,不能用手触及被测设备的导电部分。

● 测量设备的绝缘电阻时,还应记下测量时的温度、湿度及与被测物的有关状况等,以便于对测量结果进行分析。

2.2.3 直流电桥的使用

1. 直流单臂电桥

比例臂倍率分为 0.001、0.01、0.1、1、10、100、1000 七挡,由倍率转换开关选择。比较臂由四组可调电阻串联而成,每组有 9 个相同的电阻,第一组为 9 个 1Ω,第二组为 9 个 10Ω,第三组为 9 个 100Ω,第四组为 9 个 1000Ω,由比较臂转换开关调节。如图 2-9 所示为 QJ23 型直流单臂电桥面板。面板上的四个比较臂转换开关构成了个位、十位、百位和千位,比较臂电阻为四组读数之和。

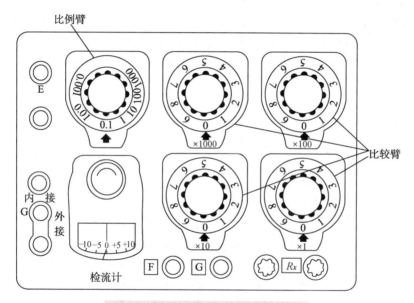

图 2-9　QJ23 型直流单臂电桥面板

直流单臂电桥的使用可分为以下几个步骤进行:

● 使用前先将检流计的锁扣打开,并调节调零旋钮,使指针指到零。

● 将被测电阻 R_x 接在接线端上,估算 R_x 的阻值范围,选择合适的比例臂倍率,使比较臂的四组电阻都用上,目的是为了保证有四位有效数字。

● 调平衡时,先按电源按钮 S_E,再按检流计按钮 S_G,测量完毕后,先松开检流计按钮 S_G,再松开电源按钮 S_E,以防被测对象产生感应电动势而损坏检流计。

● 按下按钮后,若指针向"一"偏转,则应减小比较臂电阻;若指针向"+"偏转,则应增大比较臂电阻。调节平衡过程中,不要把检流计按钮按死,待调到电桥接近平衡时,才可按死检流计按钮进行细调,否则检流计可能因猛烈撞击而损坏。

● 若使用外接电源,其电压应按规定选择,过高会损坏桥臂电阻,太低则会降低测量灵敏度。若使用外接检流计,应将内附检流计用短路片短接,将外接检流计接至"外接"端。

2. 直流双臂电桥

图 2-10 所示是 QJ103 型直流双臂电桥的面板。右面是已知电阻调节盘,可在 0.01~0.11Ω 范围内调平衡。左下角是倍率开关,有×0.01、×0.1、×1、×10、×100 五挡,上面是检流计。面板左面是 C_1、P_1、P_2、C_2 四个端钮,用来连接被测电阻尺(电桥平衡后,用电阻调节盘的阻值乘以倍率,即为被测电阻的阻值)。

注意:使用直流双臂电桥时,除了按照直流单臂电桥的使用步骤外,还应注意:

● 被测电阻应与电桥的电位端钮 P_1、P_2 和电流端钮 C_1、C_2 正确连接,若被测电阻没有专门的接线,可从被测电阻两接线头引出四根连线,注意要将电位端钮 P_1、P_2 接至电流端钮 C_1、C_2 的内侧,如图 2-10 所示。

● 连接引线应尽量短而粗,接线头要除尽漆和锈,并拧紧,尽量减小接触电阻。

● 直流双臂电桥工作电流很大,测量时操作要快,以免耗电过多。测量完毕后立即关闭电源。

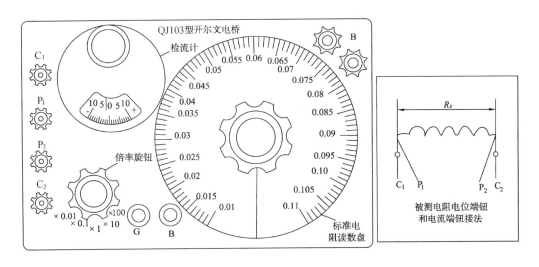

图 2-10 QJ103 型直流双臂电桥面板

考 核 试 题

1. 考核内容
● 检测三相异步电动机的绝缘电阻。
● 用双臂电桥测试三相异步电动机绕组的直流电阻。

2. 工具、仪表、器材
QJ103 型直流双臂电桥、Y/△接法三相异步电动机一台、连接导线若干根。

3. 考核步骤

● 将三相异步电动机接线盒拆开,取下所有接线柱之间的连片,使三相绕组 U1、U2、V1、V2、W1、W2 各自独立。用兆欧表测量三相绕组之间、各相绕组与机座之间的绝缘电阻。

● 打开电桥检流计的锁扣,调节电桥平衡。

● 用短而粗的连线分别按图 2-11(a)、(b)、(c)所示将电动机绕组接线柱与电位端钮和电流端钮连接,并用螺母紧固。

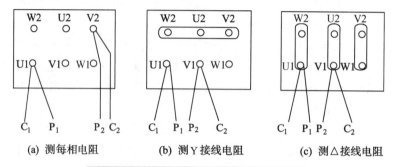

(a) 测每相电阻　　(b) 测 Y 接线电阻　　(c) 测 △ 接线电阻

图 2-11　电动机绕组不同的连接方式

● 旋动检流计旋钮,将指针调到零位上。

● 估计电动机绕组的电阻值,将倍率开关旋到相应的位置上。

● 调节电桥平衡,得出被测电阻值,并将测试结果填入表 2-1 中。

表 2-1　测试结果

每相电阻值	U1—U2：	V1—V2：	W1—W2：
Y 接线电阻值	U1—V1：	V1—W1：	W1—U1：
△ 接线电阻值	U1—V1：	V1—W1：	W1—U1：

● 测量完毕,锁上检流计的锁扣。

4. 注意事项

● 注意兆欧表和 QJ103 型直流双臂电桥的正确使用。

● 使用兆欧表时,注意人身安全。

● 用 QJ103 型直流双臂电桥测量电动机绕组直流电阻时应注意电源及检流计开关打开及闭合的顺序。

● 使用 QJ103 型直流双臂电桥时测量要迅速。

5. 评分标准

评分标准见表 2-2(由指导教师填写)。

表 2-2 评分标准

项目内容	配 分	评 分 标 准	扣 分	得 分	评分人
绝缘电阻的测量	40 分	兆欧表使用不当,扣 20 分			
		测量中不会读数,扣 20 分			
		测量方法不正确,扣 20 分			
直流电阻的测量	50 分	接线错误,扣 20 分			
		操作步骤错误,每次扣 10 分			
		操作方法错误,每次扣 10 分			
		识读阻值错误,每次扣 3 分			
安全、文明生产	10 分	每违反一次,扣 5 分			
规定时间	共计 90min,每超时 1min,扣 1 分				
备注	除超时扣分外,各项内容的最高扣分不超过配分数		总得分		

第3章 导线选型及加工工艺

3.1 导线选型

在实际生产过程中，经常要对所使用的低压导线、电缆的截面进行选择配线，下面具体介绍其方法、步骤。

1. 根据线路中所接的电气设备容量计算出线路中的电流

（1）单相电热、照明线路的电流计算公式

单相电热、照明线路的电流计算公式如下：

$$I = \frac{P}{U}$$

式中，P 为线路中的总功率（W），U 为单相配线的额定电压（V）。

（2）电动机

电动机是工厂企业的主要用电设备，大部分是三相交流异步电动机，每相中的电流值可按下式计算：

$$I = \frac{P \times 1000}{\sqrt{3} U \eta \cos\varphi} \text{A}$$

式中，P 为电动机的额定功率（kW），U 为三相线电压（V），η 为电动机效率，$\cos\varphi$ 为电动机的功率因数。

2. 根据计算出的线路电流，按导线的安全载流量选择导线

导线的安全载流量是指在不超过导线的最高温度的条件下允许长期通过的最大电流。不同截面、不同线芯的导线在不同使用条件下的安全载流量在各有关手册上均可查到。有经验的老师傅将手册上的数据划分成几段，总结了一套口诀，用来估算绝缘铝导线明敷设、环境温度为25℃时的安全载流量及条件改变后的换算方法，口诀如下：

10下五，100上二；25、35，四、三界；70、95，两倍半；穿管温度八、九折；裸线加一半；铜线升级算。

● "10下五，100上二"的意思是：10mm²以下的铝导线以截面积数乘以5即为该导线的安全载流量，100mm²以上的铝导线以截面积数乘以2即为该导线的安全载流量。

例如，6mm²铝导线的安全载流量为6×5A=30A。

● "25、35，四、三界"的意思是：16mm²、25mm²的铝导线以截面积数乘以4即为该导线的安全载流量，而35mm²、50mm²的铝导线以截面积数乘以3即为该导线的安全载流量。

- "70、95,两倍半"的意思是：70mm²、95mm²的铝导线以截面积数乘以2.5即为该导线的安全载流量。
- "穿管温度八、九折"的意思是：当导线穿管敷设时，因散热条件变差，所以将导线的安全载流量打八折。

例如，6mm²铝导线明敷设时安全载流量为30A,穿管敷设时安全载流量为30×0.8A＝24A。

若环境温度过高时将导线的安全载流量打九折。

例如，6mm²铝导线的安全载流量为30 A,环境温度过高时导线的安全载流量为30×0.9A＝27A。假如导线穿管敷设，环境温度又过高，则将导线的安全载流量打八折，再打九折，即安全载流量为30×0.8×0.9A＝0.72×30A＝21.6A。

- "裸线加一半"的意思是：当为裸导线时，同样条件下通过导线的电流可增加，其安全载流量为同样截面积同种导线安全载流量的1.5倍。
- "铜线升级算"的意思是：铜导线的安全载流量可以相当于高一级截面积铝导线的安全载流量，即1.5mm²铜导线的安全载流量和2.5mm²铝导线的安全载流量相同，依此类推。在实际工作中可按此方法，根据线路负荷电流的大小选择合适截面积的导线。

3.2 导线连接的要求

导线的连接包括导线与导线、电缆与电缆、导线与设备元件、电缆与设备元件及导线与电缆的连接。导线的连接与导线材质、截面大小、结构形式、耐压高低、连接部位、敷设方式等因素有关。

1. 导线连接的总体要求

导线的连接必须符合国标GB 50258—1996、GB 50173—1992所规范的电气装置安装、施工及验收标准规程的要求。在无特殊要求和规定的场合，连接导线的芯线要采用焊接、压板压接或套管连接。在低压系统中，电流较小时应采用铰接、缠绕连接。

必须学会使用剥线钳、钢丝钳和电工刀剖削导线的绝缘层。线芯截面积为4mm²及以下的塑料硬线一般用钢丝钳或剥线钳进行剖削；线芯截面积大于4mm²的塑料硬线可用电工刀剖削；塑料软线绝缘层剖削只能用剥线钳或钢丝钳剖削，不可用电工刀剖削；塑料护套线绝缘层剖削，必须使用电工刀。剖削导线绝缘层，不得损伤芯线，如果损伤较多，应重新剖削。

导线的绝缘层破损及导线连接后必须恢复绝缘，恢复后的绝缘强度不应低于原有绝缘层的强度。使用绝缘带包缠时，应均匀紧密不能过疏，更不允许露出芯线，以免造成触电或短路事故。在绝缘端子的根部与导线绝缘层间的空白处，要用绝缘带包缠严密。绝缘带不可放在温度很高的地方，也不可浸染油类。

凡是包缠绝缘的相线与相线、相线与零线上的接头位置都要错开一定的距离，以免发生相线与相线、相线与零线之间的短路。

2. 导线与导线的连接要求
- 熔焊连接。熔焊连接的焊缝不能有凹陷、夹渣、断股、裂纹及根部未焊合等缺陷，焊接的外形尺寸应符合焊接工艺要求,焊接后必须清除残余焊药和焊渣。锡焊连接的焊缝应饱满,表面光滑,焊剂无腐蚀性,焊后要清除残余的焊剂。

● 使用压板或其他专用夹具压接,其规格要与导线线芯截面相适宜,螺钉、螺母等紧固件应拧紧到位,要有防松装置。

● 采用套管、压模等连接器件连接,其规格要和导线线芯的截面相适应,压接深度、压坑数量、压接长度应符合要求。

● 10kV及以下的架空线路的单股和多股导线宜采用缠绕法连接,其连接方法要随芯线的股数和材料不同而异。导线缠绕方法要正确,连接部位的导线缠绕后要平直、整齐和紧密,不应有断股、松股等缺陷。

● 在配线的分支线路连接处和架空线的分支线路连接处,干线不应受到支线的横向拉力。

● 在架空线路中,不同材质、不同规格、不同绞制方向的导线严禁在跨挡内连接。在其他部位以及低压配电线路中不同材质的导线不能直接连接,必须使用过渡元件连接。

● 采用接续管连接的导线,连接后的握着力与原导线的计算拉断力比,接续管连接不小于95%,螺栓式耐张线夹连接不小于90%,缠绕连接不小于80%。

● 不管采用何种形式的连接法,导线连接后的电阻不得大于与接线长度相同的导线电阻。

● 穿在管内的导线绝缘必须完好无损,不允许在管内有接头,所有的接头和分支路都应在接线盒内进行。

● 护套线的连接,不可采用线与线在明处直接连接,应采用接线盒、分线盒或借用其他电器装置的接线柱来连接。

● 铜芯导线采用铰接或缠绕法连接,必须先对其搪锡或镀锡处理后再进行连接,连接后再进行蘸锡处理。单股与单股、单股与软铜线连接时,可先除去其表面的氧化膜,连接后再蘸锡。

● 不管采用何种连接方法,导线连接后都应将毛刺和不妥之处修理合适并符合要求。

3. 导线与设备元件的连接要求

在设备元件、用电器具上均有接线端子供连接导线用。常用的接线端子有针孔式和螺钉平压式两种。

(1) 在针孔式接线端子上连接

● 截面积为 10mm^2 及以下的单股铜芯线、单股铝芯线可直接与设备元件、用电器具的接线端子连接,其中铜芯线应先搪锡再连接。

● 截面积为 2.5mm^2 及以下的多股铜细丝导线的线芯,必须先绞紧搪锡或在导线端头上采用针形接轧头压接后插入端子针孔连接,切不可有细丝露在外面,以免发生短路事故。

● 单股铝芯线和截面积大于 2.5mm^2 的多股铜芯线应压接针式轧头后再与接线端子连接。

(2) 在螺钉平压式接线端子上连接

● 截面积为 10mm^2 及以下的单股铜芯线、单股铝芯线,应将其端头弯制成圆套环。

● 截面积为 10mm^2 及以下的多股铜芯线、铝芯线和较大截面的单股线,须在其线端压接线鼻子后再与设备元件的接线端子连接。

注意:所有导线的连接必须牢固,不得松动。在任何情况下,连接器件必须与连接导线的截面和材料性质相适应。

3.3 导线连接的方法及导线与设备元件的连接方法(课题二)

课题目标

掌握导线绝缘层的清除和剖削、主要连接方法和技巧、绝缘层的恢复。

1. 导线线头绝缘层的清除和剖削

导线配线时,线头与线头之间的连接应当具有良好的导电性能,不允许产生较大的接触电阻,否则通过较大电流时接头(即线头连接处)要发热。因此,导线线头的绝缘层应当清除干净。

(1) 电磁线绝缘层的清除

电磁线线头的绝缘层分别采用如下的清除方法:

① 漆包线绝缘层的清除。直径在 0.6mm 以上的漆包线线头可用薄刀片刮削漆层,直径在 0.6mm 以下的线头宜用细砂纸(布)擦去漆层。

② 丝或玻璃丝(漆)包线绝缘层的清除。将丝或玻璃丝包层的丝线向后推缩露出线芯,松散后的丝线应打结扎住或粘住,再用细砂纸(布)擦去氧化层或漆层。

③ 纱或纸包线绝缘层的清除。将纱层或纸包层松散后,松散部分打结扎住或粘住,再用细砂纸(布)擦去线芯的氧化层。

(2) 电线电缆绝缘层的剖削

电线电缆的绝缘层分别采用如下的剖削(剥离)方法:

① 塑料线绝缘层的剖削。导线线芯截面积为 2.5mm² 及以下的塑料线可用电工刀、钢丝钳或剥线钳剖削(剥离)绝缘层。图 3-1 为用钢丝钳剥离绝缘层示意图。操作方法是,根据所需线头长度,用钳头刀口轻切塑料层(不要伤着线芯);然后右手握住钳头头部,左手勒着绝缘层,两手同时向相反方向用力,即可剥离绝缘层。

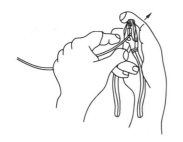

图 3-1 用钢丝钳剥离绝缘层

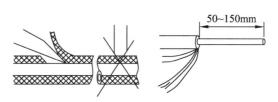

图 3-2 用电工刀剖削绝缘层

规格较大的塑料导线可以用电工刀剖削绝缘层,如图 3-2 所示。操作方法是:电工刀以 45°角切入塑料绝缘层(不要伤着线芯),然后刀面与导线保持 15°左右的角度,用力向外削出一条缺口,将绝缘层向下弯折离开线芯,用电工刀切齐。

② 塑料软线绝缘层的剖削。一般用剥线钳或钢丝钳剥离;不可用电工刀剖削,以免伤着线芯。

③ 护套线保护层和绝缘层的剖削。先用电工刀剖削保护层(图 3-3),然后再剖削绝缘层,绝缘层的剖削与上述相同。

2. 导线的连接方法

配线过程中,因导线长度不够或线路需要分支,而把一根导线和另一根导线连接起来,称为导线的连接。导线间连接的方法因导线的种类、直径及其所处的工作地点的不同而不同。

图 3-3 用电工刀剖削保护层　　　　图 3-4 线圈内部的连接

(1) 电磁线的连接方法

它的连接通常分线圈内部的连接和线圈外部的连接。

① 线圈内部的连接。圆导线线头常采用铰接后再锡焊(又称钎焊)的连接方法,铰接必须均匀,两端封口,不可留有切口毛刺,如图 3-4(a)所示。圆导线直径在 2mm 以上的接头常用镀过锡的薄铜皮制成的套管[图 3-4(b)]套接后注入锡液。使用时,其内径与导线直径相配合,长度一般为导线直径的 8 倍左右。

矩形导线通常用套管连接,方法与上述相同。锡焊时切不可用具有酸性的焊剂。

② 线圈外部的连接。线圈与线圈之间的线头串、并联连接,通常采用铰接后再锡焊的方法;截面较大的导线,则采用乙炔气焊。线圈的引出线端与接线桩连接采用如图 3-5(a)、(b)所示的接线耳。先将接线耳与线端用压接钳压接(或者锡焊),然后再与接线桩用螺钉压接。锡焊前,接线耳必须预先镀锡,线端应清除表面氧化层。锡焊封口应丰满,表面光滑。

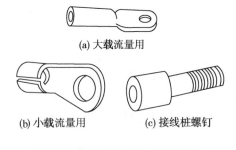

图 3-5 接线耳和接线桩螺钉

以上为铜芯电磁线的连接方法。铝芯电磁线连接时,内部不允许有接头;外部必须用专门的焊接工艺,或者用压接钳压接。

(2) 电线电缆的连接方法

电线电缆有铜芯线和铝芯线两种材料,因而它们的连接方法也不同。

① 铜芯线的连接方法。铜芯线间连接的方法有铰接、焊接、压接及螺栓连接等,这里只介绍铰接的方法。

● 单股芯线的直接连接。首先剖削绝缘层 $L=35D\sim 45D$(D 为导线的直径),然后把两线头按图 3-6(a)所示 X 形相交,再按 3-6(b)图所示,互相绞合 2~3 圈,接着将线端在线芯上各自紧密缠绕 5~6 圈,长度为芯线直径的 6~8 倍,如图 3-6(c)所示,再将多余的芯线剪去,钳平切口毛刺,绞紧连接线头。

● 单股芯线的分支连接。首先剖削分支干线绝缘层 $L=15D\sim 20D$,再剖削分支支线绝缘层 $L=35D\sim 45D$,然后把支线芯线线头与干线芯线十字相交[图 3-7(a)],环绕成结状,再把支线线头抽紧扳直,然后紧密地缠到芯线上,缠绕长度为芯线直径的 8~10 倍,剪去多余芯线,钳平切口毛刺。较大截面导线分支连接可不打结,直接紧密地缠到芯线上[图 3-7(c)],缠绕长度为芯线直径的 8～10 倍,最后锡焊处理。

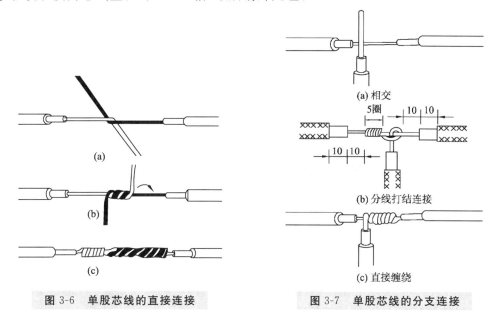

图 3-6 单股芯线的直接连接　　　　图 3-7 单股芯线的分支连接

● 多股芯线的直接连接。可按下面步骤进行:剖削绝缘层 $L=35D\sim45D$,对剖去绝缘层芯线的根部进行铰接,然后将余下部分的芯线按图 3-8(a)所示的方法分散,并将每股芯线拉直。将一对线头隔股对叉,两两相交,如图 3-8(b)所示,然后捏平两端每一股芯线,如图 3-8(c)所示。将一端芯线分成三组,并将第一组芯线扳起垂直于芯线,如图 3-8(d)所示;然后按一个方向紧贴并缠两圈,再扳成与芯线平行的直角,如图 3-8(e)所示。接下去紧缠第二组和第三组芯线,注意后一组芯线扳起时,应紧贴前组芯线已弯成的直角根部,如图 3-8(f)、(g)所示,当缠绕到第二圈时,应把前两组多余的芯线剪去,其切口应刚好被第三圈全部压住;当缠绕到两圈半时,把三根芯线多余的端头剪去,使之正好绕满三圈并钳平切口毛刺。其他端的连接缠绕方法完全相同,如图 3-8(h)、(i)所示。

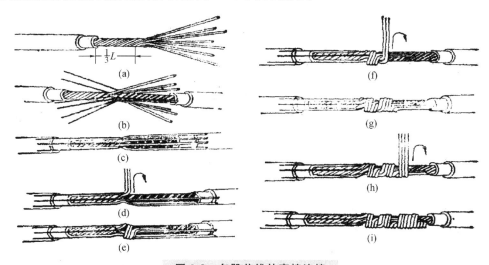

图 3-8 多股芯线的直接连接

若芯线股数太多,可剪去中间的几股芯线,但缠接后,连接处尚须进行锡焊,以增加其机械强度和改善导电性能。

● 多股芯线的分支连接。首先剖削分支干线绝缘层 $L=15D\sim20D$ 和分支支线绝缘层 $L=35D\sim45D$;然后将干线芯线分成4、3两部分,分支线芯线分成4、3两组;将分支$\frac{1}{8}L$部分铰紧接着将分支线中的一组4插入干线中间,铰紧干线;随即将分支线两组各自紧密缠绕3~5圈,长度为芯线直径的10~15倍;最后剪去多余部分并钳平切口,如图3-9所示。

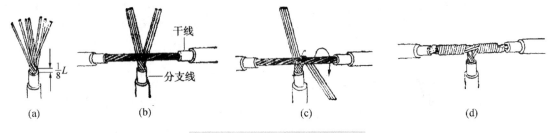

图 3-9　多股芯线的分支连接

② 铝芯线的连接方法。由于铝极易氧化,氧化铝的电阻率又很高,因此铝芯线不允许采用铜芯线的铰接方法,一般用螺钉压接法和冷压连接法。

● 螺钉压接法。适用于截面积较小的单股芯线的连接,在线路上可以通过开关、灯头和其他电器上的接线桩螺钉进行连接。连接时,先把芯线表面的氧化铝膜刷除,再涂上凡士林锌膏或中性凡士林,然后用螺钉压接。若两个或两个以上线头同接在一个线桩上时,则应先将它们的线头绞(或缠)成一体,然后再压接。

● 冷压连接法。一般用于相同截面积的单股或多股铝导线的连接。先将导线端的绝缘层剖削50mm、55mm,刷除线芯表面的氧化膜和油污,涂上导电膏,再将线芯分别从两端插入相应尺寸的铝连接管内(圆形管,两线端分别插入铝连接管的一半处;椭圆形管,两线端各伸出连接管约4mm),最后用压接钳压到规定的尺寸。压接时应使所有的压坑处于一条直线上,成形后如图3-10所示。

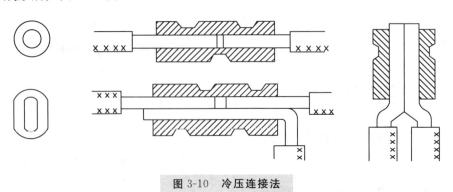

图 3-10　冷压连接法

3. 导线与接线桩头的连接方法

机床电气设备上的电气装置和电器用具均设有供连接导线用的接线桩。常用接线桩有针孔式、螺钉平压式和瓦形式三种,如图3-11所示。

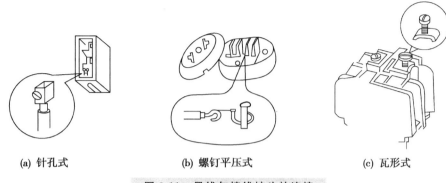

(a) 针孔式　　　　　(b) 螺钉平压式　　　　　(c) 瓦形式

图 3-11　导线与接线桩头的连接

(1) 导线与针孔式接线桩的连接

针孔式接线桩是依靠置于针孔顶部的压紧螺钉压住导线线芯而完成连接的。电流容量较大或连接要求较高时，通常用两个压紧螺钉。

① 单股芯线接头的连接。通常芯线直径都小于针孔，且多数都可插入双根芯线，故必须把导线的芯线折成双股并列后插入针孔，并应使压紧螺钉顶在双股芯线的中间，如图 3-12(a) 所示。

(a)　　　　　　　　(b)　　　　　　　　(c)　　　　　　　　(d)
芯线与针孔连接　　　　　　　　　多股芯线与针孔式接线桩连接的接头

图 3-12　单股和多股芯线接头的连接

如果芯线直径较大，无法插入双股芯线，则应把单股芯线的接头略上翘，如图 3-12(b) 所示，然后插入针孔。

② 多股芯线接头的连接。先用钢丝钳将多股芯线绞缠紧密[图 3-12(c)]，以保证压紧螺钉顶压时多股芯线不松散。由于多股芯线的载流量较大，针孔上部往往有两个压紧螺钉，连接时应先拧紧第一个压紧螺钉（靠近针孔端口的），后拧紧第二个，然后反复拧两次。在连接时，芯线直径与针孔直径一般应比较相称（即匹配），尽量避免出现针孔过大或过小的现象。

若针孔过大时，可用一根单股芯线（直径应根据针孔大于芯线直径的多少而定）在已作进一步铰紧后的芯线上紧密地排绕一层[图 3-12(d)]，然后进行连接。

若针孔过小时，可把多股芯线处于中心部位的芯线剪去（7 股线剪去 1 股，19 股剪去 1~7 股）重新铰接后，再进行连接。

单股芯线或多股芯线的接头在插入针孔时必须插到底；同时，导线的绝缘层不得插入针孔内。

(2) 导线与平压式接线桩的连接

平压式接线桩是依靠半圆头螺钉的平面，并通过垫圈紧压导线芯线来完成连接的。

① 单股导线的连接。对电流容量较小的单股芯线，连接前应把芯线弯成压接圈（俗称羊眼圈）或者锡焊在接线耳上。压接圈的弯法如图 3-13 所示。连接时，压接圈或接线耳必

须压在垫圈下边,压接圈的弯曲方向必须与螺钉的拧紧方向保持一致,导线绝缘层不可压入垫圈(不得用弹簧垫圈)内,螺钉必须拧紧。

图 3-13 压接圈的弯法

② 多股导线的连接。对电流容量较大的多股芯线,一般应在芯线线头上安装接线耳后连接;但在芯线截面积不超过 10mm² 的 7 股线连接时,也允许把芯线线头弯成多股芯线的压接圈进行连接。图 3-14(a)为多股导线压接圈的制作方法。

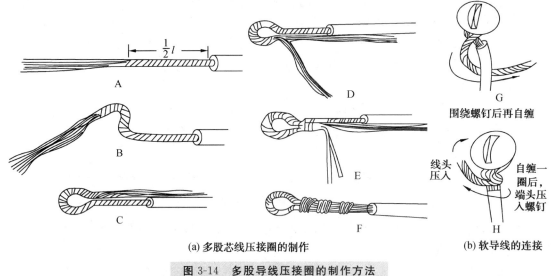

(a) 多股芯线压接圈的制作　　(b) 软导线的连接

图 3-14 多股导线压接圈的制作方法

③ 软导线的连接。应按图 3-14(b)的方法进行连接。
(3) 导线与瓦形接线桩的连接

瓦形接线桩压紧方式与平压式接线桩类似,只是垫圈改用瓦形构造。图 3-15(a)所示为一个线头接入接线桩,图 3-15(b)所示为两个线头接入接线桩。

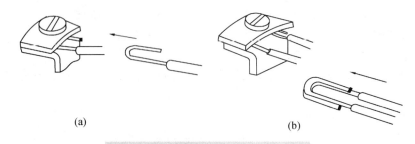

图 3-15 导线与瓦形接线桩的连接

（4）导线与接线桩连接时的基本要求

① 对需分清相位的接线桩,必须先分清导线相位,然后方可连接；单相电路必须分清相线和中性线,并应按电气装置的要求进行连接（如安装电灯时,相线应与开关连接）；导线有色标的,必须按规定连接。

② 小截面铝芯导线与铝接线桩连接前必须涂凡士林锌膏或中性凡士林,大截面铝芯导线与铜接线桩连接时,应采用铜铝过渡接头。

③ 小截面铝芯导线与接线桩连接时,必须留有能供再剖削 2～3 次线头的余量导线,按图 3-16 所示盘成弹簧状。

④ 导线绝缘层既不可贴在接线桩上,也不可离接线桩太远,使芯线裸露太长。

⑤ 软导线线头与接线桩连接时,不允许出现多股芯线松散、断股和外露等现象。

⑥ 线头与接线桩必须连接得平服、紧密和牢固可靠,使连接处的接触电阻减少到最小。

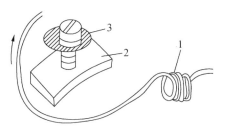

1—余量导线盘成弹簧状；2—接线桩；
3—余量导线的处理方法

图 3-16　余量导线盘成弹簧状

4. 绝缘层恢复的方法

绝缘导线的绝缘层破损或连接导线后,一般要恢复绝缘,其绝缘强度应与原来的一样。

（1）线圈内部导线绝缘层的恢复

绝缘层的恢复应根据线圈层间和匝间承受的电压、线圈的技术要求,选用相应的绝缘材料包缠。常用的绝缘材料有（绝缘强度按顺序递增）：电容纸、黄蜡绸、黄蜡布、青壳纸和涤纶薄膜等。耐热性以电容纸和青壳纸为最高,厚度以电容纸和涤纶薄膜为最薄。

线圈内部导线绝缘层一般采用衬垫法修复,即在绝缘层破损处（或接头处）上下衬垫一至两层绝缘材料,左右两侧借助于相邻线圈将其压住。绝缘垫层前后两端都要放出一倍于破损长度的余量。随着新材料的不断出现,现在大多采用先涂敷自干绝缘漆后再衬垫绝缘层的修复方法。

（2）电线电缆绝缘层的恢复

导线绝缘层的恢复通常采用包缠法。一般选用黄蜡带、涤纶薄膜带和黑胶带等绝缘材料,绝缘带的宽度一般选用 20mm 较好。对 380V 线路上的电线电缆恢复绝缘时,必须先包缠 1～2 层黄蜡带（或涤纶薄膜带）,然后再包缠黑胶带,图 3-17 所示为绝缘带的包缠方法（图中 l 为绝缘带的宽度）。

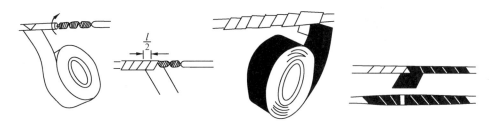

图 3-17　绝缘带的包缠方法

考 核 试 题

1. 考核内容
- 剖削导线绝缘层。
- 连接导线。
- 恢复绝缘层。
- 用两根长 1.2m 的 BV2.5mm²(1/1.76mm)塑料铜芯线做一字形连接。
- 用两根长 1.2m 的 BV4mm²(1/2.24mm)塑料铜芯线做 T 字形分支连接。
- 用两根长 1.2m 的 BV10mm²(7/1.33mm)塑料铜芯线做一字形连接。
- 用两根长 1.2m 的 BV16mm²(7/1.7mm)塑料铜芯线做 T 字形分支连接。
- 用一根 BV2.5mm² 塑料铜芯线做压接圈。

2. 注意事项
- 剖削导线绝缘层时不要损伤线芯。
- 导线缠绕方法要正确。
- 导线缠绕后要平直、整齐和紧密。
- 使用绝缘带包缠时,应均匀紧密,不能过疏,更不允许露出芯线。

3. 评分标准

评分标准见表 3-1(评分标准由指导教师填写)。

表 3-1 评分标准

项 目	配 分	评 分 标 准	扣 分	得 分	评分人
剖削绝缘层	30分	剖削工具选择不当,扣 5~10 分			
		划伤线芯,扣 10~30 分			
按要求连接导线	50分	铰接方法不对,扣 10~20 分			
		焊接方法不符合要求,扣 10~20 分			
		导线连接达不到要求,扣 10~30 分			
恢复导线绝缘	20分	绝缘带包缠不均匀,扣 5~10 分			
		绝缘带包缠紧密程度不够,扣 5~10 分			
		绝缘带包缠后露出铜线,扣 10~20 分			
工时		共计 60min,每超过 10min 扣 10 分			
备注		各项扣分最高不超过该项配分	总得分		

第4章 一般电气线路及照明安装工艺

4.1 线路分类和安装工艺

4.1.1 室内配线的基本要求及工艺

室内配线不仅要求安全可靠,而且要求线路布局合理、整齐、牢固。

● 配线时要求导线额定电压应大于线路的工作电压,导线绝缘状况应符合线路安装方式和环境敷设条件,导线截面应满足供电负荷和机械强度要求。

● 接头的质量是造成线路故障和事故的主要因素之一,所以配线时应尽量减少导线接头。在导线的连接和分支处,应避免受到机械力的作用。穿管导线和槽板配线中间不允许有接头,必要时可采用接线盒(如线管较长)或分线盒(如线路分支)。

● 明线敷设要保持水平和垂直。敷设时,导线与地面的最小距离应符合规定,否则应穿管保护,以利安全和防止受机械损伤。配线位置应便于检查和维护。

● 绝缘导线穿越楼板时,应将导线穿入钢管或硬塑料管内保护。保护管上端口距地面不应小于1.8m,下端口到楼板下为止。

● 导线穿墙时,也应加装保护管(瓷管、塑料管、竹管或钢管)。保护管伸出墙面的长度不应小于10mm,并保持一定的倾斜度。

● 导线通过建筑物的伸缩缝或沉降缝时,敷设导线应稍有余量。敷设线管时,应装设补偿装置。

● 导线相互交叉时,为避免相互碰触,应在每根导线上加套绝缘管,并将套管在导线上固定牢靠。

● 为确保安全,室内外电气管线和配电设备与各种管道间以及与建筑物、地面间的最小允许距离应满足一定要求。

4.1.2 室内配线的工序

室内配线主要包括以下工作内容。

● 熟悉设计施工图,做好预留预埋工作(其主要内容有:电源引入方式的预留应埋位置,电源引入配电箱的路径,垂直引上、引下以及水平穿越梁、柱、墙等的位置和预留保护管)。

- 按设计施工图确定灯具、插座、开关、配电箱及电气设备的准确位置,并沿建筑物确定导线敷设的路径。
- 在土建粉刷前,将配线中所有的固定点打好眼孔,将预埋件埋齐,并检查有无遗漏和错位。
- 装设绝缘支撑物、线夹或线管及开关箱、盒。
- 敷设导线。
- 连接导线。
- 将导线出线端与电器元件及设备连接。
- 检验工程是否符合设计和安装工艺要求。

4.1.3 照明电路安装工艺要求

照明器具由灯具、灯座、开关、插座、挂线盒等组成。
- 灯具的安装高度:室内不低于2m,室外不低于3m。
- 根据不同场合和用途使用导线的线径应符合规定。
- 室内照明开关一般安装在门边便于操作的位置。拉线开关一般离地2~3m,扳把开关一般离地1.3m,与门框距离150~200mm。
- 插座的安装高度一般离地1.4m,幼儿园等应不低于1.8m。暗装插座一般可离地30mm,同一场所高度一致。
- 固定灯具需采用接线盒及木台等配件。
- 采用螺口灯头时,应将相线接入螺口内中心弹片上,零线接入螺旋部分。
- 吊灯灯具超过3kg时应预埋吊钩或螺栓,软线吊灯重量限1kg以下,若超过1kg,应加装吊链。
- 照明装置接线应牢固,接触良好,需要接地或接零的器具应由接地螺栓连接牢固,不得用导线缠绕。
- 所有开关均应接在电源相线上,扳把开关向上应为接通,向下应为断开。
- 插座插孔的极性为:对单相双极双孔,水平安装,左零右相;垂直安装,上零下相。对单相三极三孔,应为正三角形安装,上为接地,左下为零,右下为相。

4.2 明敷和暗敷线路

4.2.1 塑料护套线配线

塑料护套线是一种具有塑料护套层的双芯或多芯绝缘导线,可直接敷设在空心板等物体表面上,用铝片线卡(或塑料线卡)作为导线的支撑物。

1. 塑料护套线配线的方法

塑料护套线配线有以下几种方法:
- 划线定位。按照线路的走向、电器的安装位置,用弹线袋划线,并按护套线的要求每隔150~300mm划出铝片线卡的位置,靠近开关插座和灯具等处均需设置铝片线。
- 凿眼并安装木榫。錾打整个线路中的木榫孔,并安装好所有的木榫。
- 固定铝片线卡。按固定方式的不同,铝片线卡的形状有用小钉固定和用黏合剂固定两种。在木结构上,可用铁钉固定铝片线卡;在抹灰浆的墙上,每隔4~5挡,进入木台和转弯处需用小铁钉在木榫上固定铝片线卡;其余的可用小铁钉直接将铝片线卡钉入灰浆中;在砖墙和混凝土墙上可用木榫或环氧树脂黏合剂固定铝片线卡。
- 敷设导线。勒直导线,将护套线依次夹入铝片线卡。
- 铝片线卡的夹持。护套线均置于铝片线卡的钉孔位后,即可按如图4-1所示的方法将铝片线卡收紧夹持护套线。

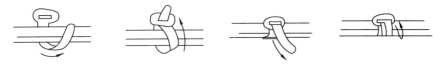

图4-1 夹持铝片线卡

2. 塑料护套线配线的要求

塑料护套线配线要求如下:
- 护套线的接头应在开关、灯头盒和插座等外,必要时可装接线盒,使其整齐美观。
- 导线穿墙和楼板时应穿保护管,其凸出墙面距离约为3~10mm。
- 与各种管道紧贴交叉时,应加装保护套。
- 当护套线暗设在空心楼板孔内时,应将板孔内清除干净,中间不允许有接头。
- 塑料护套线转弯时,转弯角度要大,以免损伤导线,转弯前后应各用一个铝片夹住,如图4-2(a)所示。

(a) 转角部分　　　　(b) 进入木台　　　　(c) 十字交叉

图4-2 用铅片线卡夹住塑料护套线

- 塑料护套线进入木台前应安装一个铝片线卡,如图4-2(b)所示。
- 两根护套线相互交叉时,交叉处要用四个铝片线卡夹住,如图4-2(c)所示。护套线应尽量避免交叉。
- 护套线路的离地最小距离不得小于0.15m,在穿越楼板及离地低于0.15m的一段护套线,应加电线管保护。

4.2.2 管线线路

把绝缘导线穿在管内配线称为线管配线。线管配线有明配和暗配两种:明配是把线管敷设在墙上以及其他明露处,要配置得横平竖直,要求管距短、弯头小;暗配是将线管置于墙等建筑物内部,线管较长。

1. 线管配线的方法

线管配线的方法有如下几种。

(1) 线管选择

根据敷设的场所来选择敷设线管类型,如潮湿和有腐蚀气体的场所采用管壁较厚的白铁管;干燥场所采用管壁较薄的电线管;腐蚀性较大的场所采用硬塑料管。

根据穿管导线截面积和根数来选择线管的管径。一般要求穿管导线的总截面积(包括绝缘层)不应超过线管内径截面积的40%。

(2) 落料

落料前应检查线管质量,有裂缝、凹陷及管内有杂物的线管均不能使用。按两个接线盒之间为一个线段,根据线路弯曲转角情况来决定用几根线管接成一个线段,并确定弯曲部位。一个线段内应尽可能减少管口的连接接口。

(3) 弯管

弯管方法如下:

● 为便于线管穿线,管子的弯曲角度一般不应大于90°。明管敷设时,管子的曲率半径 $R \geqslant 4d$;暗管敷设时,管子的曲率半径 $R \geqslant 6d$(d 为管子的外径)。

● 直径在50mm以下的线管,可用弯管器进行弯曲。弯曲时要逐渐移动弯管器棒,且一次弯曲的弧度不可过大,否则要弯裂或弯瘪线管。凡管壁较薄且直径较大的线管,弯曲时管内要灌满沙,否则要把钢管弯瘪;如果加热弯曲,要用干燥无水分的沙灌满,并在管两端塞上木塞。弯曲硬塑料管时,先将塑料管用电炉或喷灯加热,然后放到木胚具上弯曲成型。

(4) 锯管

按实际长度需要用钢锯锯管,锯割时应使管口平整,并要锉去毛刺和锋口。

(5) 套丝

为了使管子与管子之间或管子与接线盒之间连接起来,就需在管子端部套丝,钢管套丝时可用管子套丝绞板。

(6) 线管连接

各种连接方法如下:

● 钢管与钢管的连接。钢管与钢管之间的连接,无论是明配管线还是暗配管线,最好采用管箍连接(尤其对埋地线管和防爆线管)。为了保证钢管接口的严密性,管子的丝扣部分应顺螺纹方向缠上麻丝,并在麻丝上涂上一层白漆,再用管箍拧紧,使两管端部吻合。

● 钢管与接线盒的连接。钢管的端部与各种接线盒连接时,在接线盒内外应各用一个薄形螺母(又称纳子或锁紧螺母)夹紧线管,如图4-3所示。

● 硬塑料管之间的连接。硬塑料管的连接分为插入法连接和套接法连接。

◇ 插入法连接。连接前先将待连接的两根管子的管口分别做成内倒角和外倒角,然后用汽油或酒精把管子的插接段的油污和杂物擦干净,接着将一根管子插接段放在电炉或喷灯上加热至145℃左右,待其呈柔软状态后,在另一个管子的待插入部分涂一层胶合剂(过氧乙烯胶),然后迅速将其插入呈柔软状态的插接段,立即用湿布冷却,使管子恢复原来的硬度。

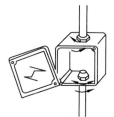

图4-3 用锁紧螺母夹紧线管

◇ 套接法连接。连接前先将同径的硬塑料管加热扩大成套管,然后把需要连接的两管端倒角,用汽油或酒精擦干净,待汽油挥发后,涂上黏合剂,再迅速将其插入热套管中。

(7) 线管的接地

配线的钢管必须可靠接地。为此,在钢管与钢管、钢管与配电箱及接线盒等连接处用由 6～10mm 圆钢制成的跨接线连接,并在线的始末端和分支线管上分别与接地体可靠连接,使线路所有线管都可靠接地。

(8) 线管的固定

线管明线敷设时应采用管卡支持,线管进入开关、灯头、插座、接线盒孔前 300mm 处以及线管弯头两边均需用管卡固定。管卡均应安装在木结构或木榫上。

线管在砖墙内暗线敷设时,一般在土建砌砖时预埋,否则应先在砖墙上留槽或开槽,然后在砖缝里打入木榫并钉钉子,再用铁丝将线管绑扎在钉子上,进一步将钉子钉入。

线管在混凝土内暗线敷设时,可用铁丝将管子绑扎在钢筋上,也可用钉子钉在模板上,将管子用垫块垫高 15mm 以上,使管子与混凝土模板间保持足够的距离,并防止浇灌混凝土时管子脱开。

(9) 清扫线管、穿线

穿线前先清扫线管,用压缩空气或用在钢线上绑扎擦布的办法,将管内杂物和水分清除。穿线的方法如下:选用 ϕ1.2mm 的钢线做引线。当线管较短且弯头较少时,可把钢丝引线直接由管子的一端送向另一端。如果线管较长或弯头较多,将钢丝引线从一端穿入管子的另一端有困难时,可以从管的两端同时穿入钢丝引线,引线端弯成小钩。当钢丝引线在管中相遇时,用手转动引线使其钩在一起,然后把一根引线拉出,即可将导线牵引入管。

导线穿入线管前,线管口应先套上护圈,接着按线管长度,加上两端连接所需的长度余量截取导线,剥离导线两端的绝缘层,并同时在两端头标有同一根导线的记号。再将所有导线和钢丝引线缠绕。穿线时,一个人将导线理顺往管内送,另一个人在另一端抽拉钢丝引线,这样便可将导线穿入线管。

2. 线管配线的要求

线管配线的要求如下:

- 穿管导线的绝缘强度应不低于 500V;规定导线的最小截面,铜芯线为 $1mm^2$,铝芯线为 $2.5mm^2$。
- 线管内导线不准有接头,也不准穿入绝缘层破损后经过包缠恢复绝缘的导线。
- 管内导线不得超过 10 根,不同电压或进入不同电能表的导线不得穿在同一根线管内,但一台电动机内包括控制和信号回路的所有导线及同一台设备的多台电动机线路,允许穿在同一根线管内。
- 除直流回路导线和接地导线外,不得在钢管内穿单根导线。
- 线管转弯时,应采用弯曲线管的方法,不宜采用制成品的月亮弯,以免造成管口接头过多。
- 线管线路应尽可能少转角或弯曲。因为转角越多,穿线越困难。
- 在混凝土内暗线敷设线管,必须使用壁厚为 3mm 的电线管。当电线管的外径超过混凝土厚度的 $\frac{1}{3}$ 时,不准将电线管埋在混凝土内,以免影响混凝土的强度。

4.3 电能表的接线与安装

4.3.1 单相电能表

1. 电能表的选择

选择单相电能表时,应考虑照明灯具和其他家用电器的耗电量,单相电能表的额定电流应大于室内所有用电器具的总电流。

2. 单相电能表的接线

常用单相电能表的接线盒内有 4 个接线端,自左向右按"1""2""3""4"编号。接线方法为"1""3"接进线,"2""4"接出线,如图 4-4(a)所示。有些电能表的接线方法特殊,具体接线时应以电能表所附接线图为依据。

3. 单相电能表的安装

单相电能表一般应装在配电盘的左边或上方,而开关应装在右边或下方,与上、下进线孔的距离大约为 80mm,与其他仪表的左右距离大约为 60mm,如图 4-4(b)所示。安装时应注意,电能表与地面必须垂直,否则将会影响电能表计数的准确性,实际接线如图 4-4(a)所示。图 4-4(c)所示为常见单相电能表计量配电线路图,目前,刀开关、用户熔断器通常由单相空气开关代替。

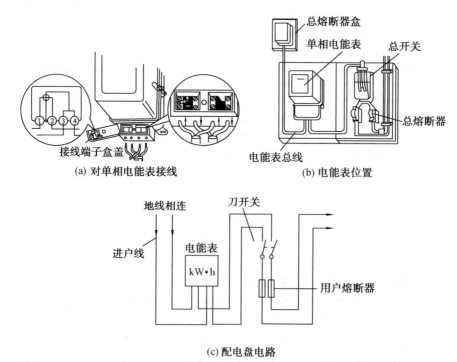

图 4-4 单相电能表的安装

4.3.2 三相电能表（课题三）

课题目标
- 掌握三相电能表的工作原理。
- 掌握三相有功电能表的安装接线工艺。

三相电能表按用途分为有功电能表和无功电能表两种，分别计量有功功率和无功功率。按接线方式，分为三相三线表和三相四线表，分别与三相三线制和三相四线制电路相接。有功电能表的规格按额定电流值划分，常用的规格有 3A、5A、10A、25A、50A、75A 和 100A 等多种。无功电能表的额定电流通常只有 5A 一挡，与电流互感器配合使用，额定电压分为 100V 和 380V 两种。

1. 有功电能表的接线

有功电能表接线的关键是电压线圈应并联在线路上，而电流线圈则应串联在线路上。具体接线时，应以电能表的接线图为依据。各种电能表的接线端子应按从左到右的顺序编号，常用三相有功电能表的接线如图 4-5 所示。

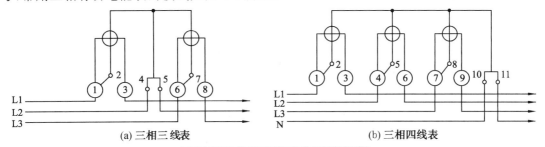

图 4-5　三相有功电能表的接线

2. 无功电能表的接线

用电量较大而又需要进行功率因数补偿的用户，一般应安装无功电能表来测量无功功率的消耗量。无功电能表电压线圈的额定电压如果是 100V，则应加装电压互感器，将电源电压降低到 100V 以下再接入无功电能表；电压互感器二次绕组的一个接线端子应可靠接地，以免一、二次绕组之间的绝缘击穿时烧毁电能表。常见的无功电能表接线方法如图 4-6 所示。

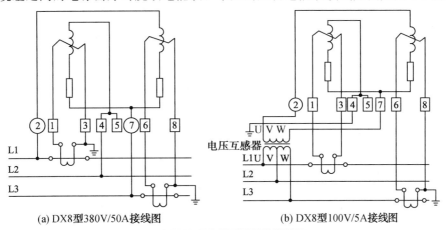

图 4-6　无功电能表的接线

3. 三相电能表的安装

● 电能表表盘应安装平直。表盘下沿离地面一般不应低于 1.3m,而大容量表盘的下沿离地面允许降低到 1.0～1.2m。

● 电能表应装在配电装置的左侧或下方,切忌装在右侧或上方。同时,为了保证抄寻方便,应将电能表(中心尺寸)装在离地面 1.4～1.8m 的位置上。如果需要并列安装多只电能表,两表之间的中心距离不得小于 200mm。

● 任意一相的计算负载电流超过 120A 时,应配装电流互感器;最大计算负载电流超过现有电能表的额定电流时也应加装电流互感器。

4. 电流互感器与有功电能表配用的接线

电流互感器二次绕组标有"K1"或"＋"的接线端子应与电能表电流线圈的进线端子连接,不可接反,每个节点必须连接得牢固可靠。

电流互感器的一次绕组接线端子分别标有"L1"(或"＋")和"L2"(或"－"),其中,L1 接主回路的进线,L2 接主回路的出线,不可接反。具体接线方法如图 4-7 所示。

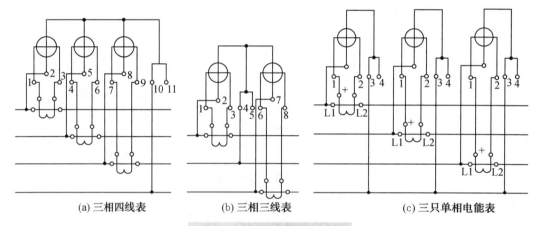

图 4-7 电流互感器的接线

考 核 试 题

1. 考核内容

● 根据下列要求设计接线原理图。

◇ 采用电流互感器间接式接入表。

◇ 原理图中图形符号按国标 GB 4728—1985、文字符号按国标 GB 7159—1987 执行。

● 根据负载有关数据选择电气元件及规格,填写表 4-3。

负载 $U=380$V, $P=60$kW, $\cos\varphi=0.8$, $I=114$A。

● 根据自己设计的接线原理图安装接线。

◇ 无须更改固定板上原有电器元件位置。

◇ 以板上明布线为主,板后线为辅,一次回路和二次回路采用双色导线分开布线。

2. 绘制接线原理图

根据要求绘制接线原理图。

3. 参数数据

单芯铜绝缘导线在空气中敷设参考载流量如表 4-1 所示。

表 4-1 参考数据

导线截面积/mm²	1.0	1.5	2.5	4	6	10	16	25	35
允许电流/A	19	24	32	42	55	75	105	138	170

电流互感器一次侧电流（A）有关数据如表 4-2 所示。

表 4-2 电流互感器一次侧电流

电流/A	5	10	15	30	50	75	100	150	200	300

4. 选择电气元件

电气元件如表 4-3 所示。

表 4-3 电气元件

文字符号	名　称	规　格	数　量
	三相三元件有功电能表		
	电流互感器	变比　　　额定电流	
	空气开关	额定电流　　热整定电流	
FU		熔断器电流　　熔体电流	
	一次回路导线	截面积	
	二次回路导线	截面积	

5. 评分标准（以下内容非考生填写）

评分标准见表 4-4（评分标准由指导教师填写）。

表 4-4 评分标准

项目内容	配分	评　分　标　准	扣　分	得　分	评分人
设计接线原理图	20	图形符号、文字符号与新国标不符，每处扣 4 分			
		设计不符合要求、有错误，扣 20 分			
选择电气元件	15	电气元件规格选择不对，每个扣 4 分			
		文字符号名称、数量填写错误，每个扣 2 分			

续表

项目内容	配分	评分标准	扣分	得分	评分人
安装接线	30	未按电气原理图接线,扣10分			
		布线不横平竖直、不紧贴板面,扣5～15分			
		走线交叉、反圈、露铜过长、压绝缘层,每处扣1分			
		接头松动、线芯或绝缘损伤,每处扣3分			
通电试车	30	一次试车不成功,扣20分			
		发生短路、烧毁电器元件,扣20分			
安全文明生产	5	违反安全文明生产规定,扣5分			
规定时间	3h	每超5min扣5分,不足5min,按5min计			
备注		乱线敷设加扣不安全分15分	总得分		
		每个项目扣分不可超过该项目配分			

第 5 章　电动机拆装工艺

5.1　电动机的工作原理

电动机要产生旋转磁场必须具备两个条件：
- 三相绕组必须对称分布，在定子铁芯空间上相差 120°。
- 通入三相对称绕组的电流也必须对称，大小、频率相同，相位差为 120°。

图 5-1(a)所示的是最简单的三相绕组分布剖面图，图上标出了三个绕组首尾端分布位置，实际上是线圈的有效边嵌放位置，三个线圈的绕组结构完全对称，空间位置上互差 120°。

图 5-1(b)所示是三相绕组星形连接的电路图，绕组的首端接三相电源，图中标出了电流的参考方向。

图 5-1(c)是定子绕组流入的三相交流电波形图，各相的电流为

$$i_U = I\sin\omega t, \ i_V = I\sin(\omega t - 120°), \ i_W = I\sin(\omega t + 120°)$$

图 5-1(d)选用一个周期的五个特定瞬间来分析三相交流电流通入后电动机气隙磁场的变化情况。

- 当 $\omega t = 0$ 时，i_U 电流为 0，i_W 电流为正，说明电流实际方向与图 5-1(b)中的 W 相所标的参考方向相同，从 W_1 流进为"⊗"，从 W_2 流出为"⊙"（规定"⊗"表示向纸面流进，"⊙"表示从纸面流出）。i_V 电流为负，说明电流实际方向应与图 5-1(b)中的 V 相所标的参考方向相反，即从 V_2 流进，V_1 流出。通电导体产生的磁场方向可用安培定则判断：W_1、V_2 线圈有效边电流流入，产生的磁感线为顺时针方向，W_2、V_1 线圈有效边电流流出，产生的磁感线方向为逆时针方向。V、W 两相电流的合成磁场如图 5-1(d)中的 $\omega t = 0$ 所示。磁感线穿过定子、转子的间隙部位时，磁场恰好合成一对磁极，上方是 N 极，下方是 S 极。

- 当 $\omega t = \dfrac{\pi}{2}$ 时，i_U 电流达到正最大值，i_V、i_W 电流为负值，实际电流方向从 U_1 流入、U_2 流出后，分别再由 W_2、V_2 流入，W_1、V_1 流出，电流合成磁场方向应如图 5-1(d)的 $\omega t = \dfrac{\pi}{2}$ 所示，可见磁场方向已较 $\omega t = 0$ 时顺时针转过 90°。

- 用同样的方法可以分别画出 $\omega t = \pi$、$\omega t = \dfrac{3\pi}{2}$、$\omega t = 2\pi$ 时的合成磁场，如图 5-1(d)所示。从这几幅图可以看出，随着交流电一周的结束，三相合成磁场刚好顺时针旋转了一周。

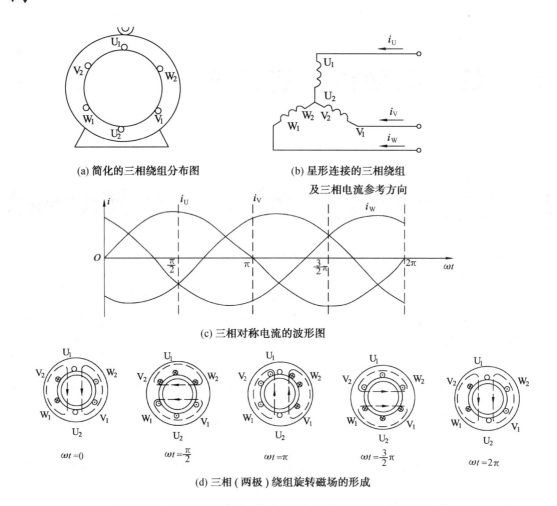

图 5-1 三相绕组分布图、电流流向、电流波形图及旋转磁场

5.2 三相笼型异步电动机的拆装(课题四)

课题目标
- 熟悉电动机的基本结构。
- 掌握电动机的拆装工艺。

1. 拆装前的准备
- 备齐工具：锤、撬棒、木螺丝刀、拉具、厚木板、钢棒、扳手、油盆、汽油(柴油)、棉布、毛刷、套筒。
- 选好电动机拆装的合适地点,事先清洁和整理好现场环境。
- 熟悉被拆电动机的结构特点、拆装要领以及它所存在的缺陷。
- 做好标记。
  ◇ 标出电源线在接线盒中的相序。

◇ 标出联轴器或皮带轮与轴台的距离。
◇ 标出端盖、轴承、轴承盖的负荷端与非负荷端。
◇ 标出机座在工作现场基础上的详细位置。
◇ 标出绕组引出线在机座上的出口方向。
◇ 拆除电源线和保护接地线,并用兆欧表测出绕组的绝缘电阻,记好数据。
◇ 拧下地脚螺母,将电动机拆离并搬至解体现场。若电动机与机座间有垫片,应记录并妥善保存。

2. 拆卸步骤

三相笼型异步电动机的拆卸步骤如图 5-2 所示。

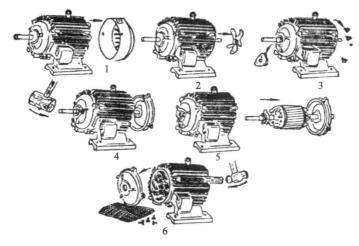

图 5-2 三相笼型异步电动机的拆卸步骤

● 拆下皮带轮或联轴器,拆下电动机尾部风罩。
● 拆下电动机尾部扇叶。
● 拆下前轴承外盖和前后端盖紧固螺钉。
● 用木板(或铝板、铜板)垫在转轴前端,将转子连后端盖一起从止口中敲出。若使用的是木榔头,可直接敲打转轴前端。
● 从定子中取出转子。
● 用木方伸进定子铁芯顶住前端盖,使用榔头把前端盖敲出,再拆前后轴承及轴承内盖。

3. 主要部件的拆卸方法

(1) 端盖的拆卸

先将端盖与机座接合处做上对正记号,接着拆下前端盖的紧固螺丝,用木螺丝刀在周围接缝中均匀加力,将其撬出,或用铁棒等将端盖敲转一定角度,用棒敲打或用拉具将其拉出。

(2) 拉具的使用

操作时,拉钩对称地钩住物体,三个钩爪须受力一致,中间主螺杆与转轴中心线一致。然后用扳手旋动主螺杆,用力要均匀、平稳,如图 5-3 所示。

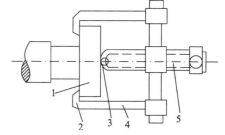

1—连接件;2—钩爪;3—钢珠;
4—拉杆;5—主螺杆

图 5-3 用拉具拆卸皮带轮

(3) 转子的抽出

在抽出转子时,应在转子下面气隙和绕组端部垫上厚纸板,以免抽转子时碰伤铁芯和绕组绝缘。对于 30kg 以内转子可直接用手抽出,抽出一半时,一手拿住转子中部,另一手继续平稳抽出转子;较大电动机转子应使用起重设备吊出。

(4) 轴承的拆卸

● 用拉具拆卸。拆卸时,钩爪应抓牢轴承内圈,以免损坏轴承。

● 用楔形铜棒敲打。用铜棒在倾斜方向顶住轴承内圈,用锤敲打铜棒,边敲打边将铜棒沿轴承内圈均匀移动,直至敲下轴承,禁止在一个部位敲打(图 5-4)。注意敲打时不要损伤转轴。

● 用两块厚铁板敲打。用两块厚铁板在轴承内圈下夹住转轴,铁板用能纳下转子的圆筒支住,在转轴上垫上厚木板敲打,取下轴承(图 5-5)。

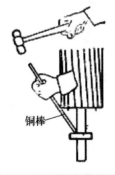

图 5-4 用楔形铜棒敲打

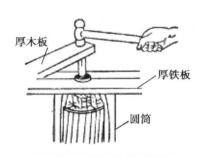

图 5-5 用厚铁板敲打

4. 轴承的检查与装配

应检查轴承滚动件是否转动灵活而不松旷,再检查轴承内圈和外圈间游隙是否过大。在轴承中按其定量 $\frac{1}{3} \sim \frac{2}{3}$ 的容积加足润滑油。若加得过多,会导致运转中轴承发热等。

安装轴承时,轴承标号必须向外,以使下次更换时查对轴承型号。将合格的轴承套入轴内,为使轴承内圈受力均匀,应用一根内径比转轴外径略大而比轴承内圈略小的套筒抓住轴承内圈,将轴承敲打到位,也可用一根铁条抓住轴承内圈,在圆周上均匀敲打,使其到位。注意:铁条不能触碰转轴,以免将其打毛。轴承安装示意图如图 5-6 所示。

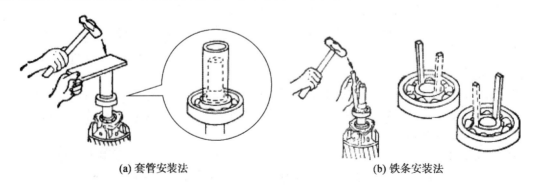

(a) 套管安装法　　　　　　　　　(b) 铁条安装法

图 5-6 轴承安装示意图

5. 电动机的装配步骤

原则上按拆卸的相反步骤进行。表 5-1 为电动机拆装训练记录。

表 5-1 电动机拆装训练记录

步骤	内容	工艺要点	结论
1	拆装前的准备	拆卸前后做的记号 端盖与机座间_____	
2	拆卸顺序	1._____; 4._____; 2._____; 5._____; 3._____; 6._____.	
3	端盖的拆卸与装配	使用工具：_____. 操作要点：_____ _____.	
4	转子的取出	操作要点：_____	
5	轴承的拆卸与装配	使用工具：_____. 操作要点：_____ _____.	

6. 特种电动机的拆装及接线与调试

（1）拆装特种电动机

其基本步骤如下：

● 熟悉特种电动机的结构及与普通电动机的不同点。

● 拆下接线盒，在端盖与机座连接处及各接线头处做好标记。

● 拆卸特种电动机，根据特种电动机的结构，依次拆开其外壳和内部转子。

● 清洗特种电动机的内部污物。

● 按与拆卸时相反的步骤重新装配特种电动机。

（2）特种电动机拆装后的接线与调试

其基本步骤如下：

● 先用兆欧表检查特种电动机各绕组之间及各绕组对机壳的绝缘情况，要求各绝缘电阻不低于 0.5MΩ。

● 将特种电动机的接线按照拆卸时做好的标记重新接好。

● 当检查接线正确无误后，可接通电源进行空载试车，试车时，应注意电动机的运转情况，发现异常应立即停车检查。

（3）操作要点提示

● 拉具的丝杆顶端要对准电动机轴的中心；加热的温度不能太高，要防止轴变形；拆卸过程中，不能用手锤直接敲打皮带轮，否则会使轴变形、皮带轮损坏。

● 取下风扇前，可用手锤在风扇四周均匀敲打，风扇即可取下；若风扇是塑料材料，可将风扇浸入热水中待膨胀后卸下。

- 不允许用手锤直接敲打端盖;起重机械的使用要注意安全,钢丝绳一定要绑牢。
- 抽出转子时,一定要小心缓慢,不得歪斜,防止碰伤定子绕组。
- 拉具的脚爪应紧扣在轴承的内圈上,拉具丝杆的顶点要对准转子轴的中心,扳动丝杆要慢,用力要均匀。
- 清洗轴承后,对轴承涂注润滑脂不要超过腔体的 $\frac{2}{3}$。
- 装配时一定要对好标记,装配时拧紧端盖螺丝,必须四周用力均匀,按对角线上下左右逐步拧紧,绝不能先将一个螺丝拧紧后再去拧紧另一个螺丝。
- 用千斤顶安装皮带轮时,一定要用固定支持物顶住电动机的另一端。
- 兆欧表的使用要正确,绝缘电阻值低于 0.5MΩ 时要采取烘干措施。
- 使用转速表时一定要注意安全,用酒精温度计测量电动机的温度,检查铁芯是否过热。
- 发现电动机有异常现象时,应立即停车检查。

考 核 试 题

按工艺规程进行电磁调速电动机的拆卸、接线与调试。

(1) 考前准备

电工通用工具一套,多用表(自定)一块,兆欧表、转速表各一只,圆珠笔一支,草稿纸(自定)两张,电磁调速电动机(自定)一台,拉具(两爪或三爪)一把,汽油、刷子、干布、钠基润滑脂若干,手锤、木槌、铜棒、套筒各一把,绝缘胶布一卷,绝缘鞋、工作服等一套。

(2) 操作工艺

- 做好标记。拆下接线盒,在端盖与机座连接处及各接线头处做好标记。
- 拆卸异步电动机。拧开异步电动机端的固定螺钉,将异步电动机连同固定在其轴上的磁极一同抽出。
- 拆卸测速发电机。由轴伸端拆卸测速发电机的定子,取出转子,再将铝端盖取下,检查电磁转差离合器的外轴承;测速发电机转子的磁杯均为永磁式,一般采用的是钡铁氧体非金属磁钢,质地硬且脆,拆卸时必须注意不要损坏,应两侧同时用力,轻稳撬出。
- 拆卸转差离合器。拆开转差离合器的固定螺钉,并将转差离合器励磁线圈的引线从接线板上拆下,然后将电枢抽出,取下轴承端盖,检查内轴承,如有需要可用拉具拆下轴承。
- 重新装配。按与拆卸时相反的步骤重新装配电磁调速电动机,装配电枢时,必须注意顶住从动轴端,以免铝端盖受力而变形;装配测速发电机转子时,宜用套圈衬垫,再用锤子轻轻敲入。
- 测试与接线。

◇ 先用兆欧表检查电磁调速电动机各绕组之间及各绕组对机壳的绝缘情况,要求各绝缘电阻不低于 2MΩ。

◇ 将电磁调速电动机中异步电动机的接线、转差离合器励磁线圈接线和测速发电机的接线重新接好,接上电源线,并检查接线的正确性。控制器出厂时配有19芯插头一个,应注意其接线的排列位置不得接错,JZTF系列电磁调速电动机为 4 极时,U_1、V_1、W_1 接电源,U_2、V_2、W_2 空着不接;为 6 极时,U_2、V_2、W_2 接电源,U_1、V_1、W_1 空着不接。注意 U_1、V_1、

W_1 和 U_2、V_2、W_2 绝不能同时通电。

◇ 检查熔丝规格是否合格,转速表指示是否为零,将调速电位器置零。

● 试车。当检查接线正确无误后,可接通电源进行空载试车,试车时,应注意电动机的旋转方向,如发现转向与所需要的方向相反时应立即停车,并将电源线的任意两根接头调换,即可改变转向。

启动后如发现任何不正常现象或响声时,须立即停车进行检查,待电动机空载运行正常后,才可将励磁电流送入转差离合器绕组,使输出轴随异步电动机同轴旋转,缓慢调节控制器上的电位器,让输出轴的转速逐渐提高到电动机的同步转速附近。若异步电动机和离合器全部正常,便可连续空载运转 1~2h,随时注意各轴承有无发热或漏油现象。对于 JZTF 系列电磁调速电动机,应在 4 极和 6 极分别进行试车。

具体评分标准见表 5-2(评分标准由指导教师填写)。

表 5-2 评分标准

主要内容	配分	考核要求	评分标准	扣分	得分	评分人
拆卸前的准备	10	1. 正确拆除电动机电源电缆头及电动机外壳保护接地线,电缆头应有保护措施 2. 正确拉下联轴器	拆除电动机电源电缆头及电动机外壳保护接地线工艺不正确,电缆头没有保护措施,共扣 1 分;拉联轴器方法不正确,扣 1 分			
拆卸	25	1. 拆卸方法和步骤正确 2. 不能碰伤绕组 3. 不损坏零部件 4. 标记清楚	拆卸方法和步骤不正确,每处扣 1 分;损伤绕组,扣 3 分;损坏零部件,每处扣 2 分;装配标记不清楚,每处扣 1 分			
装配	25	1. 装配方法和步骤正确 2. 不能碰伤绕组 3. 不损坏零部件 4. 轴承清洗干净,加润滑油适量 5. 螺钉紧固 6. 装配后转动灵活	装配方法和步骤不正确,每处扣 1 分;损伤绕组,扣 3 分;损坏零部件,每处扣 2 分;轴承清洗不干净、加润滑油不适量,每只扣 1 分;紧固螺钉未拧紧,每只扣 1 分;装配后转动不灵活,扣 3 分			
接线	10	1. 接线正确、熟练 2. 电动机外壳接地良好	接线不正确、不熟练,扣 3 分;电动机外壳接地不好,扣 3 分			
电气测量	15	1. 测量电动机绝缘电阻合格 2. 测量电动机的电流、振动、转速及温度等	测量电动机绝缘电阻不合格,扣 2 分;不会测量电动机的电流、振动、转速及温度等,扣 3 分			
试车	10	1. 空载试验方法正确 2. 根据试验结果判定电动机是否合格	空载试验方法不正确,扣 3 分;根据试验结果不会判定电动机是否合格,扣 3 分			
安全文明生产	5	违反安全文明生产规定,扣 5 分				
规定时间	4h	每超 5min 扣 5 分,不足 5min 按 5min 计				
备注		每个项目扣分不可超过该项目配分		总得分		

5.3 定子绕组的拆换工艺（课题五）

课题目标
- 掌握电动机绕组拆除、修整的基本工艺。
- 掌握绕线模的使用方法及绕组绕制工艺。

1. 记录原始数据

绕组重换记录卡

1. 铭牌数据：型号_____ 功率_____ 电压_____ 电流_____		
转速_____ 接法_____ 绝缘等级_____		
2. 绕组数据与绝缘材料：		
导线规格_____ 每槽匝数_____ 线圈数_____ 并绕根数_____		
并联支路数_____ 节　距_____ 绕组形式_____ 端部伸出_____		
线圈周长_____ 绝缘材料_____ 槽绝缘厚度_____ 槽楔尺寸_____		
3. 槽形尺寸	绕组接线草图	故障现象、原因及检修措施

- 导线规格。可用千分尺或游标卡尺测线径，先用微火烧焦外绝缘层，用布擦净，测量多处，求其平均值。拆除相绕组应保留1~2个完整的样品线圈。
- 并绕根数。将同一极相组两线圈间跨接线的套管划破，数一下里面导线根数、线圈并联支路数，将绕组的引出线剪断，数里面的根数，再除以并绕根数即为支路数。小型电动机有时只有三个引出线，则应看其有没有三根线的并头，有则为星形，数引线内根数再除并绕根数即为支路数；若无并头，则为三角形连接，引出线为两相绕组并接，应将引出线根数除以2再除以并绕根数。
- 判断节距。数旧绕组线圈内有效边跨越的槽数。

2. 拆除旧绕组

（1）冷拉法

将槽楔用扁铁条顶住敲出，将导线用木螺丝刀撬分几组，再用钳子将其拉出。另一端可先用斜口钳逐根剪断。

（2）冷冲法

可用平头凿将两端口线圈凿断，取一根可插入槽内的扁铁条顶住一端，用锤子敲打取出。绕组拆除后，清除槽内残留物，检查清除铁芯上的毛刺，修整槽齿等。

（3）溶剂法

溶剂的配方按丙酮50%、甲苯45%、石蜡5%的重量比，先将石蜡加热熔化，再注入甲苯，最后加进丙酮搅拌而成。需要溶解绕组绝缘时，把电动机定子放在有盖的铁箱内，用毛刷将溶剂刷在绕组上，然后加盖密封，保持2~3min，待绝缘软化，即可将绕组拆除。由于溶剂价格较贵，一般只能用于小型或微型电动机，这种溶剂能挥发毒物，使用时应注意保护人身安全。

3. 线圈绕制工艺

绕制电动机线圈之前,应按旧线圈的实际周长设计制作绕线模,若绕得太大,不仅浪费铜材,还会增加漏电抗,造成与端盖相碰,对地短路。若绕得太小,则绕线困难。在拆除旧绕组时,应保留一个较完整的样品线圈。

下面介绍万用绕线模的使用方法。

(1) 滑动模块的使用(调整绕组间的差值)

滑动模片主要是为交叉式、同心式绕组所设计的,使用时应首先算出或查表确定各大包或中包与小包绕组的"差"值,然后将滑动模片紧固串心螺钉放松,如果一端的模片调节尺寸不能满足要求时,再调另一端的滑动模片。模片刻度=绕组"差"值(注:对于"差"值,可允许单边调整的尽量单边调整)。

(2) 支架刻度的使用(调整绕组周长)

绕组形式和模块尺寸周长确定后,可按下式确定支架尺寸:

$$支架刻度=(周长-基数)/2$$

式中,模块基数见表5-3(计算时同心式与交叉式绕组均以小包尺寸为准)。先将尺寸调节片的顶端箭头与计算得出的支架尺寸数据对准,然后紧固定位螺钉,按上模块即可绕制。各副模架的调节片均刻有本副线模的算式,使用非常方便。

表 5-3 模块基数

Y系列 2、5.5、7.5 用 1 号模架	模号	基数	模片滑动范围/cm	支架滑动范围/cm	周长范围/cm
1号模适用 5.5~45kW	1	40	19	1~31	42~113
2号模适用 4~10kW	2	30	15	1~31	36~104
3号模适用 0.6~3kW	3	22	7	1~20	24.5~63
4号模适用 0.12~1.1kW	4	17	5	1~19.5	22~58.5

(3) 举例说明

● 交叉式。

例 5-1 有一台 JO2-32-4 型电动机,功率为 3kW,4 极 36 槽,节距 1—9、2—10、18—11 绕组尺寸依次为 52cm、52cm、51cm,每相共 6 包,其差值为 1cm。

选用 2 号模块,并将一端模块的 2、3、5、6 联的滑动模片推到刻度 1 处。紧固串心螺钉,并按下式计算出支架刻度尺寸:

$$支架刻度=(周长-基数)/2=(51-30)/2\ cm=10.5cm$$

将支架刻度调节片箭头对准支架 10.5 的刻度线上,紧固定位螺钉即可。

● 链式绕组的绕制。

例 5-2 有一台 Y90S-4 型电动机,其功率为 1.1kW,4 极 24 槽,节距 1—6,选用 3 号模块,查知其绕组尺寸为 37cm,每相共 4 包,按下式求出支架刻度:

$$支架刻度=(周长-基数)/2=(37-22)/2\ cm=7.5cm$$

(链式绕组没有大、小包绕组,所以不必调整模块)

将刻度调节片的箭头对准支架刻度尺寸 7.5 处,紧固定位螺钉。按上模块,即可绕制。

(4) 绕组的脱模方法

绕组绕制好后,用绑扎线将各包绕组分别绑扎好,松动螺帽,取出绕组和模块,用手捏住模块,相对于绕组旋转 90°,即可取出模块。另一端模块也用同样方法取出。

(5) 其他事项

● 线模上的使用刻度指示值均为经换算后的数值。

● 绕制周长尺寸为 19～25cm 较小的绕组时,4 号模块虽能绕制,但应卸下串心螺钉后才能取出另一端的模块。

● 本线模适用于交流三相绕组,对于交流单相正弦绕组,应采用单相绕线模。

绕线机及绕制后的线圈可参考图 5-7。

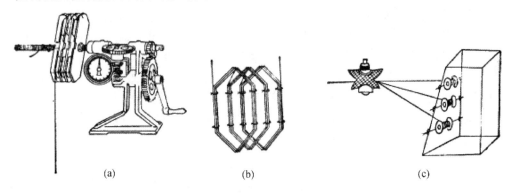

图 5-7 绕线机及绕制后的线圈

以 YH2M-4 型电动机为例:4kW,380V,8.8A,1440r/min,$\cos\varphi=0.82$,$Z=36$,$Y1=8$,$Y2=9$,$Y3=9$。参考周长 52cm、52cm、51cm,每槽线数 46,每相共 6 组线圈,则绕线模应选用 2 号模块,基数为 30。按下式求出支架刻度:

$$支架刻度=(周长-基数)/2=(51-30)/2cm=10.5cm$$

大包与小包差值为 10m。将模块一端 2、3、5、6 联的滑动模片一端推到刻度 1 上,1、4 滑动模块推到刻度 0 上,则 1、4 滑动模块与 2、3、5、6 相差 1cm。

将绕线模装好,支架长度调整好,坚固后,装在绕线机轴上绕制即可,将 6 组线圈绑扎好,连接线剪断分为 4 组线圈,2 个双包、2 个单包,从模具上取下。

注:实习绕制线圈时,采用手动缓慢绕制即可,安全为上。

5.4 绕组线圈计算及展开图、下线图的绘制(课题六)

课题目标

掌握绕组线圈计算及展开图、下线图的绘制。

1. 定子绕组

(1) 线圈

线圈由一匝或多匝相互绝缘的导线绕制而成。放在槽中的部分称为有效边,它产生感应电动势、磁势。连接两个有效边的部分为端接线,它不产生感应电动势。

(2) 槽数（Z）

槽数即铁芯上线槽总数，用来放置绕组线圈。

(3) 磁极对数（P）

每相绕组通电后产生的 N 极和 S 极的对数称为磁极对数，因磁极总是成对出现的，故磁极数为 $2P$，由磁极对数可确定转速：

$$n_1 = \frac{60f}{P}$$

式中，f 为频率。

(4) 极距（τ）

沿定子铁芯内圆每个磁极所占范围，即极距可用长度或线槽数表示。长度：$\tau = \frac{\pi D}{2P}$，其中 D 为定子铁芯内径。线槽数：$\tau = \frac{Z}{2P}$。

(5) 每极每相槽数（q）

每相绕组在每个磁极下所占线槽数

$$q = \frac{Z}{2MP}$$

式中，M 为电动机相数。

(6) 节距（Y）

节距指一个线圈两条有效边之间相隔的槽数。

当 $Y=\tau$ 时为整距线圈；当 $Y<\tau$ 时为短距线圈，缩短了线圈端接线，节约铜材；当 $Y>\tau$ 时为长距线圈。

(7) 电角度（α）

一对磁极所占的角度为空间电角度。若有 P 对磁极，则电动机总空间电角度为

$$\alpha = P \times 360°$$

(8) 槽距角（α'）

槽距角指相邻两个槽之间的电角度，$\alpha' = \frac{P \times 360°}{Z}$

(9) 相带分相

将 360°分成 6 等份，每一等份为 60°。将定型子槽数合理分配到这 6 等份内，6 等份按逆时针旋转后为 A、Z、B、X、C、Y。A、X 为 A 相，B、Y 为 B 相，C、Z 为 C 相。假定 A、B、C 相带中电流向上，X、Y、Z 相带中电流向下。

2. 链式绕组

例 5-3 已知一台电动机 $Z=24$，$P=2$，$a=1$，$Y=5$，试绘制绕组展开图。

解：① 槽距角 $\alpha' = \frac{P \times 360°}{Z} = \frac{2 \times 360°}{24} = 30°$。

② 每相绕组在每个磁极下所占线槽数 $q = \frac{Z}{2MP} = \frac{24}{2 \times 3 \times 2} = 2$，其中，$M$ 为电动机相数。

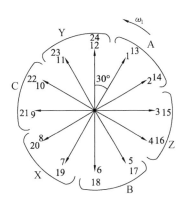

$P=2$，$Z_1=24$ 电动机的基波电势星形向量图

图 5-8　60°分相

③ 节距 $Y=5$。
④ $60°$分相(图 5-8)。

磁极对数 P 可表示其空间电角度分布的层数。例如,$P=2$ 表示为 2 层分布。

(1) 单层链式绕组

如上述所示,$q=2$ 的小型电动机,不适宜采用同心式绕组。在实用中,它们常采用图 5-9 的端接方案。把它们的连接顺序重新组合,把 8 和 13、1 和 20 槽相连,则端部可缩短(相距 5 槽)。这时,导体内电流方向也同样能满足要求。按这样连接的四个线圈如图 5-9(a) 所示,它们在电动机中呈链式排列。在把 A 相 4 个线圈串成一相绕组时,按照有效边中电流方向,应以"尾接尾"的反串方式连接。

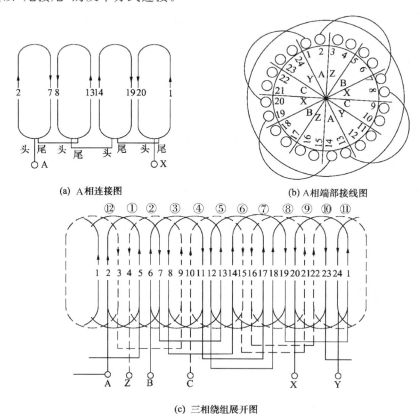

图 5-9　单层链式绕组

图 5-9(b)是 A 相的端部连接图。用相同的端接方式可得到 B、C 相绕组,并可画出三相绕组展开图,如图 5-9(c)所示。

单层链式绕组由于端部减短,一般能比同心式节约 10%～20% 的用铜量,在 $q=2$ 的小容量电动机中使用广泛。

(2) 交叉式绕组

例 5-4 已知一台电动机 $Z=36$,$P=2$,$a=1$,$Y1=8$,$Y2=8$,$Y3=7$,试绘制绕组展开图。

解:① 槽距角 $\alpha'=\dfrac{P\times 360°}{Z}=\dfrac{2\times 360°}{36}=20°$。

② 每相绕组在每个磁极下所占线槽数 $q=\dfrac{Z}{2MP}=\dfrac{36}{2\times3\times2}=3$。

③ 节距 $Y1=8$，$Y2=8$，$Y3=7$。

④ $60°$ 分相见图 5-10。

磁极对数 P 可表示其空间电角度分布的层数。例如，$P=2$ 表示为 2 层分布。

当电动机 $q=3$，即每极每相由 3（或大于 3 的奇数）个线圈组成时，便无法接成上图那样的单层链式绕组。在这种情况下，可采用图 5-11 的端接方案，由分相情况看，A 相带包括 1、2、3 槽和 19、20、21 槽；X 相带包括 10、11、12 槽和 28、29、30 槽。图 5-11(a) 中把 2 和 10、3 和 11 槽接成节距为 8 的一个双圈，20 和 28、21 和 29 槽接成另一对极下的双圈；而把 12 和 19、30 和 1 槽接成节距为 7 的单圈，构成单、双圈交叉分布的绕组。在把各相的单、双圈串成一相绕组时，仍应以各有效边内电流方向为依据，如图 5-11(a) 所示，采用"尾接尾""头接头"的反串方式连接。

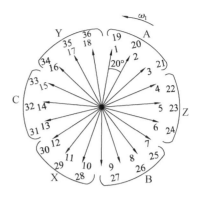

$P=2$，$Z_1=36$ 的基波电势星形向量图

图 5-10　$60°$ 分相

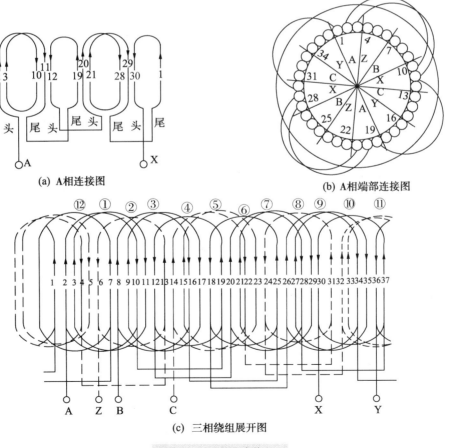

(a) A 相连接图

(b) A 相端部连接图

(c) 三相绕组展开图

图 5-11　交叉式绕组

图 5-11(b)是 A 相的端部连接图。按同样规律画出 B、C 相绕组后,可得图 5-11(c)的三相绕组展开图。该图是以每槽多匝的一般情况画出的。

以上介绍的几种单层绕组,具有槽的利用率高、不会发生相间短路、线圈数目较少、下线工时省等优点,在小型电动机中得到广泛使用。常用的 J02 及 Y 系列电动机中,单层链式绕组用于 $q=2$ 的 4、6、8 极电动机;单层交叉式绕组用于 $q=3$ 的 2 极和 4 极电动机。这些绕组形式在日常的修理工作中经常可以见到。但是,单层绕组下线后端部较厚,不易整形,且由于它的结构限定,不能利用适当的短距来改善绕组的电磁性能。因此,使用单层绕组的电动机性能一般较差。

3. 线圈嵌入图

$Z=24,P=2,a=1,Y=5$ 链式绕组下线顺序图如图 5-12 所示。

首先将铁芯线槽编号,将 1 号线圈的一边嵌入第 7 槽,它的另一边要压在线圈 11、12 号的上面,要等线圈 11、12 嵌入第 3、第 5 槽之后才能嵌入第 2 槽,故只能将其吊入定子内,称为"吊把"。然后空一槽,将线圈 2 的一边嵌入第 9 槽,其另一边也要压在线圈 12 上面,然后空一槽(10),将线圈 3 的一边嵌入 11 槽,因 7、9 槽中已嵌入线圈的一边,线圈 3 的另一边可嵌入第 6 槽中。以后按"下一槽,空一槽"的规律嵌入线圈。

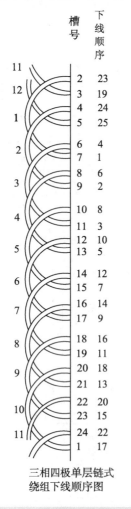

三相四极单层链式
绕组下线顺序图

图 5-12 链式绕组下线顺序图

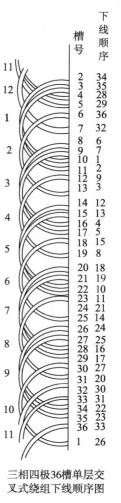

三相四极36槽单层交
叉式绕组下线顺序图

图 5-13 交叉式绕组下线顺序图

$Z=36, P=2, a=1, Y_1=Y_2=8, Y_3=7$ 交叉式绕组下线顺序图如图 5-13 所示。

将第一组大线圈下层边嵌入第 10、第 11 槽,由于它的另一边要压在线圈 11、12 号的上面,也做"吊把"处理。接着空一槽,将第二组小线圈一边嵌入第 13 槽,其另一边也做"吊把"处理。然后再空两槽,将第三组大线圈的一边嵌入第 16、第 17 槽中,由于第一组、第二组线圈一边已嵌入第 10、11、13 槽,故第三组线圈另一边可嵌入第 8、第 9 槽,接着空一槽,将第四组小线圈嵌入第 19 槽,另一边嵌入第 12 槽(图 5-13)。以后按"嵌两槽,空一槽,嵌一槽,空两槽"的规律依次嵌入线圈。

5.5 嵌线工艺(课题七)

课题目标

掌握嵌线基本工艺方法。

嵌线常称下线,是拆换电动机绕组的关键步骤之一。下线质量的好坏,直接影响电动机的电气性能和使用寿命。作为电动机修理工,必须很好地掌握下线的基本工艺。本节向读者介绍下线专用手工工具的制作、下线的准备及下线的工艺。最后介绍一些不同形式绕组的下线规律。

1. 下线专用手工工具的制作

(1) 划线板

划线板又叫理线板,是在嵌线圈时将导线划进铁芯槽,同时又将已嵌进铁芯槽的导线划直理顺的工具。划线板常用楠竹、胶绸板、不锈钢等磨制而成。长约 150～200mm,宽约 10～15mm,厚约 3mm,前端略成尖形,一边偏薄,表面光滑,如图 5-14(a)所示。

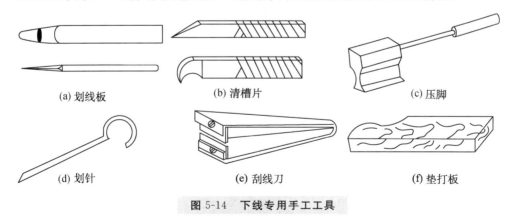

图 5-14 下线专用手工工具

(2) 清槽片

清槽片是用来清除电动机定子铁芯槽内残存绝缘杂物或锈斑的专用工具。一般用断钢锯条在砂轮上磨成尖头或钩状,尾部用布条或绝缘带包扎而成。其形状如图 5-14(b)所示。

(3) 压脚

压脚是把已嵌进铁芯槽的导线压紧使其平整的专用工具。用黄铜或钢制成,其尺寸可根据铁芯槽的宽度制成不同规格、形状。其形状如图 5-14(c)所示。

(4) 划针

划针是在一槽导线嵌完以后用来包卷绝缘纸的工具。有时也可用来清槽,铲除槽内残存的绝缘物、漆瘤或锈斑。用不锈钢制成,形状如图5-14(d)所示。尺寸一般是直线部分长200~250mm,粗约3~4mm,尖端部分略薄而尖,表面光滑。

(5) 刮线刀

刮线刀用来刮掉导线上将要焊接部分的绝缘层,它的刀片可用铅笔刀的刀片或另制。刀架用1.5mm左右厚的铁皮制成。将刀片用螺丝钉紧固在刀架上。其形状如图5-14(e)所示。

(6) 垫打板

垫打板是绕组嵌完后进行端部整形的工具,用硬木制成。在端部整形时,把它垫在绕组端部上,再用榔头在其上敲打整形,这样不致损坏绕组绝缘。其形状如图5-14(f)所示。

2. 嵌线前的准备

(1) 常用工具和技术资料的准备

手工嵌线工具比较简单,除上面介绍的六种专用手工工具外,还应准备橡皮榔头(或木榔头)、手术用弯头长柄剪刀、钢丝钳、铁榔头等。

技术资料主要指拆除旧绕组前所记录的资料及数据,特别是电动机极数、绕线节距、引线方向、并联支路数、绕组排列等。同时,对这台电动机下线、接线规律要心中有数。

(2) 槽绝缘的准备和安放

电动机绝缘是否良好,同样关系着其电磁性能的好坏,在电动机的绝缘材料中,槽绝缘的安放和处理又是关键环节。

● 槽绝缘材料的选用。根据电动机的不同类型和现有绝缘材料情况选择不同的槽绝缘材料。

● 下料尺寸。槽绝缘长度应使它两端各伸出铁芯10~15mm。对功率较大的电动机,还应适当放长,并按图5-15所示在槽口外折成双层,这样可使它不能在槽内移动。同时,线圈嵌入后,槽绝缘两边翻过来包裹住导线,既增加了槽口的机械强度,又加强了槽口绝缘性能。

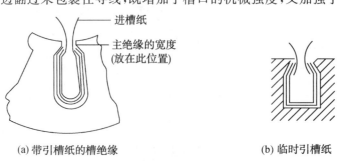

图 5-15　槽绝缘和引槽纸

对槽绝缘宽度的要求,因电动机容量大小和类型不同而异,一般有两种:一种是里层宽度除在槽内处贴紧槽壁外,上面要高出槽口约5~10mm并向两边分开,嵌线时作为引槽纸,便于将导线划入槽内,如图5-15(a)所示;另一种是里外两层绝缘纸宽度相同,在槽内各点紧贴槽壁但比槽口略低,嵌线时在槽口插入两片宽度约20mm聚酯薄膜青壳纸做临时引槽纸,如图5-15(b)所示,当一槽导线全部嵌完后,可将引槽纸抽出,插到另一槽使用。

在中小型电动机的下线工作中,内定子内径小,采用临时引槽纸容易占据空间,使嵌线不便。

一般采用上述第一种方法,即里层高出槽口代替引槽纸的方法,但不能把各槽的绝缘纸全部放好,而是放一槽嵌一槽,嵌完一槽就将高出槽口的绝缘纸剪去,用划针包卷后插入槽楔,然后放入另一槽的绝缘,如图 5-16 所示。为了最大限度地增加槽内的嵌线空间,绝缘纸必须贴紧槽壁,如果槽底部成方形,应先把绝缘纸按槽形折好再安放入槽内。

裁剪绝缘纸时,若是玻璃丝漆布,一般应按与斜纹方向成 30°~45°角裁剪。裁剪青壳纸应使纸张的纤维方向与槽绝缘的宽度方向相同,这样便于线圈嵌完后折叠封口。

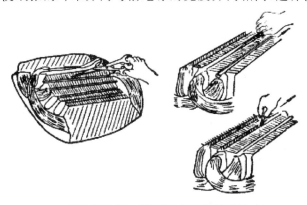

图 5-16　剪除引槽纸包裹槽绝缘

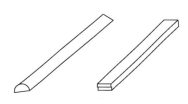

图 5-17　槽楔

(3) 槽楔制作

槽楔通常用楠竹、胶绸板或环氧板作材料,横截面成梯形或圆冠形。形状和大小要与槽口内侧吻合,长度比槽绝缘略短,槽楔的一端底面要削薄且成斜口状以利插入线槽,如图 5-17 所示。若是楠竹槽楔,其青篾面应朝下。

3. 嵌线工艺

嵌线是一项细致工作,工作时必须小心谨慎,否则很可能造成返工或留下故障隐患。本节将叙述下线的工艺要求。

(1) 引出线的处理

每个线圈组都有两根引出线,分别称为首端或尾端。每相绕组的引出线必须从定子的出线孔一侧引出,嵌线时应注意这一点[图 5-18(a)]。习惯上嵌线时把定子机座有出线孔的一侧置于操作者右边,放置待嵌线圈时,使其引出线对着定子腔。嵌线时把线圈逐个翻转后下进槽内。

(2) 嵌线方法

单只线圈嵌线较简单,但对连续绕制的线圈组,下线时稍不注意就会嵌反,应特别注意。

下线翻转线圈时,先用右手把要嵌的一个线圈捏扁,并用左手捏住线圈另一端反向扭转,如图 5-18(b)所示,线圈边略带扭绞形,使线圈不致松散,也容易入槽。将捏扁线圈放在槽口处的外槽中间,左右捏住线圈,在槽口来回拉动,把一部分(或大部分)导线拉入槽内。剩余导线可用划线板划入槽内,划线时划线板必须从槽的一端连续划到另一端。注意用力适当,不可损伤导线绝缘。导线进槽应按绕制线圈顺序,导线在槽内特别是两端槽口处,必须整齐平行,不得交叉;否则,不但不易将全部导线划入,而且会造成导线拥挤,损伤绝缘,甚至压破槽口两端的槽绝缘,导致对地短路。在导线入槽的过程中,两掌向内、向下按压线圈端部,使端部向外张口,不让它胀紧在槽口,影响后面导线入槽,如图 5-18(c)所示。

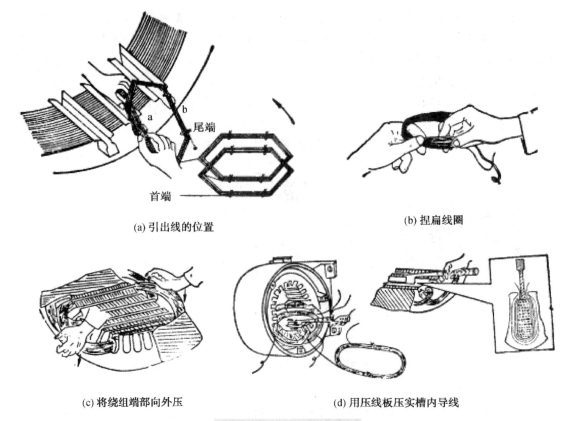

(a) 引出线的位置　　　　　　　　(b) 捏扁线圈

(c) 将绕组端部向外压　　　　　　(d) 用压线板压实槽内导线

图 5-18　嵌线工艺方法

如果槽内导线高低不平,可在压线板下衬树脂薄膜,从槽口的一端插进槽里,用小榔头轻轻敲打压线板上面,边敲打边将压线板向前推移,直到把槽内导线压平、压实为止,如图 5-18(d)所示。

(3) 处理绝缘纸

如果是双层绕组,在底层线圈嵌完后,必须插入层间绝缘纸。层间绝缘纸采用与槽绝缘相同的材料,下料尺寸是:长度每边比槽绝缘长 10～20mm,即总长比铁芯长 40～70mm,宽度比槽宽 5mm 左右,弯成半圆形插入槽内。安放时,绝缘纸既不能伸出过多,又必须把下层导线盖完,不允许有任何下层导线翻到层间绝缘上面来,否则将造成相间短路,如图 5-19 所示。

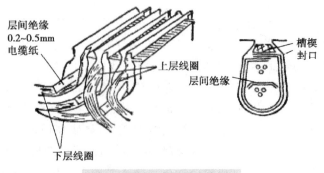

图 5-19　正确处理绝缘纸

如果一槽导线全部嵌完即应处理槽口绝缘。方法有两种：第一种是用长柄医用弯剪剪去槽口多余的槽绝缘，用划针从槽的一端插入其中一边的两层槽绝缘之间，把这一边的里层绝缘纸包在导线上面，如图5-20(a)所示。再用另一根划针从另一边插入内外层绝缘纸之间，在第二根划针逐渐插入时，第一根划针随之慢慢退出，这样就把另一边的里层绝缘纸包裹在对面的绝缘纸上面，如图5-20(b)所示。然后，再用同样方法将外层绝缘纸包裹在里层绝缘纸上，并用划针压紧绝缘纸，将槽楔慢慢打进槽里。随着槽楔不断进入，划针也不断退出。这样可使封口的槽绝缘实、贴，没有褶皱和破损，如图5-20(c)所示。第二种方法是把高出槽口的多余槽绝缘剪到与槽口齐平后，把一块与层间绝缘材料相同、尺寸类似的绝缘纸弯成弧形插入槽里，将导线全部盖住，并用划针压紧，插入槽楔，如图5-21所示。

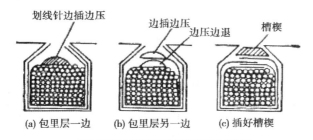

图 5-20　槽口绝缘处理(一)

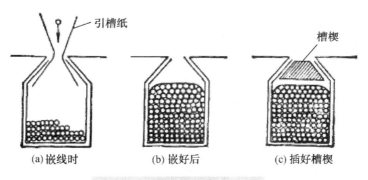

图 5-21　槽口绝缘处理(二)

相邻两组线圈如果是不同相的绕组，必须在这两组线圈间安放相间绝缘纸进行隔离。相间绝缘纸材料与槽绝缘相同。绝缘纸的形状和尺寸应视线圈端部的形状和大小而定。安放时注意保护绕组端部不被擦伤，方法是：先在定子圆周两端旋入端盖螺丝，然后以端盖螺丝作支点将定子竖直放置。若端盖螺丝长度不够，定子竖直放置会使下端绕组端部接触工作台，可将定子竖直，放在端盖上，然后将划线板插入两相绕组端部之间，撬开一个缝隙。将相间绝缘纸插进缝隙里，如图5-22所示。注意相间绝缘纸必须插到底，压住层间绝缘或槽绝缘，把两相绕组完全隔开。在操作时，由于在槽口附近线圈间挤得紧，往往会出现绝缘纸插不到底，或一相的个别导线漏到绝缘纸的反面与另一相绕组绞在一起，造成相间短路隐患，必须认真检查。功率较大的电动机，由于导线粗、硬度大，安放相间绝缘纸困难，且不易保证质量，可以每嵌好一组线圈就垫一层相间绝缘纸。安放完相间绝缘纸后，最好用兆欧表测试三相绕组间的绝缘电阻，以便及时发现并排除隐患。一般新换绕组的冷态相间绝缘纸电阻可达 50～100MΩ。

4. 端部整形

完成上述程序后,应对绕组进行整形。将它的两侧端部排列整齐、紧实,并敲成喇叭口。其目的是保证电动机绕组美观,运行时通风良好,转子的装卸方便。端部整形的方法是:将垫打板垫在绕组上,用小锤子敲打垫打板,使绕组端部向外扩张,边敲打边在端部圆周内侧移动垫打板,将端部扩成一个合适的喇叭口,如图 5-23 所示。喇叭口太小不利于通风和转子拆装;喇叭口太大,与端盖距离太近,甚至碰触端盖,影响绝缘性能。端部整形后,应重新检查相间绝缘纸是否错位或有无导线损坏。在排除这些故障后,最好再用兆欧表复查,看绕组相间绝缘纸和对地绝缘电阻是否符合要求。

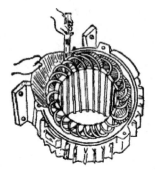
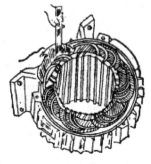

图 5-22　将相间绝缘纸插入缝隙

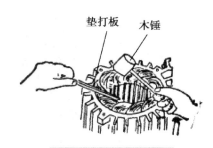

图 5-23　端部整形

如果是微型、小型电动机,导线线径小,比较柔软,可不必用锤子敲打,用拇指和其余四指就可直接将端部整理成所需要的形状。

5. 槽绝缘的放置

将与定子槽相吻合的槽绝缘叠好,装入槽内,再插入两张临时进线引槽纸。嵌线圈时,用右手将线圈捏扁,并用左手捏住线圈另一端反向扭转,使线圈略带绞形,不致松散。将线圈放在槽口的引槽纸中,左右捏住线圈,来回拉动使导线进入槽内,剩余部分可用划线板划入,应注意不可损伤线芯,然后取出引槽纸,将槽绝缘弯折叠压在线圈上,并用压线板压实,然后从另一端将槽楔慢慢打入,压线板逐渐退出。

所有线圈嵌完后,应在每组线圈端部插入"半月形"的绝缘纸,增加相间绝缘,将极绕组线头接好,与端处扎好,最后进行端部整形,用垫打板垫在绕组端部,轻敲使其向外扩张,扩成喇叭口。

6. 定子绕组接线规律

三相异步电动机的修理是维修电工一项技术性强、难度较大的工作。它的困难,不仅在于电动机的拆、装、绕线、下线等工艺要求较高,而且体现在能否对下好线的线圈进行正确接线。前面对各类绕组的介绍中,已涉及了它们的接线方法,现把异步电动机定子绕组接线的一般规律总结如下:

(1) 线圈组(极相组)的接线规律

极相组是最常见、最典型的线圈组,它由一极下同一相的几个线圈串联而成。根据有效边内电流流向,各线圈之间应采用顺串方式,以"尾接头"的方法串联。中小型电动机往往把同一极相组的几个线圈一次连续绕成,线圈之间不需再接头。这时应注意下线时不要把线圈放错,造成某一线圈反串。

（2）一相绕组的接线规律

把各线圈组接为一相绕组时，虽然仍依据有效边内电流流向来连接，但这时的具体接法和连接形式却更多、更复杂。为了清晰地表达各线圈组之间的连接关系，生产实践中常使用绕组的接线图。

在进行一相绕组接线时，由于只关心线圈组之间的连接，不必考虑各线圈组在槽内的嵌放情况，也不需了解线圈组的内部结构和连接方式，故在绕组接线图中用一方框来代表线圈组，以方框之间的连接关系来说明它们的接线规律。

例如，4极单层同心式绕组，每相有两个线圈组（即一相中每对极对应一个线圈组），两线圈组中电流方向相同，以方框代替各线圈组，则可画出三相6个线圈组，如图5-24（a）所示。图中除标出相别和电流方向外，还给线圈组编了号，以利实际接线时识别。

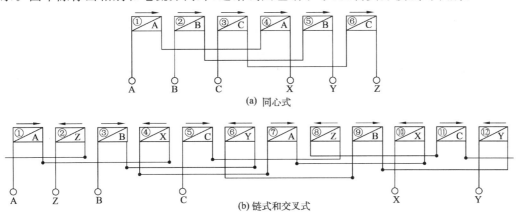

图 5-24　线圈组接线

又如4极单链绕组，它是两对极的电动机，一相有4个线圈组。其特点是每对极下一相有两个电流方向相反的线圈（即每一极对应一个线圈），把线圈表示为方框，其接线图如图5-24（b）所示。由图可见，它共有12个方框，方框上的电流方向由各线圈中的电流决定，是正反交替的。

至于交叉式绕组，与上图的链式绕组仅在线圈结构上不同。二者的共同点是每对极下一相都有两个电流方向相反的线圈组。故它的接线图同样可画为图5-24（b）的形式。

从以上画出的接线图可见，接线图的形式只与电动机绕组形式和极数有关，而与电动机的其他参数（例如，槽数）无关，具有一定通用性。画接线图时，可首先由绕组形式画出一对极下的几个方框，并根据与各方框对应的线圈组中电流流向在方框上标出电流方向（应注意，方框上的电流方向是进行连接的依据，一定不能标错）。再根据电动机极对数目把已画出的一对极下的方框图重复画多次，即得到电动机总的接线图。接线图既不像展开图那样复杂，又能很好地表达各线圈组间的连接关系，在修理工作中使用极广。

画出接线图后，就可进一步根据框上的电流方向来完成线圈组之间的接线。具体接线方式分为串联和并联两大类。

串联是指一相只有一条支路（并联支路数 $a=1$），即把所有线圈组串起来接成一相绕组。

图5-24（a）、（b）两图都是串联连接，但二者的串法不同。

图 5-24(a)是"尾接头"的顺串,这种串法有时也称为"庶极式串联"。采用这种串法的线圈组在电动机内必须处于同性磁极下(例如,A 和 A 相串),其特征是每相的线圈组数目为磁极数的一半,而且各线圈组内的电流方向相同。

图 5-24(b)是"尾接尾"的反串,也称为"显极式串联"。这种串法的线圈组必须处于异性磁极下(如 A 和 X 相串)。这时,每相的线圈组数与磁极数相等,且相邻各线圈组内的电流方向不同。

并联这里不做介绍,有兴趣的读者可参考其他书籍。

7. 端部线头的连接

首先在需连接的导线一头套入合适的绝缘套管,然后将需连接的导线线头绝缘处理干净,采用铰接法直接连接,如工艺需要还应搪锡,然后将套管套住对接部分,最后将所有线头用绑扎线与端部绕组牢牢绑扎。

5.6 绕组的初步检测及浸漆烘干处理

1. 绕组的初步检测

绕组在完成接线、端部整形及绑扎以后,浸漆以前,应对绕组进行检查和试验,看有无断路、短路、接地、线圈接错,以及直流电阻、绝缘电阻达不到要求等弊病。如有,在浸漆前线圈未固化,便于检查和翻修。若浸漆以后发现故障,翻修将困难得多。所以绕组在浸漆前的初步检测是十分必要的。

(1) 外观检查

第一,检查绕组端部是否过长,有没有碰触端盖或与端盖距离过近的可能。如有,必须对端部重新整形,方法是将线圈端部弧形部分向两边拉宽,缩短端部高度。第二,检查喇叭口是否符合要求,喇叭口过小,影响通风散热,甚至转子装不进去;喇叭口过大,又可能使其外侧端部与端盖距离过近或碰触端盖造成对地短路。第三,检查铁芯槽两端出口处槽绝缘是否破裂,如有,应用同规格绝缘纸将破损部位垫好。第四,检查槽楔或槽绝缘是否凸出槽口,槽楔是否松动,如有,应铲平槽楔或剪去槽绝缘多余部分,若槽楔松动,应予重换。第五,检查相间绝缘是否错位或未垫好,如有,应按要求垫到位。

(2) 测量绕组绝缘电阻

用兆欧表测量绕组的对地绝缘电阻和相间绝缘电阻。当使用兆欧表测量绝缘电阻低于规定值,甚至为零,则可判定电动机绝缘不良或存在短路。

若对地绝缘不良,可能是槽绝缘在槽端伸出槽口部分破损或未伸出槽口,或没有包裹好导线,使导线与铁芯相碰。要寻找对地短路点,在接线前用兆欧表检查最简单。

若相间绝缘不良,多半是相间绝缘错位或有个别导线漏隔,或者相间绝缘纸未插到底。对双层叠绕组,可能是层间绝缘未垫好,使两相绕组在一个铁芯槽内相碰。上述情况若故障点明显,可直接纠正。若故障点不明显,可以用划线板插入相间绕组的缝隙来回拨动绕组,看兆欧表指针是否有明显变化,由此逐点检查逐步纠正,直到相间绝缘达到要求为止。

(3) 检测三相绕组的直流电阻

小型电动机用多用表相应的电阻挡测量,大、中型电动机用双臂电桥测量,目的是检查三相直流电阻是否平衡。

测得各个电阻值并计算得平均电阻 R_P 后,通过比较了解三相直流电阻的平衡情况。三相绕组直流电阻不平衡,有如下三种可能原因:

● 相绕组内部接线错误,可能部分线圈未接入电路,或串、并联关系弄错。应对电阻严重偏离平均值的相绕组拆开检查,纠正错误的接线点。

● 绕制绕圈时,由于不慎或绕线机转动不灵造成匝数误差,若匝数相差不是太大,尚可使用;若误差太大,必须纠正。

● 导线质量不好或绕线嵌线不慎,使导线绝缘损坏,造成匝间短路,可用短路侦察器检查故障点并予以修理。

(4) 检查绕组是否接错

绕组接错后直接通电试车,往往因为电流过大造成事故,严重时会烧毁绕组。在初步检测时必须认真检查。下面介绍一种判断绕组是否接错的简便方法:将硅钢片剪成圆片形,在正中间钻一小孔,穿入钢丝时圆片能以钢丝为轴灵活转动。用三相调压器向三相绕组通以 20~30V 的额定电压(注意:逐步升压,监视定子电流低于额定值,避免烧毁电动机)后,置于定子中心位置的硅钢圆片应正常转动。无论是极相组还是线圈接线错误,均会造成硅钢圆片转动不正常甚至停止转动。

(5) 检测三相空载电流是否平衡

电动机全部装好,转子部分手动操作,能灵活旋转,即可进行空转检查并测定电动机三相空载电流(空载电流可用钳形表进行测量)。根据测量结果可对三相空载电流的对称性、稳定性和占额定电流的比例做出判断。若空载电流的上述各指标不满足有关要求,则可能是电动机绕组有匝数不等、接线错误等缺陷。应检查、排除后重测空载电流,直至合格为止。

2. 定子绕组绝缘结构

(1) 电动机绝缘等级

和其他设备一样,三相异步电动机定子绕组的绝缘也可根据它的耐热程度分为不同等级。各种绝缘材料的分类如表 5-4 所示。

表 5-4 绝缘材料的分类

分类	耐温极限温度/℃	绝缘材料	常用电磁线
A	105	经浸漆处理的棉、丝、木等有机材料,如直板、黄蜡布、层压板等	各种纱包线、纸包线
E	120	在 A 级材料上复合或衬垫一层聚酯薄膜,如聚酯薄膜纸、复合箔等	高强度聚酯漆包线 QZ、缩醛漆包线
B	130	以云母、石棉、玻璃纤维等无机材料为基,以 A 级材料为补强,用有机漆胶合而成。如云母板、纸、醇酸玻璃漆布、聚酯薄膜石棉纸等	高强度聚酯漆包线 QZ、双玻璃丝包线、环氧漆包线
F	155	与 B 级相同,但用耐热硅有机漆胶合而成,如硅有机玻璃漆布	聚酰亚胺漆包线、硅有机漆浸的双玻璃丝包线
H	180	与 B 级相同,但无 A 级材料补强	同 F 级

在生产实践中广泛使用的各类低压(额定电压 500V 以下)异步电动机,常采用 A、E、B 几种绝缘。20 世纪五六十年代生产的 J、J0 系列异步电动机,有的采用 A 级绝缘,但目前已

很少见;J、JO 系列是 60 年代定型的,在厂矿中使用极广,这类电动机一般采用 E 级绝缘;Y 系列是 1982 年定型的新型异步电动机,它各方面性能均比前几个系列优越。它定型后,J、JO 系列就被正式淘汰,不再生产。Y 系列采用 B 级绝缘。

(2) 浸漆

浸漆就是将定子垂直放置在滴漆盘上,绕组一端向上,用漆刷向绕组上端部浇漆待绕组缝隙灌满后,再将定子翻转浇另一端,直至浇透为止。

浸漆时,漆的黏度要适中,太黏可用二甲苯等溶剂稀释。普通电动机浸漆两次,供湿热环境下使用的电动机浸漆 3~4 次。

(3) 烘干

先预烘(110℃,4~6h),浸漆一次,烘干一次,共需烘干两次。烘干一般分两个阶段:低温阶段,温度控制在 70℃~80℃,时间约 2~4h。此阶段溶剂挥发缓慢,可以避免表面很快结成漆膜,使内部气体无法排除形成气泡;高温阶段,温度控制在 120℃左右,烘烤时间 8~16h,此阶段使绕组表面形成坚固漆膜。在烘干过程中,每隔 1h 应测量一次绝缘电阻。

常用的烘干方法有:

● 灯泡烘干法。用红外线灯泡或白炽灯泡直接照射电动机绕组。改变灯泡功率大小,就可以改变烘烤温度。

● 电流干燥法。小型电动机采用电流干燥法时,在定子绕组中通入单相 220V 交流电,电流控制在电动机额定电流的 60% 左右。测量绝缘电阻时,应切断电源。

3. 电动机常见故障及分析处理方法

电动机常见故障及分析处理方法如表 5-5 所示。

表 5-5 电动机常见故障及分析处理方法

故障现象	可能原因	处理方法
电源接通后电动机不能启动	1. 定子绕组接线错误 2. 定子绕组断路、短路或接地,绕线电动机转子绕组断路 3. 负载过重或传动机构被卡住 4. 绕线电动机转子回路断开(电刷与滑环接触不良,变阻器断路,引线接触不良等) 5. 电源电压过低	1. 检查接线,纠正错误 2. 找出故障点,排除故障 3. 检查传动机构及负载 4. 找出断路点,并加以修复 5. 检查原因并排除
电动机温升过高或冒烟	1. 负载过重或启动过于频繁 2. 三相异步电动机断相运行 3. 定子绕组接线错误 4. 定子绕组接地或匝间、相间短路 5. 鼠笼电动机转子断条 6. 绕线电动机转子绕组断相运行 7. 定子、转子相擦 8. 通风不良 9. 电源电压过高或过低	1. 减轻负载,减少启动次数 2. 检查原因,排除故障 3. 检查定子绕组接线,加以纠正 4. 查出接地或短路部位,加以修复 5. 铸铝转子必须更换,铜条转子可修理或更换 6. 找出故障点并加以修理 7. 检查轴承,检查转子是否变形,进行修理或更换 8. 检查通风道是否畅通,对不可反转的电动机检查其转向 9. 检查原因并排除

续表

故障现象	可能原因	处理方法
电动机震动	1. 转子不平衡 2. 皮带轮不平衡或轴伸弯曲 3. 电动机与负载轴线未对齐 4. 电动机安装不良 5. 负载突然过重	1. 校正平衡 2. 检查并校正 3. 检查、调整机组的轴线 4. 检查安装情况及底脚螺栓 5. 减轻负载
运行时有异声	1. 定子、转子相擦 2. 轴承损坏或润滑不良 3. 电动机两相运行 4. 风叶碰机壳等	1. 见前述 2. 更换轴承,清洗轴承 3. 查出故障点并加以修复 4. 检查并消除故障
电动机带负载时转速过低	1. 电源电压过低 2. 负载过大 3. 鼠笼电动机转子断条 4. 绕线电动机转子绕组一相接触不良或断开	1. 检查电源电压 2. 核对负载 3. 见前述 4. 检查电刷压力,电刷与滑环接触情况及转子绕组的阻值
电动机外壳带电	1. 接地不良或接地电阻太大 2. 绕组受潮 3. 绝缘有损坏,有脏物或引出线碰壳	1. 按规定接好地线,消除接地不良处 2. 进行烘干处理 3. 修理,进行浸漆处理,清除脏物,重接引出线

第6章 电动机基本控制线路的安装、调试与检修

6.1 三相异步电动机控制线路的安装工艺

6.1.1 电动机控制线路的安装工艺

1. 电气配线

电气配线时必须严格按说明书和图纸的要求进行。电器与电源的接线都应穿在电线管内;电气控制柜、机床及床身之间的连线必须严格按照电气原理图或电气接线图进行接线。接线前,应先校线、套线号(用多用表、蜂鸣器等检查同一根线的两端,称为校线;校线后做上标记,即套一块编号的小牌,称为套线号)。接线时应避免错接。

(1) 电线管的敷设及穿线

● 电线管的敷设。设备内部的敷设采用塑料管或金属软管,也可采用绝缘带捆扎。设备外部的敷设采用金属软管,对于受拉压的地方,如悬挂操纵箱,一般采用橡皮管电缆套;可能受机械损伤的地方和电源引入线等处,采用铁管。

管路的敷设布置应做到不易受到损伤、整齐美观、连接可靠、节省材料、穿线方便等。尤其是线管与线管、线管与接线盒之间应采用不小于 4mm 的铁线焊接作为地线金属连接。

● 电线管的穿线。电线管内穿入导线的规格、型号、根数应符合图纸的要求,绝缘强度不低于 500V,铜导线的截面不小于 $1mm^2$,铝导线的截面不小于 $2.5mm^2$。

穿入同一管内的必须是同一回路的导线,尽量避免不同回路的导线穿在同一管内。

(2) 设备连接线的要求

设备内部与控制柜的配线必须严格按照图纸进行。连线前,先校线、套线号,再按照前面导线加工的操作方法剖削线头并接在接线桩上。同一平面上压两根以上不同截面导线时,大截面的放下层,小截面的放上层。

套在导线上的线号,要用环己酮和龙胆紫调成的水书写,书写应工整,以防误读。

接线完毕后,还应根据电气原理图或接线图,全面检查各元器件与接线桩头之间以及它们各自相互之间的连线是否正确。各种电动机与电气控制装置相互之间的主回路连接也必须详细检查。检查线路时,应注意线路中电器的常闭触点及低阻值元件(如线圈、晶体管等)的影响,必要时应将接线的一端拆下来进行检查。

2. 制作安装的基本原理和工艺要求

(1) 分析电路原理图

熟悉电路原理图,看懂线路各电器元件的控制关系及连接顺序。分析电路控制工作情况,明确电器元件的数目、种类及规格。

(2) 绘制安装接线图

● 各电器元件按在底板上的实际位置绘出,一个元件所有部件应画在一起并用虚线框起来。

● 接线图中元件图形符号、文字符号、接线端子符号,应与原理图一致。

● 走向相同的相邻导线可绘成一股线,走线通道尽量少。

● 安装底板内外的电器元件之间的连线应通过接线端子板连接。

(3) 检查电器元件

● 电器元件开关是否清洁整洁,触头闭合、分断是否灵活。

● 导线的截面积能否承受正常条件,能否承载最大电流,此外还应考虑电压降、机械角度等。

(4) 固定电器元件

● 底板可选用 2.5～5mm 的铜板或 5mm 的绝缘板,四角须为 90°的直角倒角。

● 定位:在底板上将元件安装好,用划针确定位置,用棒冲冲眼。

● 钻位:选择钻头略大于固定螺栓直径的钻头钻孔,或略小的钻头钻孔后再进行改正。

● 固定:紧固螺丝应加装平垫片和弹簧垫片,不可用力过猛使元件损坏。

(5) 安装接线

接线应按接线图限定的走向进行,先主后辅,板面明敷设要求如下:

● 布线时,严禁损伤线芯和导线绝缘。

● 各电器元件接线端子引出导线的走向,以元件的水平中心线为界线。

● 各电器元件接线端子上引出或引入的导线,除间距很小和元件自身导线直接架空敷设外,其他导线必须紧贴板面敷设。

● 各电器元件的外露导线应走线合理,并尽可能做到横平竖直,变换走向要垂直,不可用钳子做 90°硬弯,以免损伤线芯和导线绝缘,应为 90°慢弯,弯曲半径为导线直径的 3～4 倍;同一元件上位置一致的端子和同型号电器元件中位置一致的端子上引出或引入的导线,要敷设在同一平面上,并应做到高低一致、前后一致,不得交叉,水平架空线应为合理走线。

槽板布线要求如下:

● 严禁损伤线芯和导线绝缘。

● 各电器元件接线端子引出导线的走向,以元件的水平中心线为界线,在水平中心线以上接线端子引出的导线,必须进入元件上面的走线槽;在水平中心线以下接线端子引出的导线,必须进入元件下面的走线槽,任何导线都不允许从水平方向进入走线槽内。

● 各电器元件接线端子上引出或引入的导线,除间距很小和元件自身导线直接架空敷设外,其他导线必须经过走线槽进行连接。

● 进入走线槽内的导线要完全置于走线槽内,并应尽可能避免交叉和导线过长,装线不要超过槽容量的 70%,以便能盖上线槽盖和以后的装配及维修。

● 各电器元件与走线槽之间的外露导线走线应合理,并尽可能做到横平竖直,变换走向要直。同一元件上位置一致的端子和同型号电器元件中位置一致的端子上引出或引入的导线,要敷设在同一平面上,并应做到高低一致或前后一致,不得交叉。

● 所有接线端子、导线线头上都应套有与电路图上相应接点线号一致的编码套管,并按线号进行连接,连接必须牢固,不得松动。

● 在任何情况下,接线端子必须与导线截面积和材料性质相适应,当接线端子不适合连接软线或较小截面积的软线时,可以在导线端头上穿上压接端子并压紧。

● 一般一个接线端子只能连接一根导线,如果采用专门设计的端子,可以连接两根或多根导线,但导线的连接方式必须正规合理。

(6) 根据电路图检验配电盘内部布线的正确性

● 根据电路图检验布线,防止错接、漏接,观察接线是否牢固可靠。

● 用多用表 $R \times 100$ 挡检查,表棒分接 FU2 两端。

◇ 按下相应的按钮,测得相应线圈的电阻值。

◇ 按下相应的 KM 触头架,测得相应线圈的电阻值。

◇ 按下"启动"按钮或 KM 触头架,同时按下"停止"按钮,由通到断测得电阻值。

◇ 可靠连接电动机和各电器元件金属外壳的保护接地线。

◇ 连接电源、电动机、按钮开关等配电盘外部的导线。

◇ 检查无误后通电试车。

● 空操作试车。断开主电路负载,合上电源,按下"启动"按钮,观察电器动作是否符合要求;按下"停止"按钮,观察电器动作是否正常。

● 带负荷试车。合上电源,按下"启动"按钮,观察电动机工作是否符合要求。

6.1.2 常用低压电器的选用

1. 断路器的选用

● 其额定电压应大于或等于线路或设备的额定工作电压。对配电电路来说,应注意区别电源端保护还是负载端保护。

● 额定电流应大于或等于负载工作电流。若环境温度高,应适当选用额定电流稍大一些的断路器。

● 断路器的通断能力应大于或等于电路的最大短路电流。

● 断路器的类型应根据使用场合和保护要求来选用。例如,若额定电流为 630A,短路电流不太大的可选用塑料外壳式断路器。短路电流比较大的可选用限流式断路器。额定电流比较大或有选择性保护要求的应选择框架式断路器。对控制和保护含半导体器件的直流电路应选择直流快速断路器等。

● 欠电压脱扣器的额定电压应等于主电路的额定电压。

● 级间保护的配合应满足配电系统选择性保护的要求,以避免越级跳闸,扩大事故范围。

2. 熔断器的选用

(1) 熔断器的类型选择

根据线路要求、使用场合、安装条件和各类熔断器的适用范围来确定。

(2) 熔断器额定电压的选择

其额定电压应大于或等于线路的工作电压。

(3)熔断器额定电流的选择

熔断器的额定电流大小与负载的大小及性质有关。
- 对于阻性负载的短路电流保护,应使熔断器的额定电流等于或略大于电路的工作电流。
- 对于电动机负载,需考虑冲击电流的影响,熔断器的额定电流应按下式计算:

单台电动机: $$I_{FU} \geqslant (1.5 \sim 2.5) I_N$$

式中,I_N 为电动机的额定电流。

多台电动机: $$I_{FU} \geqslant (1.5 \sim 2.5) I_{max} + \sum I_N$$

式中,I_{max} 为容量最大的一台电动机的额定电流,$\sum I_N$ 为电动机额定电流的总和。

- 在电容器设备中,电容器电流是经常变化的,因此在这种设备中熔断器只作为短路保护。一般情况下,熔断器的额定电流应大于电容器额定电流的 1.6 倍。

(4)熔断器额定分断能力的选择

必须大于电路中可能出现的最大故障电流。

(5)供电系统中配电器与熔断器选择性保护的选择

在电路系统中,电器之间的选择性保护特性非常重要,它能把故障产生的影响限制在最小范围内,即要求电路中某一支路发生短路或过载故障时,只有距离故障点最近的熔断器动作,而主回路的熔断器或断路器不动作,这种合理的选配称为选择性配合。根据系统的具体条件,可分为熔断器之间上一级和下一级的选择性配合以及断路器与熔断器的选择性配合等。具体选择可参考各电器的保护特性。

3. 接触器的选用

- 根据负载性质选择接触器的类型。
- 额定电压应大于或等于主电路的工作电压。
- 额定电流应大于或等于被控电路的额定电流。对于电动机负载,还应根据其运行方式适当增大或减小。
- 吸引线圈的额定电压和频率要与所在控制电路的选用电压和频率相一致。

接触器是频繁通断负载的电器,其可靠性的高低,直接影响电气系统的性能。掌握接触器的故障分析及其排除方法可缩短电气设备维修的时间,作为工程技术人员必须熟练掌握。

4. 热继电器的选用

热继电器的选用主要根据电动机的使用场合和额定电流来确定热继电器的型号及额定电流等级。对于三角形连接的电动机,应选择带断相保护功能的热继电器,热继电器的整定电流应与电动机的额定电流相等。对于电动机长期过载保护,除采用热继电器外,还可采用温度继电器,它利用热敏电阻来检测电动机绕组的温升,将热敏电阻直接埋入电动机绕组,绕组的温度变化经热敏电阻转化为电信号,经电子线路比较放大,驱动继电器动作,以达到保护的目的。PTC 热敏电阻埋入式温度继电器,可用于电动机的过载、断相、通风散热不良和机械故障的保护。由于其可以直接检测电动机的温升,对电动机的保护可靠性更高,目前已获得了广泛的应用。

6.1.3 电气系统图简介

电气系统图一般有三种：电气原理图、电器布置图、电气安装接线图。我们将在图上用不同的图形符号表示各种电气元件，用不同的文字符号表示电器元件的名称、序号以及电气设备或线路的功能、状况和特征，还要标上表示导线的线号与接点编号等，各种图纸有其不同的用途和规定的画法，下面分别加以说明。

1. 电气控制系统图中的图形符号和文字符号

电气控制系统图中，电气元件的图形符号和文字符号必须有统一的国家标准。我国在1990年以前采用国家科委1964年颁布的"电工系统图图形符号"的国家标准（即GB 312—1964)和"电工设备文字符号编制通则"(GB 315—1964)的规定。近年来，各部门都相应引进了许多国外的先进设备和技术，为了适应新的发展需要，国家标准局颁布了GB 4728—1984"电气图用图形符号"及GB 6988—1987"电气制图"和GB 7159—1987"电气技术中的文字符号制订通则"。国家规定从1990年1月1日起，电气系统图中的文字符号和图形符号必须符合新的国家标准。

2. 电气原理图

电气系统图中电气原理图应用最多，为便于阅读与分析控制线路，根据简单、清晰的原则，采用电气元件展开的形式绘制电气原理图。它包括所有电气元件的导电部件和接线端点，但并不按电气元件的实际位置来画，也不反映电气元件的形状、大小和安装方式。

由于电气原理图具有结构简单，层次分明，适于研究、分析电路的工作原理等优点，所以无论在设计部门还是在生产现场都得到了广泛应用。

绘制电气原理图时应遵循如下原则：

● 电气原理图一般分主电路和辅助电路两部分：主电路就是从电源到电动机大电流通过的通路；辅助电路包括控制回路、照明电路、信号电路及保护电路等，由继电器和接触器的线圈、继电器的触头、接触器的辅助触头、按钮、照明灯、控制变压器等电器元件组成。

● 电气原理图中，各电器元件不画实际的外形图，而采用国家规定的统一标准，文字符号也要符合国家规定。

● 电气原理图中，各个电气元件和部件在控制线路中的位置，应根据便于阅读的原则安排，同一电器元件的各部件根据需要可以不画在一起，但文字符号要相同。

● 图中所有电器的触头都应按没有通电和没有外力作用时的初始开闭状态画出。例如，继电器、接触器的触头按吸引线圈不通电时的状态画，控制器按手柄处于零位时的状态画；按钮、行程开关触头按不受外力作用时的状态画等。

● 电气原理图中，无论是主电路还是辅助电路，各电气元件一般按动作顺序从上到下、从左到右依次排列，可水平布置或者垂直布置。

● 电气原理图中，有直接联系的交叉导线连接点要用黑圆点表示；无直接联系的交叉导线连接点不画黑圆点。

3. 电器元件布置图

电器元件布置图主要用来表明电气设备上所有电动机、电器的实际位置，为生产机械电气控制设备的制造、安装、维修提供必要的资料。以机床电器布置图为例，它主要由机床电气设备布置图、控制柜及控制板电气设备布置图、操纵台及悬挂操纵箱电气设备布置图等组成。电器元件布置图可按电气控制系统的复杂程度集中绘制或单独绘制。但在绘制这类图形时,机床轮廓线用细实线或点划线表示,所有能见到的以及需要表示清楚的电气设备,均用粗实线绘制出简单的外形轮廓。

4. 电气安装接线图

电气安装接线图是为了安装电气设备和电器元件进行配线或检修电器故障服务的。在图中可显示出电气设备中各元件的空间位置和接线情况,可在安装或检修时对照原理图使用。它是根据电器位置依据合理经济等原则安排的。图 6-1 为某机床电气接线图。它表示机床电气设备各个单元之间的接线关系,并标注出外部接线所需的数据。根据机床设备的接线图就可以进行机床电气设备的总装接线。图 6-1 中心线框中部件的接线可根据电气原理图进行。对某些较为复杂的电气设备,电气安装板上元件较多时,还可画出安装板的接线图。对于简单设备,仅画出接线图就可以了。实际工作中,接线图常与电气原理图结合起来使用。

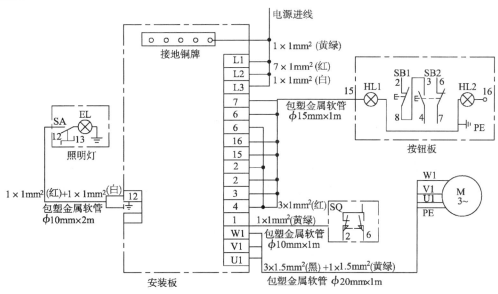

图 6-1 机床电气接线图

图 6-1 表明了该电气设备中电源进线、按钮板、照明灯、行程开关、电动机与机床安装板接线端之间的连接关系,也标注了所采用的包塑金属软管的直径和长度,连接导线的根数、截面积及颜色。如按钮板与电气安装板的连接,按钮板上有 SB1、SB2、HL1 及 HL2 四个元件,SB1 与 SB2 有一端相连为"3",HL1 与 HL2 有一端相连为"地"。其余的 2、3、4、6、7、15、16 通过 $7\times 1mm^2$ 的红色线接到安装板上相应的接线端,与安装板上的元件相连。黄绿双色线则接到接地铜排上。所采用的包塑金属软管的直径为 15mm,长度为 1m。其他元件与安装板的连接关系这里不再赘述。

6.2 基本控制线路的安装、调试与检修

6.2.1 三相异步电动机的正转控制线路(课题八)

课题目标
- 掌握电动机的正转控制方式的分析方法,进一步加深对电气控制线路的理解。
- 掌握三相异步电动机正转控制线路的安装和故障检修方法。

1. 电路的工作原理

按下 SB1,接触器 KM 线圈得电,接触器 KM 的主、辅触头吸合。一方面因 KM 的主触头闭合,主电路接通,使电动机得电旋转;另一方面因 KM 的辅助触头闭合,使"启动"按钮 SB1 被短接,不管"启动"按钮 SB1 状态如何,接触器的线圈都处于得电状态,实现了控制电路的"自锁"或"自保"功能。正因为这个"自锁"功能的存在,一旦按下"启动"按钮 SB1,电动机就会连续不停地运转,只有按下"停止"按钮 SB2,控制电路才被切断,电动机才因接触器线圈失电而停止。在没有按下"启动"按钮 SB1 之前,虽然"停止"按钮 SB2 是闭合的,因 SB1 与 KM 辅助触点尚未接通,接触器线圈不会得电,电动机不会转动。因此,这一电路能按"启动—停止"的顺序实现对电动机的连续控制。

在电动机的连续控制电路中,由于电动机启动后可以长时间地连续运行,为了避免电动机因过载而被烧毁,电路中增加了热继电器 FR。热继电器的整定电流必须按电动机的额定电流进行调整,绝对不允许人为弯折双金属片;热继电器一般应置于手动复位的位置上,当需要自动复位时,可将复位调节螺钉以顺时针方向向里旋;热继电器因电动机过载动作后,若要再次启动电动机,必须待其冷却后(自动复位需 5min,手动复位需 2min),才能使热继电器复位。

2. 电路的安装

电动机的连续控制线路并不复杂,与点动控制线路相比,多一个热继电器,又多一个自锁环节,注意到这两个环节,接线一般就不会发生错误。其电气接线图如图 6-2 所示。

(1) 电路安装

电路安装的主要步骤如下:
- 在未安装前,对照电气原理图核对所有电器元件,并重点检查与测试热继电器。
- 在自制工作台上按电器位置图用木螺钉固定元器件。
- 接线。
- 用多用表认真检查电路,确保接线正确无误。
- 连接电动机,进行板外配线。
- 经指导教师检查后,按规定操作通电试验。如果电路有故障或不能达到预期控制功能,重新检查线路,直到完全成功。
- 回答教师的提问或解决教师所设置的故障。
- 拆除线路,反复练习。

(2)接线注意事项
- 控制电路的电源从线电压中取出,电压值是380V,而不是220V。
- 自锁环节采用接触器常开辅助触点并接在"启动"按钮两端的方式,而不是接到主触头或常闭触头上。
- 尽量使用三色导线,做到横平竖直、清洁美观。
- 导线的接头要牢固、可靠。

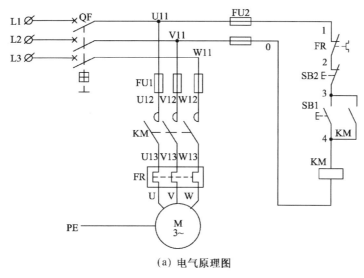

(a)电气原理图

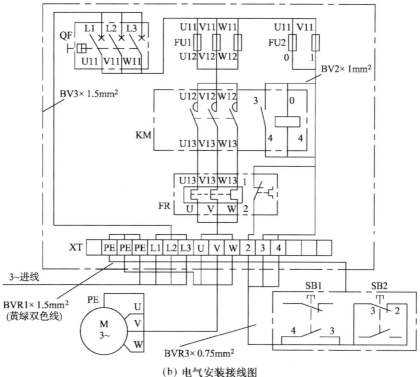

(b)电气安装接线图

图6-2 电气接线图

3. 电路的常见故障分析与检修

电动机的连续控制线路比较简单,只要按要求细心连接,一般是不会发生故障的,即使出现故障也很容易排除。电路的常见故障及其可能原因如下:

● 通电试验时,一按下"启动"按钮 SB2,熔断器 FU2 便熔断,原因可能是接触器线圈短路或碰壳。

● 通电试验时,一按下"启动"按钮 SB2,熔断器 FU1 便熔断,原因可能是电动机相间短路或线圈碰壳。

● 电路一上电,电动机便转动,SB1、SB2 失去控制作用,原因是接触器坏或触头接错。

● 电路一上电,电动机便转动,SB2 失去控制作用,但 SB1 仍有效,原因是 SB2 有故障或错接成常闭按钮了。

● 通电试验时,按下 SB2 后,电动机转动,但一松开 SB2 电动机便停止转动,原因是自锁触头接错。

● 通电试验时,按下 SB2 后,电动机转动;但按下 SB1 按钮后不能使电动机停止转动,原因是 SB1 接错。

4. 实训内容及要求

(1) 三相异步电动机连续控制线路的连接

● 仔细观察三相异步电动机连续控制系统的电气原理图,认识图中各个电器符号的含义,明确各个元件的作用,认真分析其工作原理。

● 按原理图中给出的电器元件列出元器件明细表,清点元件数量并检验其质量。

● 根据电气原理图,画出电器位置草图。

● 按电器位置草图,将各电器元件安装在木台上。

● 按电气线路安装的工艺要求进行接线训练。

● 自己动手检查电路,特别注意接触器的自锁常开触点 KM 必须与"启动"按钮 SB2 并联。

● 经指导教师检查无误后通电试验。启动电动机时,最好用右手按下"启动"按钮 SB2,同时用左手轻触"停止"按钮 SB1,以保证万一出现故障时可立即按下 SB1,防止事故扩大。

● 反复练习,提高接线的速度和质量。

(2) 三相异步电动机连续控制线路的故障检修

● 自己设置故障点(至少 5 个),观察电路故障时的故障现象。例如:

◇ 去除"停止"按钮 SB1 或 SB, 短路。

◇ 将 SB2 换为常闭按钮。

◇ 将 KM 线圈的两个接线端子断开一个不接。

◇ 将 KM 主触头的三个接线端子断开一个不接。

◇ 将 KM 三个主触点中的一个垫上一张小纸片。

◇ 将 KM 的辅助触头断开一个不接。

● 由教师假设故障现象,由学生分析故障发生的可能原因。例如:

◇ 按下 SB2,电动机不转。

◇ 接通电源后,电动机转个不停,SB1 按钮不起作用。

◇ 接通电源后,电动机不转,接触器有嗡嗡声。

◇ 合上 QS 后,熔断器 FU2 马上熔断。

◇ 合上 QS 后,按下 SB2 按钮,电动机缓慢启动一会儿接触器释放;再按 SB2 按钮,电路无反应。

6.2.2 三相异步电动机的正反转控制线路(课题九)

课题目标
- 掌握接触器连锁控制方式的分析方法,进一步加深对电气控制线路的理解。
- 掌握三相异步电动机正反转控制线路的安装和故障检修方法。

1. 电路的工作原理

在生产加工过程中,往往要求电动机能够实现可逆运行。如机床工作台的前进与后退、主轴的正转与反转、起重机吊钩的上升与下降等,这就要求电动机可以正反转。由电动机原理可知,若将接至电动机的三相电源进线中的任意两相对调,即可使电动机反转。所以可逆运行控制线路实质上是两个方向相反的单向运行线路,但为了避免误动作引起电源相间短路,又在这两个相反方向的单向运行线路中加设了必要的互锁。按照电动机可逆运行操作顺序的不同,有"正—停—反"和"正—反—停"两种控制线路。

(1) 电动机"正—停—反"控制线路

图 6-3(a)为电动机正反转控制线路。该图为利用两个接触器的常闭触头 KM1、KM2 起相互控制作用,即一个接触器通电时,利用其常闭辅助触头的断开来锁住对方线圈的电路。这种利用两个接触器的常闭辅助触头互相控制的方法叫作互锁,两对起互锁作用的触头叫作互锁触头。

图 6-3(b)控制线路作正反向操作控制时,必须首先按下"停止"按钮 SB1,然后再反向启动,因此它是"正—停—反"控制线路。

线路的工作原理如下:先合上电源开关 QS。

① 正转控制

按下 SB1→KM1 线圈得电 ┬→KM1 自锁触头闭合自锁 ┐→电动机 M 启动运转
　　　　　　　　　　　　├→KM1 主触头闭合 ─────┘
　　　　　　　　　　　　└→KM1 连锁触头分断对 KM2 的连锁

② 反转控制

先按下 SB3→KM1 线圈失电 ┬→KM1 自锁触头分断,解除自锁 →电动机 M 停转
　　　　　　　　　　　　　├→KM1 主触头分断
　　　　　　　　　　　　　└→KM1 连锁触头恢复闭合,解除对 KM2 的连锁

再按下 SB2→KM2 线圈得电 ┬→KM2 自锁触头闭合自锁 ─────→电动机 M 启动反转
　　　　　　　　　　　　├→KM2 主触头闭合 ─────┘
　　　　　　　　　　　　└→KM2 连锁触头分断对 KM1 的连锁

(2) 电动机"正—反—停"控制线路

实际生产中为了提高劳动生产率,减少辅助工时,要求直接实现正反转的变换控制。由于电动机正转的时候,按下反转按钮时首先应断开正转接触器线圈线路,待正转接触器释放后再接通反转接触器,为此可以采用两只复合按钮实现之。其控制线路如图 6-3(c)所示。

在这个线路中,正转"启动"按钮 SB2 的常开触头用来使正转接触器 KM1 的线圈瞬时

通电,其常闭触头则串联在反转接触器 KM2 线圈的电路中,用来使之释放。反转"启动"按钮 SB3 也按 SB2 同样安排,当按下 SB2 或 SB3 时,首先是常闭触头断开,然后才是常开触头闭合。这样在需要改变电动机运转方向时,就不必按 SB1"停止"按钮了,可直接操作正反转按钮,即能实现电动机运转情况的改变。

图 6-3(c)的线路中既有接触器的互锁,又有按钮的互锁,保证了电路可靠地工作,为电力拖动控制系统所常用。

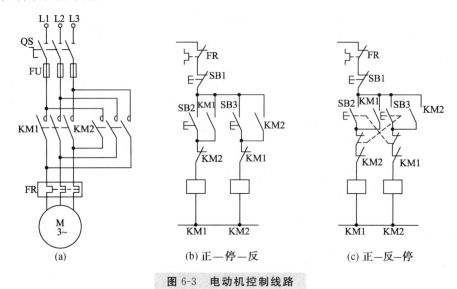

图 6-3 电动机控制线路

2. 电路的常见故障分析与检修

该电路故障发生率比较高。常见故障主要有以下几方面的原因:

● 按下 SB2,电动机不转,按下 SB3,电动机运转正常,故障原因可能是 KM1 线圈断路,或 SB2 损坏产生断路。

● 按下 SB2,电动机正常运转,但按下 SB3 后,电动机不反转,接通电源后,电动机转个不停,SB3 按钮不起作用,故障原因可能是 KM2 线圈断路,或 SB3 损坏产生断路。

● 在电动机正转或反转时,按下 SB1 不能停车,故障原因可能是 SB1 失效。

● 按下 SB2 或 SB3,电动机都不转,按下 SB1 后,再按 SB2 或 SB3,则电动机工作正常,故障原因是 SB1 损坏或接错。

● 合上 QS 后,熔断器 FU2 马上熔断,故障原因可能是 KM1 或 KM2 线圈、触头短路。

● 合上 QS 后,熔断器 FU1 马上熔断,故障原因可能是 KM1 或 KM2 短路,或电动机相间短路,或正反转主电路换相线接错。

● 按下 SB2 后,电动机正常运行,再按下 SB3,FU1 马上熔断,故障原因可能是正反转主电路换相线接错。图 6-4 是电动机"正—停—反"控制的电气原理图及电气安装接线图。

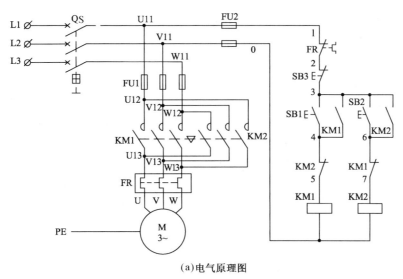

(a) 电气原理图

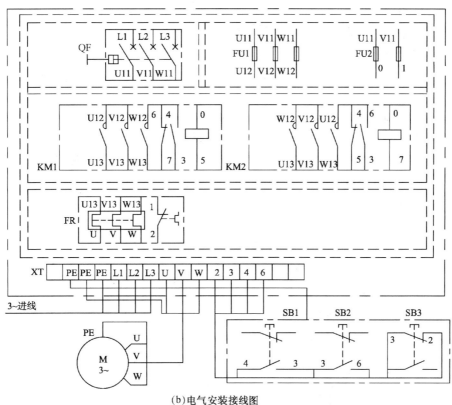

(b) 电气安装接线图

图 6-4 电动机"正—停—反"控制的电气原理图及电气安装接线图

3. 实训内容及要求

(1) 电器元件的检测

要求用正确的方法逐个进行测试。

(2) 三相异步电动机正反转控制线路的连接

● 仔细分析三相异步电动机正反转控制系统的电气原理图,掌握图中各个电器符号的含义,明确各个元件的作用,认真分析其工作原理。
- 按原理图中给出的电器元件列出元器件明细表,清点元器件数量并检验其质量。
- 按电器位置草图,将各电器安装在木台上。
- 按电气线路安装的工艺要求进行接线练习。由于导线较多,接线时最好使用编码套管。
- 自己动手检查电路。主电路中正反转时必须换相;控制电路中注意接触器主触点和辅助触点的连接方法。两接触器的互锁触点千万不能接错,否则主电路两相短路。
- 经指导教师检查无误后通电试验。试验时,先合上 QS,再检验 SB2 与 SB1、SB3 与 SB1 的控制是否正常。
- 反复练习,提高接线的速度和质量。

(3) 自己设置故障并检修
- 自己设置故障点(至少 5 个),观察电路故障时的故障现象。例如:
  ◇ 将"停止"按钮 SB1 换成常开按钮。
  ◇ 将 KM1 常开辅助触头与 SB2 串联,KM2 常开辅助触头与 SB3 串联。
  ◇ 将 KM1 和 KM2 的常开辅助触头对调位置。
  ◇ 将 KM1 线圈断路。
  ◇ 将 KM1 和 KM2 的常开主触点直接并联不换相。
  ◇ 将 KM1 主触头的三个接线端子断开一个不接。
- 由指导教师假设故障现象,由学生分析故障发生的可能原因。例如:
  ◇ 按下 SB1,电动机不转;按下 SB2,电动机运转正常。
  ◇ 接通电源后,电动机转个不停,SB3 按钮不起作用;按下 SB2 后,电动机停止转动。
  ◇ 合上 QS 后,熔断器 FU2 马上熔断。
  ◇ 按下 SB2,电动机运转正常;但按下 SB3 后,电动机不反转。
  ◇ 在电动机正转或反转时,按下 SB1 不能停车。
  ◇ 按下 SB2,电动机正常运行;再按下 SB3,FU1 马上熔断。

考 核 试 题

1. 正反转控制线路考核内容
- 控制线路中有短路、过载保护。
- 采用交流接触器辅助触点连锁。
- 根据以上要求设计并绘制电气原理图。
- 根据电动机铭牌数据选择电气元件及规格等。
- 三相异步电动机铭牌数据如下:

Y-112M-4

额定功率:4kW　　额定电压:380V　　额定电流:8.8A
接法:△　　　　　转速:1440 r/min　　频率:50Hz

2. 考生绘制电气原理图

根据要求绘制电气原理图。

3. 考生填写表 6-1 中相应内容

表 6-1　电气元件及规格

文字符号	名　　称	规　　　　　格		数量
	空气开关	热整定电流：	额定电流：	
FU1		熔断器电流：	熔体电流：	
FU2		熔断器电流：	熔体电流：	
KM1~2		额定电流：	线圈电压：	
FR		热整定电流：		
SB		LA4-3H　　5A　　3联式		
XT		额定电流：		
	主电路导线	截面积：		
	控制电路导线	截面积：		

4. 评分标准

评分标准见表 6-2（评分标准由指导教师填写）。

表 6-2　评分标准

项目内容	配分	评　分　标　准	扣分	得分	评分人
绘制电气原理图	15	图形、文字符号与国标不符，每处扣 4 分			
		设计电路不符合要求有错误，扣 10 分			
选择电器元件	10	文字符号、名称、数量填写不对，每处扣 1 分			
		电器元件规格选择不对，每处扣 2 分			
		电器元件整定值、熔芯选配不对，每处扣 5 分			
安装接线	35	未按电气原理图接线，扣 5 分			
		布线不横平竖直，不紧贴板面，扣 5~15 分			
		走线交叉、反圈、露铜过长、压绝缘层，每处扣 1 分			
		接头松动、线芯或绝缘损伤，每处扣 3 分			
通电试车	35	一次试车不成功，扣 20 分（通电由评分人员制定）			
		发生短路，烧毁电器元件，扣 20 分			
安全文明生产	5	违反安全文明生产规定，扣 5 分			
规定时间	2h	每超 5min，扣 5 分，不足 5min 按 5min 计			
备注		每个项目扣分不可超过该项目配分	总得分		
		乱线敷设加扣不安全分，扣 20 分			

6.2.3　三相异步电动机的自动往返控制线路(课题十)

课题目标
- 掌握自动往返控制方式的分析方法,进一步加深对电气控制线路的理解。
- 掌握三相异步电动机自动往返控制线路的安装和故障检修方法。

在生产实践中,有些生产机械的工作台需要自动往复运动,如龙门刨床、导轨磨床等。图 6-5 即为最基本的自动往返循环控制线路,它是利用行程开关实现往返运动控制的,通常称为行程控制原则。

限位开关 SQ1 放在左端需要反向的位置,而 SQ2 放在右端需要反向的位置,机械挡铁要装在运动部件上。启动时,利用正向或反向"启动"按钮,如按正转按钮 SB2,KM1 通电吸合并自锁,电动机正向旋转带动机床运动部件左移,当运动部件移至左端并碰到 SQ1 时,将SQ1 压下,其常闭触头断开,切断 KM1 接触器线圈电路,同时其常开触头闭合,接通反转接触器 KM2 线圈电路,此时,电动机由正向旋转变为反向旋转,带动运动部件向右移动直到压下 SQ2 限位开关,电动机由反转又变成正转,这样驱动运行部件进行往返循环运动。需要停止时,按"停止"按钮 SB1,即可停止运转。

由上述控制情况可以看出,运动部件每经过一个自动往返循环,电动机要进行两次反接制动过程,将出现较大的反接制动电流和机械冲击。因此,这种线路只适用于电动机容量较小、循环周期较长、电动机转轴具有足够刚性的拖动系统中。另外,在选择接触器容量时应比一般情况下选择的容量大一些。

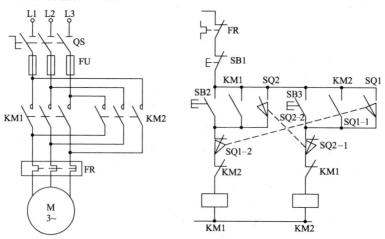

图 6-5　自动往返循环控制线路

除了利用限位开关实现往返循环之外,还可利用限位开关控制进给运动到预定点自动停止的限位保护等电路,其应用相当广泛。

自动往返行程控制电路的工作流程图如下:

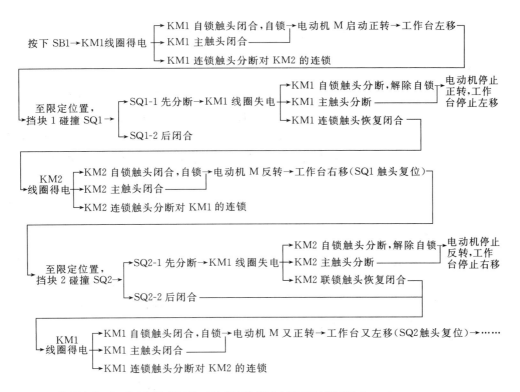

6.2.4 三相异步电动机的星形-三角形控制线路(课题十一)

课题目标

● 掌握星形-三角形控制方式的分析方法，进一步加深对电气控制线路的理解。
● 掌握三相异步电动机星形-三角形控制线路的安装和故障检修方法。

正常运行时定子绕组接成三角形，而且三相绕组六个抽头均引出的笼型异步电动机常采用星形-三角形减压启动方法来达到限制启动电流的目的。

启动时，定子绕组首先接成星形，待转速上升到接近额定转速时，将定子绕组的接线由星形接成三角形，电动机便进入全电压正常运行状态。因功率在 4kW 以上的三相笼型异步电动机均为三角形接法，故都可以采用星形-三角形启动方法。

星形-三角形换接减压启动控制线路(图 6-6)工作流程图如下：

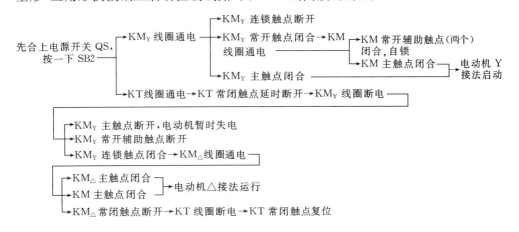

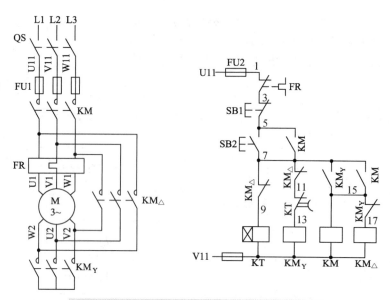

图 6-6　星形-三角形换接减压启动控制线路

下面来分析星形-三角形减压启动时的启动电流和启动转矩,并与直接启动相比较。

设 U_N 为电网的线电压,U_{YP} 为定子绕组星形接法时的相电压,$U_{\triangle P}$ 为定子绕组三角形接法时的相电压,I_{YP} 为星形接法时的启动相电流,$I_{\triangle P}$ 为三角形接法时的启动相电流,I_{YL} 为星形接法时的启动线电流,$I_{\triangle L}$ 为三角形接法时的启动线电流,Z 为绕组每相阻抗。

Y 接法启动时 $\qquad I_{YL}=I_{YP}=\dfrac{U_{YP}}{Z}=\dfrac{U_N/\sqrt{3}}{Z}=\dfrac{U_N}{\sqrt{3}Z},$

△接法启动时 $\qquad I_{\triangle P}=\dfrac{U_{\triangle P}}{Z}=\dfrac{U_N}{Z},\ I_{\triangle L}=\sqrt{3}I_{\triangle P}=\sqrt{3}\,\dfrac{U_N}{Z}.$

两式相除,得 $\dfrac{I_{YL}}{I_{\triangle L}}=\dfrac{\dfrac{U_N}{\sqrt{3}Z}}{\sqrt{3}\dfrac{U_N}{Z}}=\dfrac{1}{3}$,可见,星形接法的启动线电流为三角形接法的 1/3。

设 M_{YQ} 为星形接法的启动转矩,$M_{\triangle Q}$ 为三角形接法的启动转矩,则星形接法的启动转矩为三角形接法的 $\dfrac{1}{3}$,所以星形-三角形启动只适用于空载或轻载启动,且正常工作是三角形接法的电动机,此法经济可靠。

考 核 试 题

1. 三相异步电动机的星形-三角形控制线路考核要求
- 根据电气原理图安装接线。
- 根据电动机铭牌数据选择电气元件及规格等。
- 三相异步电动机铭牌数据如下:

Y-132M-4

7.5kW　　　　380V　　　　　1450 r/min

△　　　　　　15.4A　　　　　50Hz

2. 考生绘制电气原理图

根据要求绘制电气原理图。

3. 考生填写表6-1中相应内容

考生填写电气元件及规格。

4. 评分标准

评分标准见表6-3(评分标准由指导教师填写)。

表6-3 评分标准

项目内容	配分	评 分 标 准	扣分	得分	评分人
选择电器元件	15	1. 文字符号、名称、数量填写不对,每个扣1分 2. 电器元件规格选择不对,每个扣2分 3. 热整定值、熔芯选配不对,每个扣5分			
安装接线	40	1. 未按电气原理图接线,扣10分 2. 布线不横平竖直、不紧贴板面,扣5~15分 3. 走线交叉、反圈、露铜过长、压绝缘层,每处扣1分 4. 接头松动、线芯或绝缘损伤,每处扣3分			
通电试车	40	1. 一次试车不成功,扣20分 2. 发生短路、烧毁电器元件,扣20分			
安全文明生产	5	违反安全文明生产规定,扣5分			
规定时间	3.0 h	每超5min,扣5分,不足5min按5min计			
备注		1. 乱线敷设加扣不安全分15分 2. 每个项目扣分不可超过该项目配分 3. 通电由评分人员不带电动机空载操作	总得分		

6.2.5 双速电动机自动变速控制线路(课题十二)

课题目标

● 掌握双速电动机自动变速控制方式的分析方法,进一步加深对电气控制线路的理解。

● 掌握双速电动机自动变速控制线路的安装和故障检修方法。

图6-7为4/2极的双速异步电动机定子绕组接线示意图,图6-7(a)将电动机定子绕组的U1、V1、W1三个接线端接三相交流电源,而将定子绕组的U2、V2、W2三个接线端悬空,三相定

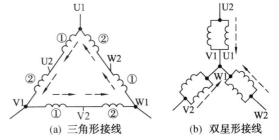

图6-7 4/2极的双速异步电动机定子绕组接线示意图

子绕组接成三角形。此时每相绕组中的①、②线圈串联,电流方向如图6-7(a)中虚线箭头所示,电动机以4极运行,此时为低速。若将电动机定子绕组的三个接线端子U1、V1、W1连在一起,而将U2、V2、W2接三相交流电源,则原来三相定子绕组的三角形接线即变为双星形接线,此时每相绕组中的①、②线圈相互并联,电流方向如图6-7(b)中虚线箭头所示,于是电动机便以2极运行,此时为高速。

双速电动机的控制线路有许多种,可以用双速手动开关进行控制,其线路较简单,不能带负荷启动。一般用交流接触器来改变定子绕组的接线方法,从而改变其转速。

用按钮和接触器控制双速电动机的控制线路如图6-8所示。其工作原理如下:先合上电源开关QS,按下低速"启动"按钮SB2,低速接触器KM1线圈得电,互锁触头断开,自锁触头闭合,KM1主触头闭合,电动机定子绕组作三角形连接,电动机低速运转。

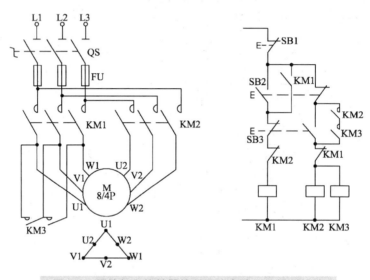

图6-8 用按钮和接触器控制双速电动机的控制线路

如需换为高速运转,可按下高速"启动"按钮SB3,于是低速接触器KM1线圈断电释放,主触头断开,自锁触头断开,互锁触头闭合,几乎同时高速接触器KM2和KM3线圈得电动作,主触头闭合,使电动机定子绕组连成双星形并联,电动机高速运转。因为电动机的高速运转是由KM2和KM3两个接触器来控制的,所以把它们的常开辅助触头串联起来作为自锁,只有当两个接触器都吸合时才允许工作。

考 核 试 题

1. 双速电动机自动变速控制线路考核要求
- 根据电气原理图安装接线。
- 考生根据电动机铭牌数据选择电气元件及规格等(表6-1)。
- 三相异步电动机铭牌数据如下:

YD112M-4/2

3.3kW/4kW　　　(1450 r/min)/(2890 r/min)　　　△/2Y　　　7.4A/8.6A

2. 电气原理图

电气原理图见图 6-9。

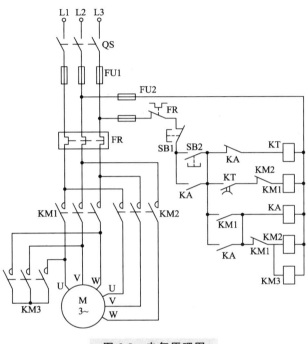

图 6-9 电气原理图

3. 考生填写表 6-1 中相应内容

考生填写电气元件及规格。

4. 评分标准

评分标准见表 6-3。

6.2.6 正反转控制及停车能耗制动控制线路（课题十三）

课题目标

● 掌握正反转控制及停车能耗制动控制方式的分析方法，进一步加深对电气控制线路的理解。

● 掌握正反转控制及停车能耗制动控制线路的安装和故障检修方法。

所谓能耗制动，就是在电动机脱离三相交流电源之后，定子绕组上加一个直流电压，通入直流电流，利用转子感应电流与静止磁场的作用以达到制动的目的。根据能耗制动时间控制原则，可用时间继电器进行控制；也可以根据能耗制动速度控制原则，用速度继电器进行控制。下面主要以单向能耗制动控制线路为例来说明。

图 6-10 为根据时间控制原则控制的单向能耗制动控制线路。在电动机正常运行的时候，若按下"停止"按钮 SB1，电动机由于 KM1 断电释放而脱离三相交流电源，直流电源则由于接触器 KM2 线圈通电、KM2 主触头闭合而加入定子绕组，时间继电器 KT 线圈与 KM2 线圈同时通电并自锁，于是电动机进入能耗制动状态。当其转子的惯性速度接近于零时，时间继电器延时打开的常闭触头断开接触器 KM2 线圈电路。由于 KM2 常开辅助触头的复

位,时间继电器 KT 线圈的电源也被断开,电动机能耗制动结束。图 6-10 中 KT 的瞬时常开触头的作用是考虑 KT 线圈断线或机械卡住故障时,在按下按钮 SB1 后电动机能迅速制动,两相的定子绕组不致长期接入能耗制动的直流电流。该线路具有手动控制能耗制动的能力,只要使"停止"按钮 SB1 处于按下的状态,电动机就能实现能耗制动。

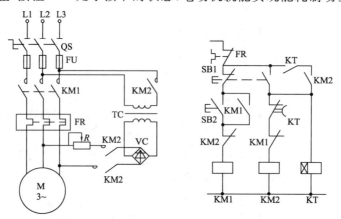

图 6-10 单向能耗制动控制线路

考 核 试 题

1. 正反转控制及停车能耗制动控制线路

● 根据电气原理图安装接线。
● 考生根据电动机铭牌数据选择电气元件及规格等(表 6-1)。

三相异步电动机铭牌数据如下:

Y-160M-4

| 11kW | 380V | 1440 r/min | △ | 22.6A | 50Hz |

2. 电气原理图

电气原理图如图 6-11 所示。

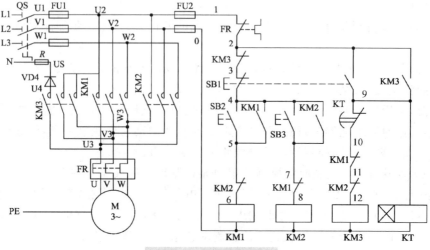

图 6-11 电气原理图

3. 评分标准

评分标准见表 6-3。

6.2.7 三台电动机顺序启动逆序停车控制线路(课题十四)

课题目标

● 掌握三台电动机顺序启动逆序停车控制方式的分析方法,进一步加深对电气控制线路的理解。

● 正反转控制及停车能耗制动控制线路的安装和故障检修方法。

在装有多台电动机的生产机械上,各电动机所起的作用是不同的,有时需按一定的顺序启动或停止,才能保证操作过程的合理和工作的安全可靠。例如,X62W 型万能铣床上要求主轴电动机启动后,进给电动机才能启动。

控制电路实现电动机顺序控制的几种线路如图 6-12 所示。

图 6-12(a)所示控制电路的特点是:电动机 M2 的控制电路先与接触器 KM1 的线圈并接,然后再与 KM1 的自锁触头串接,这样就保证了 M1 启动后 M2 才能启动的顺序控制要求。

图 6-12(b)所示控制电路的特点是:在电动机 M2 的控制电路中串接了接触器 KM1 的常开辅助触头。显然,只要 M1 不启动,即使按下 SB2-1,由于 KM1 的常开辅助触头未闭合,KM2 线圈也不能得电,从而保证了 M1 启动后 M2 才能启动的控制要求。线路中停止按钮 SB1-2 控制两台电动机同时停止,SB2-2 控制 M2 的单独停止。

图 6-12(c)所示控制电路是在图 6-12(b)所示电路中的 SB1-2 的两端并接了接触器 KM2 的常开辅助触头,从而实现了 M1 启动后 M2 才能启动,而 M2 停止后 M1 才能停止的控制要求,即 M1、M2 是顺序启动,逆序停止。

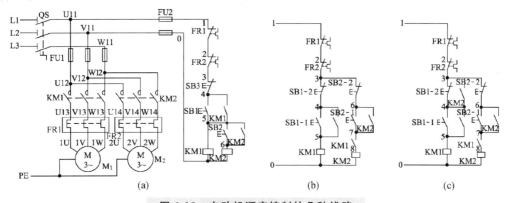

图 6-12 电动机顺序控制的几种线路

考 核 试 题

1. 考核内容

● 根据电气原理图安装接线。

● 根据电动机铭牌数据选择电气元件及规格等(表 6-1)。

三相异步电动机铭牌数据如下:

Y-160M-4
11kW　　380V　　1440 r/min　　△　　22.6A　　50Hz

2. 电气原理图

电气原理图见图 6-13。

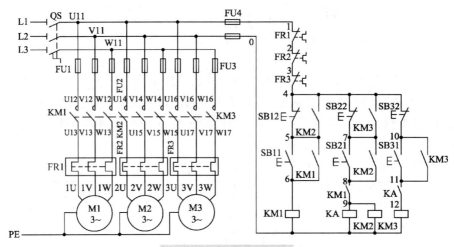

图 6-13　电气原理图

3. 评分标准

评分标准见表 6-3。

第 7 章 常用生产机械电气控制设备故障检修

7.1 电气控制线路的故障检查方法

7.1.1 电阻检查法

1. 电阻测量法

电阻测量法分为分段测量法和分阶测量法，图 7-1 为分段电阻测量示意图。

检查时，先断开电源，把多用表拨到电阻挡，然后逐段测量相邻两标号点（1—2）、（2—3）、（3—4）、（4—5）之间的电阻。若测得某两点间电阻很大，说明该触点接触不良或导线断路。若测得（5—6）间电阻很大（无穷大），则线圈断线或接线脱落；若电阻接近零，则线圈可能短路。必须注意，用电阻测量法检查故障一定要断开电路电源，否则会烧坏多用表；所测电路如果

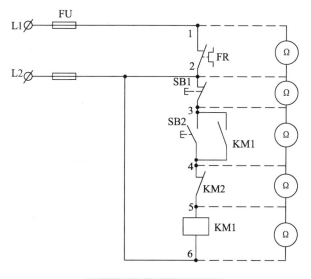

图 7-1 分段电阻测量

并联了其他电路，所测电阻值就不准确，容易误导。因此，测量时必须将被测电路与其他电路断开。最后要注意的是，要选择好多用表的量程，如测量触点电阻时，量程不要太高，否则可能掩盖触点接触不良引起的故障。

2. 短接法

机床电气设备的故障多为断路故障，如导线断路、虚连、虚焊、触头接触不良、熔断器熔断等。对这类故障，用短接法查找往往比用电压法和电阻法查找更为快捷。检查时，只需用一根绝缘良好的导线，将所怀疑的断路部位短接，当短接到某处，电路接通，说明故障就在该处。

(1) 局部短接法

局部短接法示意图如图 7-2 所示。

按下"启动"按钮 SB2 时,若 KM1 不吸合,说明电路中存在故障,可运用局部短接法进行检查。检查前,先用多用表测量(1—6)两点间电压,若电压不正常,不能用短接法检查。在电压正常的情况下,按下"启动"按钮 SB2 不放,用一根绝缘良好的导线,分别短接标号相邻的两点(1—2)、(2—3)、(3—4)、(4—5)。当短接到某两点时,KM1 吸合,说明这两点间有断路故障。

(2) 长短接法

长短接法是用导线一次短接两个或多个触头查找故障的方法。

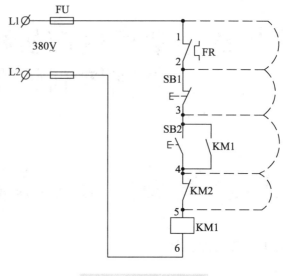

图 7-2　局部短接法

相对局部短接法,长短接法有两个重要作用和优点。一是在两个以上触头同时接触时,局部短接法很容易造成判断错误,而长短接法可避免误判。以图 7-2 为例,先用长短接法将(1—5)两点短接,如果 KM1 吸合,说明(1—5)这段电路有断路故障,再用局部短接法或电压测量法、电阻测量法逐段检查,找出故障点。二是使用长短接法,可把故障压缩到极小的范围。如先短接(1—3)两点,KM1 不吸合,再短接(3—5)两点,KM1 能吸合,说明故障在(4—5)点之间电路中,再用局部短接法即可确定故障点。必须注意,短接法是带电操作,因此要切实注意安全。短接前要看清电路,防止错接烧坏电器设备。短接法只适用于检查连接导线及触头一类的断路故障,对线圈绕组电阻等断路故障,不能采用此法。对机床的某些重要部位最好不要使用短接法,若考虑不周,会造成事故。

7.1.2　电压检查法

图 7-3 为测量示意图。接通电源,按下"启动"按钮 SB2,正常时,KM1 吸合并自锁,将多用表拨到 500 挡,对电路进行测量。这时电路中(1—2)、(2—3)、(3—4)、(4—5)各段电压均应为 0,(5—6)两点间电压应为 380V。

1. 触点故障

按下按钮 SB2,若 KM1 不吸合,可用多用表测量(1—6)之间的电压,若测得电压为 380V,说明电源电压正常,熔断器是好的。可接着测量(1—5)之间各段电压,若(1—2)之间电压为 380V,则热继电器 FR 保护触点已动作或接触不良,应查找 FR 所保护的电动机是否过载或 FR 整定电流是否调得太小,触点本身是否接触不好或连线松脱;若(4—5)之间电压为 380V,则 KM2 触点或连接导线有故障,依此类推。

2. 线圈故障

若(1—5)之间各段电压都为 0,(5—6)之间的电压为 380V,而 KM1 不吸合,则故障是 KM1 线圈或连接导线断开。

除了分段测量法外，还有分阶测量法和对地测量法。分阶测量法一般是将电压表的一根表笔固定在线路的一端（如图7-3中的6点），另一根表笔由下而上依次接到5、4、3、2、1各点，正常时，电表读数为电源电压。若无读数，则表笔逐级上移，当移至某点读数正常，说明该点以前触头或接线完好，故障一般是此点后第一个触头（即刚跨过的触头）或连线断路。因为这种测量方法像上台阶一样，故称为分阶测量法。对地测量法适用于机床电气控制线路接220V电压且零线直接接于机床床身的电路检修，根据电路中各点对地电压来判断、确定故障点。

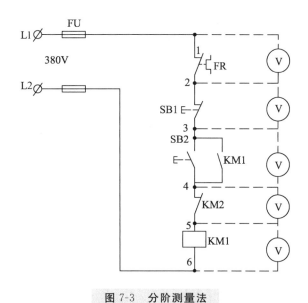

图 7-3 分阶测量法

7.2 车床常见故障分析与处理

7.2.1 C616 型普通车床电气控制系统图

1. 电气控制线路的特点

C616型车床属于小型普通车床，床身最大工件回转半径为160mm，最大工件长度为500mm。

图7-4是C616型车床的电气原理图。该电路由三部分组成：从电源到三台电动机的电路称为主回路，这部分电路中通过的电流大；而由接触器、继电器等组成的电路称为控制回路，采用380V电源供电；第三部分是照明及指示回路，由变压器TC次级供电，其中指示灯HL的电压为6.3V，照明灯EL的电压为36V安全电压。

该车床共有三台电动机，其中M1为主电动机，功率为4kW，通过KM1和KM2可实现正反转，并具有过载保护、短路保护和零压保护装置；M2为润滑泵电动机，由接触器KM3控制；M3为冷却泵电动机，功率为0.125kW，它除了受KM3控制外，还可视实际需要由转换开关QS2实现任意通、断。由于SA1-1为常闭触点，故L13→1→3→5→19→L11的电路接通，中间继电器KA得电吸合，它的常开触点(5—19)接通，为开车做好了准备。

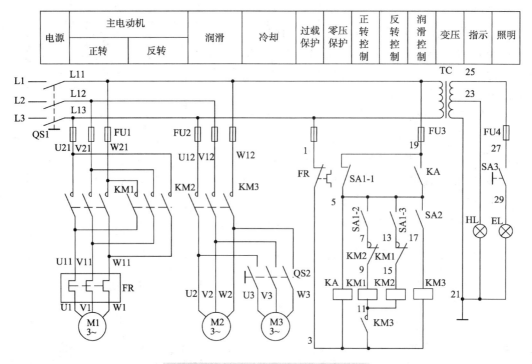

图 7-4 C616 型车床的电气原理图

2. 润滑泵、冷却泵启动

在启动主电动机之前,先合上 SA2,则接触器 KM3 吸合。一方面,KM3 的主触点闭合,使润滑泵电动机 M2 启动运转;另一方面,KM3 的常开辅助触点(3—11)接通,为 KM1、KM2 吸合准备了电路。这就保证了先启动润滑泵电动机,使车床润滑良好后才能启动主电动机。在润滑泵电动机 M2 启动后,可合上转换开关 QS2,使冷却泵电动机 M3 启动运转。

3. 主电动机启动

SA1 为鼓形转换开关,它有一对常闭触点 SA1-1、两对常开触点 SA1-2、SA1-3。当启动手柄置于"零位"时,SA1-1 闭合,两对常开触点均断开;当启动手柄置于"正转"位置时,则 SA1-2 闭合,而 SA1-1、SA1-3 断开;当启动手柄置于"反转"位置时,SA1-3 闭合,而 SA1-1、SA1-2 断开。这种转换开关可代替按钮进行操作。有些 C616 型车床是用按钮进行操作的,其作用与转换开关相同。

主电动机工作过程如下:将启动手柄置于"正转"位置,即 SA1-2 接通,故 L13→1→3→11→9→7→5→19→L11 接通,接触器 KM1 得电吸合,它的主触点闭合,使主电动机 M1 启动正转,同时,KM1 的常闭辅助触点使(13—15)断开,其作用是对反转接触器 KM2 进行连锁。

若需主电动机反转,只要将启动手柄置于"反转"位置,这时 SA1-3 接通,而 SA1-2 断开,则接触器 KM1 释放,正转停止,并解除了对 KM2 的连锁,使(13—15)接通,接触器 KM2 吸合,使 M1 反转。

需要主电动机 M1 停止时,只要将 SA1 置于"零位",则 SA1-2、SA1-3 均断开,正转或反转均停止,并为下次启动主电动机做好准备。

4. 零压保护

零压保护又称为失压保护。所谓零压保护，就是电动机在正常工作过程中，因外界原因断电时，电动机将停止运转，而恢复供电以后，电路不会自行接通，电动机不会自行启动运转，这种保护称为零压保护或欠压保护。如图 7-1 所示的带有自锁环节的控制电路中，电动机启动以后，KM 的常开辅助触点闭合自锁，因外界原因断电时，接触器 KM 断电释放，电动机停转，同时自锁被解除，恢复供电后，若不操作"启动"按钮 SB2，KM 不会自行吸合，电动机 M 不会自行启动。

C616 型车床的零压保护是通过中间继电器 KA 实现的：当启动手柄不在"零位"时，即电动机 M1 在正转或反转工作状态而断电时，中间继电器 KA 断电释放，它的常开触点（5—19）断开，恢复供电后，由于手柄不在"零位"，即 SA1-1 已断开，KA 不会吸合，它的常开触点（5—19）不会自行接通，电动机 M1 不会自行启动，从而起到了零压保护的作用。

7.2.2 车床控制线路的故障检修（课题十五）

下面介绍常见的电气故障及其维修。

1. 润滑泵电动机 M2 不能启动

（1）KM3 能够吸合，但 M2 不能启动

这类故障原因主要是在电源部分。先检查熔断器 FU2 的熔芯是否熔断，接头是否松动、脱落。若熔断器正常，再检查电源总开关 QS1 的接触是否良好，可将 QS1 合上，用多用表的交流 500V 挡测量出线端的电压，正常时，任意两个出线端的电压均应为 380V。若 FU2 和 QS1 均正常，则可能是 KM3 主触点接触不良。引起主触点接触不良的原因之一是触点上有油污，应清除干净；原因之二是触点表面因电弧作用后形成金属小珠，应及时铲除，使三对主触点均接触良好。然后，可用多用表测量电动机 M2 接线端子 U2、V2、W2 之间的电压值。正常时，任意两端之间的电压应为 380V，这时，说明从电源到 M2 主电路中各电器触点和导线均正常。

（2）M2 电动机不能启动，且 KM3 又不吸合

这类故障主要是在控制回路中，可用电压测量法或电阻测量法对 L13→1→3→5→19→L11 和 L13→1→3→17→5→19→L11 两条控制回路进行检测，从而找出故障点并予以排除，使接触器 KM3 得以吸合。

2. 主电动机 M1 不能启动

（1）M1 不能正转

将启动手柄置于"正转"位置时，SA1-2 应该接通，在 M1 已经启动的前提下，说明 L13→1→3 和 5→19→L11 两段电路已经接通，在这种情况下，故障既可能在控制回路中，也可能在主回路中。

在控制回路中，检查 3→11→9→7→5 电路，正常时，（3—11）、（9—7）、（7—5）的电压都应为 0。否则，说明某个触点或导线接触不良。排除触点故障后，测量（9—11）之间的电压应为 380V。若 KM1 仍不吸合，故障是 KM1 接线松动或线圈内部断开。若 KM1 已经吸合，而 M1 仍不能启动运转，则故障在主回路中，应着重检查 KM1 主触点是否接触良好、热继电器 FR 的热元件是否烧断或脱焊、各连接导线是否接触牢固。正常时，U1、V1、W1 均应有电，且任意两线之间的电压应为 380V。

(2) M1 能正转但不能反转

若将启动手柄置于"反转"位置,而 M1 不能反转,其故障既可能在控制回路的 11→15→13→5 的一段电路中,也可能是 KM2 的主触点接触不良,可用排除正转故障相同的方法加以排除。

3. 冷却泵电动机 M3 不能启动

若润滑泵电动机 M2 可以启动而冷却泵电动机 M3 不能启动,其故障就发生在转换开关 QS2 及其连接导线上,可用多用表分别检测 QS2 的进线端、出线端和 M3 引线端子的电压值。

4. 照明灯和指示灯电路的故障

控制变压器 TC 原边电压为 380V,副边有两个电压;其中(21—23)为指示灯电源,电压值为 6.3V,若电压正常而指示灯 HL 不亮,则应检查灯泡是否烧断、导线及灯头座是否接触良好;(21—25)为照明灯 EL 的电源,为 36V 安全电压,若 EL 不亮,先检查灯泡是否烧坏,再检查熔断器 FU4 的熔体是否熔断及开关 SA3、导线、灯头座是否接触良好。

7.3 钻床常见故障分析与处理

7.3.1 钻床电气控制系统图

1. 钻床电路的原理与维修

钻床是一种用途广泛的通用机床。它的结构形式很多,有立式钻床、卧式钻床、深孔钻床及多轴钻床等。摇臂钻床是一种立式钻床,在钻床中具有一定的典型性,主要用于对大型零件进行钻孔、扩孔、锪孔、铰孔和攻螺纹等。如果增加辅助设备,还可以进行镗孔,适用于成批生产时加工多种孔的大型零件。

摇臂钻床的运动形式分为主运动、进给运动和辅助运动。其中主运动为主轴的旋转运动;进给运动为主轴的纵向移动;辅助运动有摇臂沿外立柱的垂直移动,主轴箱沿摇臂的径向移动,摇臂与外立柱一起相对于内立柱的回转运动。

由于摇臂钻床的工艺范围广、调速范围大、运动多,其电力拖动及其控制有如下特点:

● 摇臂钻床的运动部件较多,为简化传动装置,常采用多电动机拖动。

● 为了适应多种加工方式的要求,要求主轴和进给速度有较大的调速范围。主轴的低速运动主要用于攻螺纹、扩孔、铰孔等工艺,这些负载为恒转矩负载,一般速度下加工为恒功率负载。

● 摇臂钻床的主运动和进给运动分别为主轴的旋转运动与主轴的纵向移动。因此,可将主轴变速机构和进给变速机构放在一个变速箱内,两种运动由一台电动机拖动。

● 加工螺纹时要求主轴能正、反转。摇臂钻床采用机械方法变换转向,因此,电动机不需要正、反转。

● 摇臂升降由单独的电动机拖动,必须有正、反转。

● 钻削加工时,要求主轴箱紧固在摇臂导轨上,外立柱紧固在内立柱上,摇臂紧固在外立柱上。这些运动部件的夹紧与放松,有的采用手柄机械操作,有的依靠夹紧电动机带动液压泵通过夹紧机构来实现[即电气—液压—机械装置来实现（有的采用电气—机械装置；有的采用电气—液压装置）]。视各种摇臂钻床、各种运动部件的不同而不同，相应的电气控制也各不相同。

- 加工时，为对刀具及工件进行冷却，需要有冷却泵，由专门的电动机拖动。
- 采取必要的连锁和保护措施。如过载短路保护、限位保护、零压保护以及主轴旋转与摇臂升降不允许同时进行的连锁。

2. Z35型摇臂钻床

图7-5为Z35型摇臂钻床的电气控制原理图。本机床采用四台电动机拖动。其中M1为冷却泵电动机，M2为主轴电动机，M3为摇臂升降电动机，M4为立柱松紧电动机。

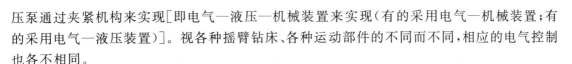

冷却泵电动机	主轴电动机	摇臂升降电动机	立柱松紧电动机	零压保护	主轴启动	摇臂		立柱	
						上升	下降	放松	夹紧

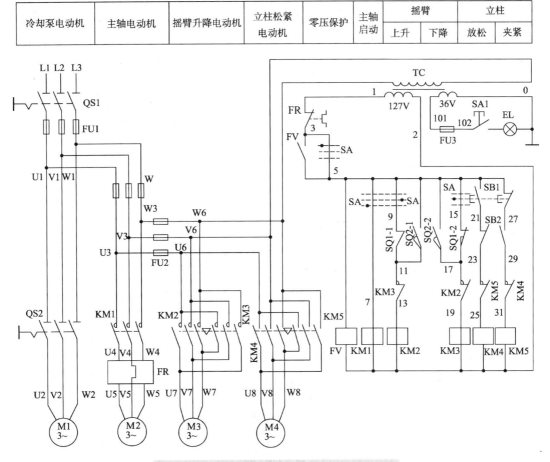

图7-5 Z35型摇臂钻床的电气控制原理图

7.3.2 钻床控制线路的故障检修（课题十六）

常见电气故障与维修如下：

1. 主轴电动机不能启动

首先应检查熔断器FU1和FU2是否熔断；其次，检查十字开关SA的触头（3—5）和（5—7）以及接触器KM1的主触头接触是否良好。若SA触头（3—5）接触不良，在将手柄扳到左边位置时,零压保护继电器FV不能得电吸合;若SA触头(5—7)接触不良,在手柄从左边扳到右边位置时,接触器KM1的线圈不能得电吸合;若十字开关的触头接触良好,而是接触器KM1的主触头接触不良时,则扳动手柄后,可听到接触器KM1的通电吸合声,但主轴电动机不启动。此外,连接触头的导线断路或接头松脱、热继电器FR动作后未复位,也会使主轴电动机不能启动。当发生上述故障时,要仔细分析故障原因,找出故障点,及时修复。

有时,电动机启动不了的原因是由电源电压过低、零压保护继电器FV或接触器KM1不能吸合引起的,这不属于电路故障。

2. 主轴电动机不能停车

正常情况下,当十字开关手柄扳到中间位置时,接触器KM1应断电释放,主轴电动机M2应停止运转。如果M2不能停车,多半是接触器KM1的动、静触头熔焊在一起造成的。这时,只有断开电源总开关QS1,电动机才会停转。熔焊的触头要更换。同时,还必须找出触头熔焊的原因,如电动机是否过载,触头容量是否太小,触头弹簧是否损坏等。如果是由于触头容量不够而产生熔焊,则应选用容量大一些的接触器。在故障彻底被排除后,才可重新启动主轴电动机。

3. 主轴电动机不能正常启动,并伴有"嗡嗡"声,而摇臂升降电动机M3、立柱松紧电动机M4能正常启动运行

此故障通常是由电动机的三相供电线路缺相引起的。M3和M4启动正常,说明公共线路是好的,故障发生在接触器KM1主触头到电动机M2之间的电路上。常见的故障原因有:

● KM1三个主触头中有一个接触不良。
● 电动机M2定子绕组有一相的接线松动、脱落等。
● 热继电器FR的加热元件中有一相烧断。

如果是加热元件烧断,还应检查电动机M2的绕组是否短路。彻底排除了故障后,电动机M2即可恢复正常。

4. 冷却泵电动机M1启动正常,但主轴电动机M2、摇臂升降电动机M3、立柱松紧电动机M4均不能正常启动

由Z35型摇臂钻床的结构可知,电动机M2、M3、M4及其控制电路都是通过汇流环W来供电的。M1启动正常,而M2、M3、M4不能正常启动,说明电源开关QS1、QS2、熔断器FU1都是好的,故障发生在汇流环W及其后面的电路中。常见的故障原因有:

● 汇流环由铸铁制造,容易生锈,造成汇流环接触不良,使后面电路供不上电或电动机缺相运行,或控制电路无电源不工作。
● 熔断器FU2熔断,也会使得M2、M3、M4均不能启动,或M2能启动,但M3、M4缺相启动运行。具体情况要视FU2三根熔体的熔断情况来分析。

5. 主轴电动机刚启动一下即停止,然后不能再启动

首先应检查熔断器FU1是否熔断。如果更换新的熔体后重新启动又烧断,说明电动机绕组内部有短路故障。其次,还应检查热继电器FR常闭触头(1—3)是否断开。导致FR动作的原因通常有:电动机严重过载;FR整定值偏小,以致未过载就动作;电动机启动时间过长,以致FR在启动过程中脱扣等。遇到这种故障,要一项一项仔细检查,找出故障原因,进行针对性修理。

6. 摇臂上升(下降)夹紧后电动机 M3 仍正、反转重复不停

此故障的原因是鼓形组合开关 SQ2 的两副常开触头调节得太近，使它们不能及时分断。图 7-6 中 3 和 4 是两块随转鼓 5 一起转动的动触头，两副常开静触头 1、2 分别对应 SQ2-1 和 SQ2-2，6 是转轴。当摇臂不升降时，要求两副常开静触头 1、2 正好处于两块动触头 3 和 4 之间，使 SQ2-1 和 SQ2-2 都处于分断状态。如转轴受外力作用，使转鼓顺时针方向转过一个角度，则下面一对常开静触头 SQ2-2 接通；若转鼓逆时针旋转一个角度，则上面一对常开静触头 SQ2-1 接通。由于动触头 3 和 4 的位置决定了转鼓旋转至两副常开静触头接通的角度，所以，鼓形组合开关 SQ2 是摇臂升降与松紧的关键。如果动触头 3 和 4 调整得太近，当摇臂上升到预定位置，将十字开关手柄扳回中间位置时，接触器 KM2 断电释放。

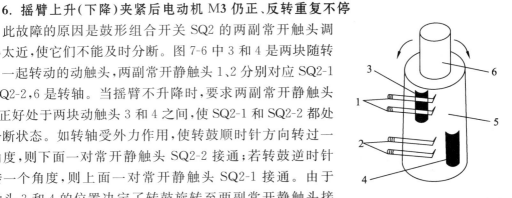

1、2—常开静触头；3、4—动触头；
5—转鼓；6—转轴

图 7-6 鼓形组合开关

由于 SQ2-2 在摇臂松开时已接通，故接触器 KM3 得电，电动机将反转，通过夹紧机构使摇臂夹紧；同时，摇臂夹紧机构带动转轴 6 逆时针旋转一个角度，使 SQ2-2 离开动触头 4 处于分断状态，KM3 断电，电动机 M3 断电。由于惯性，电动机及机械部分仍继续转过一段距离。此时，因动触头 3 和 4 调整得很近，使鼓形组合开关转过中间切断位置，动触头 3 又将 SQ2-1 接通，接触器 KM2 再次得电动作，电动机 M3 又正转起来。如此不断循环，造成电动机 M3 正、反转摆动运转，使摇臂夹紧和放松动作重复不停。

7. 摇臂升降后不能充分夹紧

引起此故障的原因有三个：

- 鼓形开关动触头的夹紧螺栓松动，造成动触头 3 或 4 的位置偏移。正常情况下，当摇臂放松上升到所需位置，将十字开关手柄扳到中间位置时，SQ2-2 应早已接通，使接触器 KM3 及时得电动作，摇臂自动夹紧。如果动触头 4 位置偏移，使 SQ2-2 未按要求闭合，则 KM3 不能得电，电动机 M3 也就不能反转进行夹紧，使摇臂仍处于放松状态。

- 鼓形组合开关的动、静触头弯扭、磨损、接触不良或两副常开静触头过早分断，也使摇臂不能充分夹紧。

- 在检修安装时，没有注意鼓形开关的两副常开触头的原始位置与夹紧装置的协调配合，起不到夹紧作用。例如，安装与鼓形组合开关相连的齿轮时，如果与前面扇形齿条的啮合偏移，就会使得摇臂夹紧机构在没有到达夹紧位置(或超过夹紧位置)时便停止运动。

8. 摇臂上升完毕没有夹紧作用，而下降完毕有夹紧作用；或上升完毕有夹紧作用，而下降完毕没有夹紧作用

如故障 7 中所分析的，当鼓形组合开关动触头的夹紧螺栓松动造成动触头 3 或 4 的位置偏移时，就会使 SQ2-1 或 SQ2-2 在应该闭合的时候不能闭合，电动机 M3 不能产生反转进行夹紧。若摇臂上升完毕不能夹紧，而下降完毕有夹紧作用，则是动触头 4 和静触头 SQ2-2 的故障；反之，若上升完毕有夹紧作用，而下降完毕不能夹紧，则是动触头 3 和静触头 SQ2-1 的故障。

9. 摇臂上升(或下降)后不能按需要停止

这种故障也是因鼓形组合开关的动触头 3 或 4 的位置调整得不正确造成的。例如，当

十字开关手柄扳到向上位置时，接触器 KM2 得电动作，电动机 M3 正转，摇臂的夹紧装置放松并上升，这时应该是 SQ2-2 接通。但由于鼓形组合开关的起始位置未调准，反而将 SQ2-1 接通，使得在将十字开关手柄扳回中间位置时，不能切断接触器 KM2 的线圈电路，上升运动不能停止。甚至到了极限位置，限位开关 SQ1-1 也不能将它切断。发生这种故障时，应立即拉开电源总开关 QS1，避免机床运动部件与已装好的工件相撞。

10. 立柱只能放松、不能夹紧，或只能夹紧、不能放松

立柱的放松、夹紧是通过电动机 M4 正、反转，驱动齿轮式油泵，送出高压油，经一定的油路系统和传动机构来实现的。立柱只能放松，不能夹紧，电气、液压、机械几方面的故障都可能发生。首先应检查按下 SB2 时，KM5 是否吸合，M4 是否能启动运转，也就是电气控制是否正常。如果电气部分是好的，则故障出现在液压、机械部分，应检查油路系统和相应的传动机构是否完好；反过来，若立柱只能夹紧、不能放松，则应按照上面的步骤检查接触器 KM4 及其控制电路、相应的油路系统和传动机构，找出故障点。

7.4 M7140 型卧轴矩台平面磨床

7.4.1 电磁吸盘的结构

电磁吸盘的结构如图 7-7 所示，它实质上是一个直流电磁铁，由铁芯、线圈和工作台三部分组成。在工作台 1 的平面内嵌入极靴，极靴与工作台之间用由铅锡合金等绝磁材料制成的薄层 4 隔开。吸引线圈 3 套在盘体内的铁芯 2 上。当线圈中有直流电流通过时，在盘面非磁性间隙两边就形成一对磁极，由于磁感线从工件中通过，就将工件牢牢吸在盘面上。若工件加工完毕，只需将电磁吸盘激磁线圈的电流切断，即可取下工件。工作台单位面积的吸力约在 $2\times10^4 \sim 13\times10^4 \mathrm{N}$ 范围内，线圈消耗功率为 $100\sim300\mathrm{kW}$。

常见磁盘有圆形和矩形两种。按内部构造分有单芯柱和多芯柱。单芯柱式磁盘只有一个铁芯柱和一个线圈，因而磁感线分布不均匀，只适宜于一般小型磁盘。多芯柱式磁盘则是由几个甚至十几个铁芯柱和线圈组成的，所以磁感线分布比较均匀，吸力特性较好。

根据不同的要求，电磁吸盘的控制电路可采用不同的控制方法，常见电路一般可分为三个部分：励磁控制部分、退磁控制部分、电磁盘保护

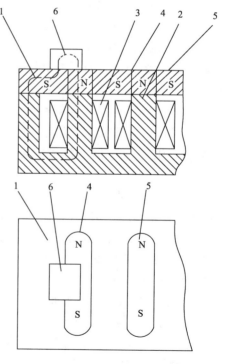

1—工作台；2—铁芯；3—线圈；
4—绝缘薄层；5—极靴；6—工件

图 7-7 电磁吸盘的结构

部分。

第一部分是为电磁盘励磁提供直流电源,一般采用二极管整流、直流发电机供电或晶闸管(又称可控硅)整流。第二部分是工件加工完毕后为取出工件,给电磁盘提供退磁电源。一般采用转换开关给电磁盘通以反向直流电流,或通以逐渐变小最后趋近于零的交变电流。采用后一种方式退磁常见的有两种方法:一种是采用多组输出的控制变压器,通过转换开关将电磁盘依次通以由高到低的交流电压;另一种是采用晶闸管退磁装置。第三部分主要是防止工件在加工过程中电磁盘突然断电或励磁电流减小而造成电磁盘失磁或吸力下降,使工件脱出而发生事故。一般在电路中串联欠电流继电器。当流过电路的电流下降时,欠电流继电器动作,同时切断砂轮电动机主电路,使砂轮停止运转,以免造成事故。

7.4.2　M7140 型卧轴矩台平面磨床

该机床适用于加工各种零件的平面。

主运动是由一台砂轮电动机带动砂轮的旋转而实现的。砂轮架由一台交流电动机带动,使砂轮在垂直方向上做快速移动。砂轮在垂直方向上可进行手动进给和液压自动进给。

工件的纵向和横向进给运动是由工作台的纵向往复运动和横向移动实现的。工件的夹紧采用电磁吸盘,电磁吸盘的励磁电压由一台直流发电机提供,直流发电机则由一台交流电动机拖动。冷却液由一台冷却泵电动机带动冷却泵供给。液压系统的压力油由一台交流电动机带动液压泵提供。

1. 电路工作原理

M7140 型平面磨床电气线路如图 7-8 所示。

(1)电路的组成

M7140 型平面磨压电气线路包括主电路、交流控制电路、直流控制电路、照明电路四部分。

① 主电路的组成。包括砂轮电动机电路、冷却泵电动机电路、液压泵电动机电路、直流发电机的拖动电动机电路、砂轮架垂直快速移动电动机电路。

② 交流控制电路的组成。包括砂轮电动机与冷却泵电动机控制电路、液压泵电动机控制电路、砂轮架垂直快速移动电动机控制电路、直流发电机拖动电动机控制电路。

③ 直流控制电路的组成。包括电磁盘控制电路。

④ 照明电路的组成。包括工作灯和信号灯控制电路。

(2)控制原理

合上电源开关 QF,电磁盘转换开关 SA2 扳向"接通"位置。

砂轮电动机的启动:按下 SB2"启动"按钮,接触器 KM1 吸合。电流通路:3→SB1→5→SB2→7→KM1→12→FR1-1→10→FR1→FR2→6→FR3→4。KM1 吸合后通过 5→KA3→9→KM1→7 电路自锁。

其他部分读者自行分析。

退磁:工件磨好后,停止发电机组,将吸盘转换开关 SA2 置于"退磁"位置,利用发电机的惯性使发电机的直流电流反向通入,电磁吸盘退磁。

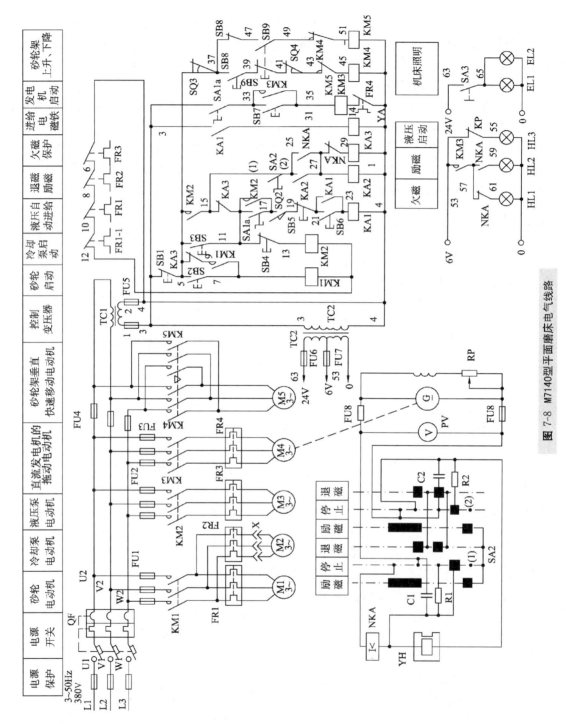

图 7-8 M7140型平面磨床电气线路

2. 常见电气故障与维修

（1）所有电动机均不能启动

对该故障应该从下列两方面入手：首先检查主电源部分，然后检查控制回路部分。

先检查电网进入自动开关 QF 前、后的三相电源电压是否正常，借此判断 QF 触点是否接触不良或损坏。

对控制回路部分的检查,首先应该检查控制变压器 TC1 输入、输出端电压是否正常,然后检查保险丝 FU5 是否完好,接触是否可靠。最后检查热继电器 FR1-1、FR1、FR2、FR3、FR4 中是否有误动作或保护启动等,其触点是否有损坏或接触不良等。

(2) 砂轮电动机 M1 和冷却泵电动机 M2 均不能启动

可从以下几方面进行检查:

- 熔断器 FU1 是否完好。
- 接触器 KM1 的触点接触是否良好,线圈是否断线或接触不良。
- "启动"按钮 SB2 按下后是否导通。

(3) 冷却泵电动机 M2 不能启动

先检查 FR2 的触点和三相插座及连线接触是否正常;如正常,则电动机 M2 已损坏。

(4) 液压泵电动机 M3 不能启动

可从以下几方面检查:

- "停止"按钮 SB4 接触是否良好。
- 接触器 KM2 触点是否接触不良,线圈是否断线或接触不良。
- "启动"按钮 SB3 按下后接触是否良好。
- 熔断器 FU2 是否完好。
- 电动机 M3 是否正常。

(5) 砂轮架垂直快速移动电动机 M5 不能启动

可从以下几方面检查:

- 熔断器 FU4 是否完好。
- 接触器 KM4、KM5 触点接触是否良好,线圈是否断线或接触不良。
- 连锁开关 SQ3、行程开关 SQ4 是否接触不良。
- 按钮开关 SB8、SB9 触点接触是否良好。

(6) 砂轮架只能向上快速移动

应从以下几方面检查:

- 接触器 KM5 触点接触是否良好,线圈是否断线或接触不良。
- KM4 连锁触点(49—51)是否接触不良。
- 按钮开关 SB8、SB9 触点接触是否良好。

(7) 直流发电机的拖动电动机 M4 不能启动

造成该故障的原因有以下几方面:

- 接触器 KM3 线圈断线或触点接触不良。
- 按钮开关 SB7 接触不良。
- 开关 SA1a 接触不良。
- 热继电器 FR4 损坏或触点接触不良。
- 电动机 M4 损坏。

(8) 热继电器保护动作

发现热继电器动作时,应找出其原因,发现潜在的故障隐患,并采取相应措施防止故障扩大或烧毁电动机。热继电器跳闸的原因有以下几个方面:

- 机床传动部分机械卡死,这需要对相应的机械部分进行检查,必要时可将负载拆下,让电动机空载启动以确定是机械部分故障还是电器部分故障。
- 机床频繁启动或工作超负荷。
- 电源部分开关触点或接触器触点接触电阻太大形成电压降，引起电动机工作时过电流，检查时应重点检查主电路相应接触器触点电压是否正常。
- 电动机机械故障，如电动机前、后轴承不同轴，轴承损坏，主轴转子卡死，都会使电动机负荷加重。

(9) 直流发电机 G 无电压输出

排除该故障可从以下几方面着手：
- 剩磁消失，可采用外接直流电源通入励磁场绕组以产生磁场。
- 励磁绕组接反。
- 旋转方向错误，可调整直流发电机拖动电动机 M4 的相序。
- 励磁绕组断路，可检查励磁绕组及磁场变阻器 RP 接线是否松脱或接错、是否断路或短路。
- 发电机电枢绕组断路或短路，换向器表面及接头片短路。
- 电刷接触不良。
- 磁场回路电阻太大，重新调整回路电阻。

(10) 直流发电机 G 输出电压太低

排除该故障可从以下几方面着手：
- 并励磁场绕组部分短路，可分别检查每个磁场绕组的电阻，阻值较低的那一组即为部分短路的绕组。
- 电刷位置不正。
- 换向片之间存在导电体，可用汽油或无水酒精清除杂物。
- 换向极绕组接反。
- 发电机过载，电磁盘或其控制电路中存在短路或局部短路故障。

(11) 电磁吸盘 YH 无吸力

可按下列程序进行检查，检查发电机是否有直流电压输出：
- 若无输出，则检查熔断器 FU8 是否完好。再检查发电机输出端是否有电压输出，若无输出，可按故障(9)的方法检查直流发电机。
- 若有输出，可检查转换开关 SA2 触点是否接触不良或损坏，欠电流继电器 NKA 线圈是否断路，电磁吸盘 YH 是否接触不良或损坏。

(12) 电磁吸盘 YH 吸力不足

在处理该故障时可分两步进行：
- 将转换开关 SA2 置于"停"位置，用多用表检查发电机空载输出电压，如低于110V，则说明由于发电机输出电压太低造成吸盘吸力不足，可按故障(9)的方法来进行检查。
- 若发电机空载输出在130V左右，则发电机正常，应检查转换开关 SA2 触点是否接触不良，电磁吸盘内部线圈是否接触不良或存在局部短路。

(13) 电磁吸盘 YH 退磁不净

可检查转换开关 SA2 置于"退磁"位置时触点的接触是否良好。

7.5 铣床常见故障分析与处理

7.5.1 铣床电气控制系统图

铣床电气控制系统图如图 7-9 所示。读者可自行分析其控制原理。

7.5.2 铣床控制线路的故障检修（课题十七）

1. 主轴电动机不能启动

首先要判断是主电路元件发生故障还是控制电路元件发生故障。在电源开关 QS1 已合上的情况下，按下转换开关 SA4，工作照明灯 EL 亮，表示机床已通电。否则，应检查熔断器 FU1 是否熔断，照明灯供电电路是否完好。然后按下主轴启动按钮 SB1 或 SB2，听接触器 KM1 有无吸合声。若无吸合声，说明控制电路有问题。常见的故障原因有：

- 主轴换刀控制开关 SA1 仍在换刀位置，致使控制电路电源未接通，或 SA1 虽在正常工作位置，但常闭触头 SA1-2 接触不良，也使控制电源接不通。
- 主轴停止按钮的常闭触头 SB6-1、SB5-1 以及主轴冲动开关 SQ1 常闭触头（5—7）接触不良，接触器 KM1 线圈断线或接线松动、脱落等。
- 热继电器 FR1、FR2 保护动作后未复位或其常闭触头（6—8）、(8—10)接触不良，也使 KM1 不能通电吸合。此外，检查熔断器 FU4 是否熔断这一步骤也是不能忽视的。

若按下 SB1 或 SB2，KM1 有吸合声，表明控制电路正常，故障发生在主电路，常见的故障原因是：

- 主轴换向转换开关 SA3 没有放到相应的转向而处于中间停止位，或 SA3 触头接触不良。
- 接触器 KM1 的三个主触头中至少有两个接触不良。
- 主轴电动机 M1 定子绕组已烧断或接线端子松动、接线脱落等。

2. 按停止按钮后，主轴不停止

此故障通常是由于主轴电动机启动、制动频繁，造成接触器 KM1 的主触头熔焊，致使按下停止按钮后，主轴电动机的三相电源断不掉引起的。必须注意的是，在按下停止按钮时，电磁离合器 YC1 对主轴电动机进行制动，由于此时主轴电动机的电源断不开，电动机会严重过载，机械上也会产生很大的冲击。从电气上来说，热继电器 FR1 的常闭触头（6—8）会动作，切断控制电路进行保护。但故障本身是由 KM1 主触头熔焊造成的，故热继电器的动作起不到保护作用。因此，只要出现异常情况，就应该赶快松开停止按钮，否则，电动机会很快烧坏。

3. 主轴停车时无制动作用

本机床主轴电动机是由停止按钮 SB5 或 SB6 控制、电磁离合器 YC1 进行制动的。主轴停车时无制动作用，常见的故障原因有：

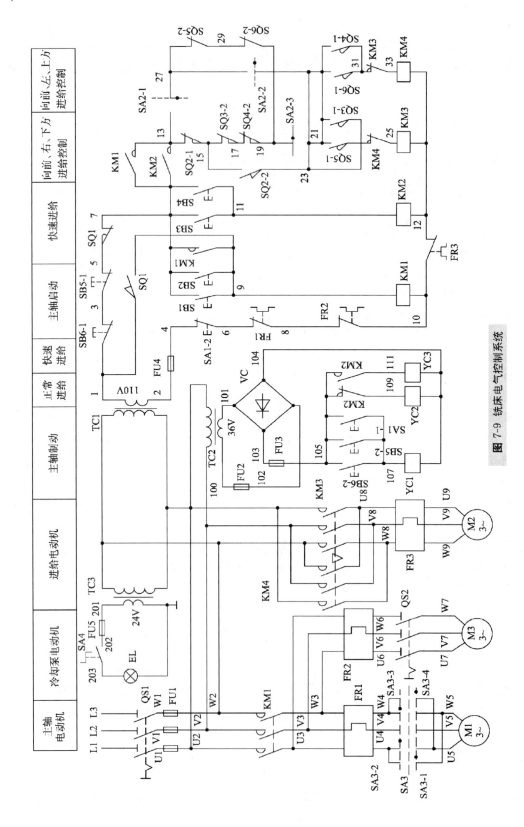

图 7-9 铣床电气控制系统

- 熔断器 FU2、FU3 的熔体熔断。
- 整流器 VC 中的整流二极管损坏。
- 电磁离合器 YC1 的线圈断线或接线松动、脱落,电刷接触不良等。

YC1 的线圈是用环氧树脂黏合在电磁离合器的套筒内,散热条件差,容易发热而烧坏。电磁离合器的电刷是用 40 目铜丝布与直径 0.5mm 电线锡焊后,以电线为中心紧密卷绕而成。其线圈用直径 0.41mmQZ 型漆包线绕 780 匝,直流电阻约 24～26Ω,绕毕要进行浸漆处理。另外,离合器的动片和静片经常摩擦,是易损件,检修时不能忽视;停止按钮 SB5、SB6 的常开触头在按下时接触不良,也会使主轴停车时没有制动作用。

4. 主轴上刀、换刀制动时无制动作用

主轴上刀、换刀制动是由转换开关 SA1 进行控制的。当开关扳到"接通"位时,SA1-1 接通电磁离合器 YC1 电源,对主轴进行制动。如果主轴停车时制动工作正常,则故障是 SA1-1 触头接触不良所致;如果主轴停车时无制动作用,则故障的判断、寻找与故障(3)是一样的。

5. 主轴电动机启动后旋转缓慢或不能旋转,且伴随明显的"嗡嗡"声

此故障现象是电动机缺相运行的明显症状。常见的故障点是接触器 KM1 三个主触头中有一个接触不良,或者主轴换向转换开关 SA3 的一个触头接触不良,电动机绕组的引出端子有一个端子接线松动、脱落等。此外,从控制变压器 TC1 原边与主电路的连接看出,如果电源开关 QS1 中间一个触头接触不良或熔断器 FU1 中间一个熔断,并不影响控制电路的正常工作,而主轴电动机(进给电动机和冷却泵电动机如果启动,情况也是一样的)则会处于缺相运行状态。

6. 主轴变速时,主轴电动机无变速冲动作用

为使主轴变速后齿轮顺利啮合,专门设置了一个主轴冲动开关 SQ1。当将变速手柄拉出时,不会碰到 SQ1。只有在将手柄推回原处的过程中,才会使冲动开关 SQ1 动作一下,又恢复原位。SQ1 的动作顺序应该是:常闭触头(5—7)先断开,然后常开触头(1—9)合上;紧接着,常开触头先断开,常闭触头后合上。这是在较短时间内完成的一个冲动过程。主轴电动机在变速时无变速冲动作用的原因通常是冲动开关 SQ1 的固定螺丝松动,其位置发生改变;或者机床大修后,SQ1 位置放得不正确,致使手柄复位时碰不到。这可在停电后慢慢操作,观察 SQ1 的位置是否满足上述过程,并进行调整。此外,SQ1 常开触头(1—9)如果在压合时接触不良或接线松动脱落,也会出现上述故障。

7. 主轴电动机一启动,进给电动机就转动;但扳动任一进给手柄,都不能进给

此故障是由圆工作台控制开关 SA2 拨到了"接通"位置造成的。这时,触点 SA2-1、SA2-3 断开,SA2-2 闭合。由于各进给手柄恰好都在零位,故主轴电动机一启动,接触器 KM3 就得电,进给电动机跟着转动。扳动任一进给手柄,都会切断 KM3 的通电回路,使进给电动机停转,不能进给。只要将 SA2 拨到"断开"位,就可正常进给了。

8. 工作台向下进给正常,但不能向上进给

工作台向下进给正常,说明控制电源正常,进给电动机 M2 也是好的,故障发生在工作台向上进给的专用控制电路上。由于工作台的向上进给运动是通过操纵垂直与横向进给手柄,压动相应的行程开关 SQ4 来实现的,如果 SQ4 的安装位置偏移或固定螺丝松动,就有可能在将垂直与横向进给手柄扳到向上位置时,不能压到 SQ4,使 KM4 不能通电吸合。此外,SQ4-1 触点接触不良或接线松动脱落,KM4 线圈断线或接线松脱,KM3 常闭触头(31—3)接触不良,KM4 主触头接触不良,也会出现上述故障。

9. 工作台上下进给正常,但左右不能进给

工作台向上、向下进给正常,证明进给电动机 M2 主回路及接触器 KM3、KM4 以及行程开关 SQ5-2 和 SQ6-2 的工作都正常,而 SQ5-1 和 SQ6-1 同时发生故障的可能性很小。这样,故障的范围就压缩到三个行程开关的三对触头 SQ2-1、SQ3-2、SQ4-2。这三对触头只要有一对接触不良或损坏,就会使工作台向左或向右不能进给。可用多用表分别测量这三个触头之间的电阻,来判断哪对触头损坏。在这三对触头中,SQ2-1 是变速瞬时冲动开关,常因变速时手柄扳动过猛而损坏。

10. 工作台向左进给正常,但向右不能进给

工作台向左进给正常,表明控制回路中从 13→15→17→19→21 这段纵向进给的公共电路是好的,接触器 KM4 是好的,进给电动机 M2 及主回路也基本上是正常的。故障范围缩小到行程开关 SQ5-1 和 KM4 常闭触头(23—25)、接触器 KM3 线圈这段电路以及 KM3 在主回路的三个主触头上。常见的故障有行程开关 SQ5 固定螺丝松动、安装位置移动,致使纵向进给手柄扳到右边时压不到 SQ5。另外,SQ5-1 接线松脱,KM4 常闭触头(23—25)接触不良,KM3 线圈断线或主触头接触不良,也是有可能发生的。可通过观察或用多用表测电阻的方法来确定故障点。

11. 工作台向右进给正常,但向左不能进给

此故障的分析和寻找方法与上例类似。由于向右进给正常,表明纵向进给的公共控制电路是好的。即从 SQ2-1、SQ3-2、SQ4-2 到 SA2-3 这一段电路没问题,故障发生在向左进给的专用电路上。常见的故障有:

● 行程开关 SQ6 固定螺丝松动或安装位置移动,使得纵向进给手柄扳到左边时压不到 SQ6。
● SQ6-1、KM3 常闭触头(31—33)接触不良或接线松脱。
● 接触器 KM4 线圈断线或主触头接触不良等。

12. 工作台不能快速进给

在主轴电动机启动后,工作台能按预定方向进给,表明进给电动机 M2 及主回路、进给控制电路、电磁离合器 YC2 等均处于正常工作状态。当按下快速进给按钮 SB3 或 SB4 时,接触器 KM2 通电吸合,电磁离合器 YC2 断电,YC3 通电,工作台应按预定方向快速移动。若不能快速移动,常见的故障原因是 SB3 或 SB4 接触不良,KM2 线圈断线或接线松脱,KM2 常开触头(105—111)接触不良,YC3 线圈损坏或机械卡死,离合器的动、静摩擦片间隙调整不当等。

如果按下 SB3 或 SB4 时,KM2 吸合正常,则可断定故障发生在离合器 YC3 本身及其供电线路上,可用多用表测量线圈电阻、供电电压等是否正常,从而确定故障点。

13. 进给变速时,进给电动机无变速冲动作用

为使进给变速后齿轮能顺利啮合,专门设置了一个变速冲动开关 SQ2。当调到所需的进给速度后,将蘑菇形手柄继续向外拉到极限位置,随即推回原位。就在手柄拉到极限位置的瞬间,SQ2 被压动,其动作次序应该是:常闭触头 SQ2-1 先断开,常开触头 SQ2-2 后合上;紧接着常开触头 SQ2-2 先断开,常闭触头 SQ2-1 后合上,使接触器 KM3 线圈瞬间得电,进

给电动机 M2 实现冲动。冲动失灵的原因通常是 SQ2 位置不正确或固定螺丝松动,致使手柄外拉时压不到。可在断电后慢慢操作,观察其位置能否满足上述过程。如不满足,则适当调整其位置。此外,SQ2-2 接触不良或接线松脱,某个进给手柄不在零位,圆工作台控制开关 SA2 处于"接通"位,都会使变速冲动不能正常进行。

14. 工作台向左运动到极限位置,进给电动机不停车

工作台向各个方向的运动都设有限位保护。在工作台向左运动到极限位置时,挡块将纵向操纵手柄碰回零位,行程开关 SQ6 复位,接触器 KM4 断电释放,进给电动机 M2 断电,进给运动自动停止。如果此时进给电动机停不下来,常见的故障原因是接触器 KM4 的主触头熔焊,无法切断进给电动机的电源。由于工作台的向上、向后运动也是由 KM4 控制的,故也会出现同样的故障。必须注意的是,KM4 主触头熔焊,还会导致工作台的向右、向下、向前运动不能进行。

15. 圆工作台控制开关扳到"接通"位,圆工作台不回转

将圆工作台控制开关 SA2 扳到"接通"位时,SA2-1、SA2-3 断开,SA2-2 接通,接触器 KM3 经 13→15→17→19→29→27→23→25 路径得电吸合;进给电动机 M2 正转,带动圆工作台做回转运动。如果圆工作台转不起来,常见的故障原因是 SA2-2 接触不良或接线松脱。此外,还要注意工作台的各个进给手柄是否都在零位,以及行程开关 SQ2-1、SQ3-2、SQ4-2、SQ5-2、SQ6-2 这些常闭触点是否接触良好。

16. 全部电动机都不能启动

显然,这是所有电动机的公用电源出现故障所致。

本铣床电路有几组熔断器,其中 FU1、FU4 中任何一组熔断器熔断,都将造成全部电动机不能启动。检查熔断器时必须仔细,RL1 型熔断器有熔断指示,有时指示器弹簧卡死跳不出来,可用手指弹一下来鉴别是否熔断。用试电笔检查,有时因布线电容或回路有电,给人以错觉,最好用多用表或串联灯泡检查。若发现熔断器熔断,应找现场操作人员了解设备运行情况,并检查设备有无异常现象。若无异常,应考虑熔断器是否合适。更换合适的熔断器后,再通电试验,若熔断器再次熔断,则应怀疑电路有短路或绝缘击穿。若仅 FU4 熔断,则故障发生在控制线路的电器元件中,可用多用表或兆欧表分段测量。例如,挑开 FR3 常闭触点,将控制线路分成两部分测量,再拆开一些线路进行检查,可逐步缩小故障范围。

如果是 FU1 熔断,则要分别对熔断器 FU2、FU4、FU5 进行检查,哪个熔断器熔断了,短路故障点就发生在所在电路中。此外,变压器 TC1、TC2、TC3 的绕组绝缘损坏,导致电源短路,也会使 FU1 熔断,造成全部电动机不能启动。

考 核 试 题

1. 故障名称

2. 故障分析

3. 实际故障点

4. 评分标准（评分标准由指导教师填写）

评分标准见表 7-4。

表 7-4 评分标准

项目内容	配分	考核内容	评分标准	扣分	得分
主要项目	10 分	故障原因分析	指出故障范围不确切,扣 4 分		
			不会分析,指不出故障范围,扣 10 分		
	10 分	检查判断故障	检查步骤不正确,扣 4 分		
			检查方法不正确,扣 4 分		
			没有找到故障准确点,扣 4 分		
一般项目	5 分	仪表与工具的使用	仪表与工具的使用方法不正确,扣 5 分		
	5 分	回答问题	回答不正确,扣 3 分		
			不能回答问题,扣 5 分		
规定时间	60min	每超时 5min,扣 5 分			
备注	各项最高扣分不得超过配分			总得分	

第8章 PLC应用技术

8.1 可编程控制器简介

1. PLC 的主要结构

PLC 由中央处理器(CPU)、存储器、输入/输出单元、编程器及电源组成,如图 8-1 所示。

（1）中央处理器 CPU

CPU 是 PLC 的核心部分,它负责指挥与协调 PLC 工作。CPU 是指中央控制单元,一般由控制器、运算器和寄存器等组成,制作在集成芯片上。

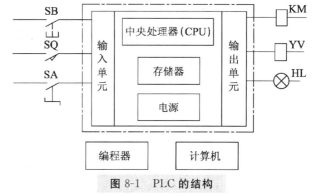

图 8-1 PLC 的结构

CPU 的主要功能是:

● 处理与运行用户程序;

● 连续监控 PLC 工作;

● 逻辑判断输入/输出的全部信号状态;

● 按需使各个状态变化决定输出部分。

（2）存储器

存储器是具有记忆功能的半导体电路,用来存储系统程序(系统存储器)和用户程序(用户存储器)等。

● 系统存储器。存储系统管理和监控程序。它由生产厂家提供,用户只能读出信息,不能写入信息。其中的监控程序用于管理 PLC 的运行,编译程序用于将用户程序翻译成机器语言,诊断程序用于确定 PLC 的故障内容。

● 用户存储器。用来存放编程器(PRG)输入的程序,即用户编制的程序,或者存放 PC 编程软件设计的用户程序。

（3）输入/输出(I/O)单元

输入/输出单元是 PLC 与现场外围设备相连接的组件。用户送入 PLC 的各种开关量、模拟量信号,通过输入单元的光电隔离器件,将各种信号转换成微处理器能够接受的电平信号。输出单元将微处理器送出的信号转换成现场需要的信号,最后驱动继电器、接触器、电磁阀等执行元件。

(4) 编程器

编程器的主要功能是用于用户程序的编制、编辑、修改、调试和监视。用户程序通过它才能输入 PLC，实现人机对话。

简易编程器由功能键、数字键和编辑键组成控制部分，由发光二极管与数码管组成显示部分。

(5) 计算机

通过相应的编程软件对用户程序进行设计、编制并下载输入 PLC，可以在线编辑、修改、调试和监视，实现人机对话。

(6) 电源

电源将工业交流电转换成直流电，供 PLC 各单元工作，一般均用开关电源。

2．PLC 的工作原理

(1) PLC 的等效电路

PLC 的等效电路可分成三部分：输入部分、逻辑部分及输出部分。

● 输入部分：收集来自现场的各种开关量信号(例如，SB,SQ,SA,…)和数据信号（数字）。

● 逻辑部分：对输入信息进行逻辑运算处理，判断需要输出哪些信号，并将结果输送给输出继电器。

● 输出部分：把微处理器的内部电路信号转换为输出继电器上常开触点的通断或功率器件的驱动信号。

(2) 可编程序控制器的工作方式

可编程序控制器采用循环扫描的方式周期性地进行工作，每一周期可分为三个阶段：

● 输入采样阶段。这个阶段中，PLC 扫描各输入端的状态，并写入输入状态寄存器内。

● 程序执行阶段。PLC 对用户程序进行扫描，从第一条程序开始，再按递增号逐条扫描，直至 END 指令。然后根据输入端和输出端的状态与用户程序进行逻辑运算，最后把运算结果写入输出寄存器状态表。

● 输出刷新阶段。把输出状态表的状态转存到输出锁存电路，再去驱动输出继电器线圈，输出控制信号。

8.2 三菱 FX 系列可编程控制器简介

8.2.1 三菱 FX2N 系列 PLC 的构成

1．PLC 型号标注

FX2N-□□ □ □ - □
　　　　① ② ③ ④

① 输入/输出总点数。

② 表示单元类型(M－基本单元，E－输入/输出混合扩展单元及扩展模块，EX－输入专用扩展模块，EY－输出专用扩展模块)。

③ 输出形式(R－继电器输出，T－晶体管输出，S－双向晶闸管输出)。

④ 特殊类型。

2. 基本单元面板的结构

三菱 PLC 面板的结构如图 8-2 所示。

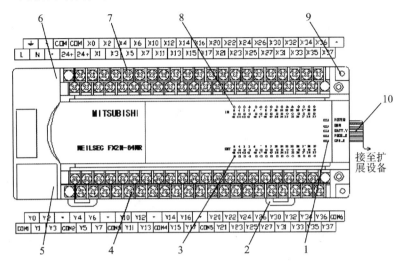

1—动作指示灯；2—安装导轨卡子；3—输出指示灯；4—输出端子；5—外设端口；
6—面板盖；7—电源及输入端子等；8—输入指示灯；9—安装孔；10—扩展插孔。

图 8-2 三菱 PLC 面板的结构

● 电源输入端子。

电源输入端子用来接入电源。AC 电源型的主机，其电源电压为 AC 100～240V；DC 电源型的主机，其电源电压为 DC 24V。

● 保护接地端子。

为了防止触电，保护接地端子务必接地。它可和功能接地端子连在一起接地，但不可与其他设备接地线或建筑物金属结构连在一起，接地电阻应小于等于 100Ω。

● 输出 DC 24V 电源端子。

DC 24V 电源端子（仅 AC 电源型）对外部提供 DC 24V 电源。可作为输入设备或现场传感器的服务电源。

● 输入端子。输入端子用于连接输入设备。
● 输出端子。输出端子用于连接输出设备。
● 工作状态显示 LED。主机面板的中部有 5 个工作状态显示 LED。
  ◇ POWER（绿）：电源的接通或断开指示。电源接通时亮，电源断开时灭。
  ◇ RUN（绿）：PLC 的工作状态指示。PLC 处在运行或监控状态时亮，处在编程状态或运行异常时灭。
  ◇ BATT.V：电池电压下降指示。
  ◇ PROG.E：警告性错误指示。PLC 出现警告性错误时，LED 闪烁，但 PLC 继续执行程序；运行正常时该 LED 灭。
  ◇ CUP.E：CUP 出错指示。
● 输入/输出点显示 LED。

每个输入点都对应一个 LED，当某个输入点的 LED 亮时，表示该点的状态为 ON。每个输出点都对应一个 LED,当某个输出点的 LED 亮时,表示该点的状态为 ON。I/O 点的 LED 指示为调试程序、检查运行状态提供了方便。

● 外设端口。

通过外设端口可以连接编程器等外部设备,也可以通过 RS-232C 或 RS-422 通信适配器连接其他 PLC 或上位计算机以构成网络。

8.2.2　FX2N 系列 PLC 内部元器件及格式

1. 元器件分类及编号

(1) 输入继电器 X0～X177(八进制)

输入继电器共 128 点。由于 PLC 投入运行后只在输入采样阶段才依次读入各输入状态和数据,在输出刷新阶段才将输出的状态和数据送到相应的外设,因而需要有一定数量的读/写存储单元(RAM)以供存放 I/O 的状态和数据,这些存储单元被称为 I/O 映像区。

输入继电器 X0～X177 是一种位元件(状态量),每个输入状态与开关量 I/O 映像区中 8 个 16 位寄存器的每一位的位状态相对应。专用于接收和存储外部开关量信号,能提供无数对常开、常闭触点用于内部编程。每个输入继电器线圈通过输入接口与一个输入端子相连。

输入继电器有两个特点:其一,状态只能由外部信号驱动,无法用程序驱动,因此在梯形图中只见其接点,不会出现其线圈符号;其二,输入继电器接点只能用于内部编程,无法驱动外部负载,其输入响应时间为 10ms。

(2) 输出继电器 Y0～Y177(八进制)

输出继电器共 128 点。它也是位元件,其输出状态与 I/O 映像区中 8 个 16 位寄存器每一位的位状态相对应。输出继电器有两个作用:一是能提供无数对常开、常闭触点用于内部编程;二是能提供一对常开触点驱动外部负载,其输出响应时间为 10ms。输出继电器状态只能程序驱动,外部信号无法直接改变其状态。

(3) 辅助继电器 M0～M1023,M8000～M8255(十进制)

辅助继电器共 1280 点。它是一种位元件,每个辅助继电器状态与系统 RAM 的软器件存储区中 80 个 16 位寄存器的每一位的位状态相对应。其作用相当于继电器控制系统的中间继电器,用于信号中继、中间量寄存、建立标志等,并能提供无数对常开、常闭触点用于内部编程。和输出继电器一样,其状态只能由程序驱动,不能驱动外部负载。

上述 1280 个辅助继电器可分为三种类型:

● 普通型 M0～M499,共 500 点。其特点是一旦 PLC 停止运行或失电,其状态无法保持,一律呈断开状态。

● 保持型 M500～M1023,共 524 点。在锂电池支持下能实现失电保持功能,一旦失电或 PLC 停止运行能保持该瞬间特有状态。

● 特殊用途型 M8000～M8255,共 256 点。这 256 个辅助继电器可分为两类:

◇ 一类特殊型 M 的通断状态由系统程序驱动,在编制用户程序时,只能调用其接点状态,不得使用其逻辑线圈。例如,M8000 在 PLC 投入运行时立即自动接通,可用于 PLC 运行显示;M8002 仅在程序运行的第一个周期产生一个脉冲输出,用于初始化处理;M8012 用于产生 100ms 时钟脉冲;M8030 在锂电池电压低于一定值时动作,可用于锂电池更换提示等。

◇ 另一类特殊型 M 的通断状态由用户程序驱动,当其线圈被接通时,由其接点动作来实现某一特殊功能。例如,在满足一定条件下,当 PLC 停止运行时 M8033 可使输出状态保持不变;当发生某些情况如电源故障、压力或温度过高等时,M8034 可使 PLC 输出全部禁止。

(4) 状态器 S0~S999(十进制)

状态器共 1000 点。状态器是 SFC 编程语言的专用编程器件,用于步进指令和顺序控制。它提供无数对常开、常闭触点用于内部编程,当不用于步进指令时也可当作一般辅助继电器来使用。它也是一种位元件,只能由程序驱动。

上述 1000 个状态器可分为 5 种类型:
- 初始状态器 S0~S9,共 10 点。
- 回零状态器 S10~S19,共 10 点。
- 普通状态器 S20~S499,共 480 点。
- 保持状态器 S500~S899,共 400 点。
- 故障诊断和报警状态器 S900~S999,共 100 点(具有失电保持功能)。

(5) 常数 K/H

常数也作为一种软器件处理,而且是一种字元件,因为无论是在程序中还是在 PLC 内部存储器中,它都占有一定的存储空间。十进制常数用 K 表示,如常数 345 表示成 K345;十六进制常数用 H 表示,如常数 345 表示成 H159。

(6) 定时器 T0~T255(十进制)

定时器共 256 点。PLC 中定时器的作用相当于继电器控制系统中的时间继电器,用于定时控制,它是一种字元件,又具位控作用。上述 256 个定时器可分为两种类型。

- 普通型定时器 T0~T245,又称为非积算型定时器。它的当前值寄存器采用普通型 16 位数据寄存器,一旦定时器停止工作,当前值寄存器清零。根据计时分辨率不同,普通型定时器又分为两种:

   ◇ T0~T199,共 200 点,计时分辨率为 100ms,计时时间设定范围为 0.1~3276.7s。
   ◇ T200~T245,共 46 点,计时分辨率为 10ms,计时时间设定范围为 0.01~327.67s。

- 保持型定时器 T246~T255,又称为积算型定时器。其当前值寄存器采用保持型 16 位数据寄存器。当定时器计时条件满足时,计时位置为"1",定时器开始计时,若未达到设定计时值前定时器停止工作,其当前值能保持,在该定时器再次恢复工作时,当前值寄存器在原有数值基础上累积计时。根据计时分辨率,保持型定时器也可分为两种:

   ◇ T246~T249,共 4 点。计时分辨率为 1ms,计时时间设定范围为 0.001~32.767s。
   ◇ T250~T255,共 6 点。计时分辨率为 100ms,计时时间设定范围为 0.1~3276.7s。

在程序设计中,使用定时器时应注意其定时时间设定范围,计时分辨率不同,其定时时间范围也不同。同时注意在定时器输出线圈后紧跟设定值 K。K 值等于定时时间值(单位为 s)除以该定时器的计时分辨率。

(7) 计数器 C0~C255(十进制)

计数器共 256 点。计数器主要用于计数控制。上述 256 个计数器可分为两大类:

- 内部信号计数器。在执行扫描操作时,对内部软器件(X、Y、M、S、T、C)的位信号(通/断)进行计数的计数器。为保证计数准确,要求位信号的接通与断开时间要大于一个扫

描周期。这类计数器有 C0～C234 共 235 点,有四种不同类型:
◇ C0～C99 为普通型 16 位加计数器,共 100 点。
◇ C100～C199 为保持型 16 位加计数器,共 100 点。

这两种计数器设定值都在 K1～K32767 范围内,其中 K0 与 K1 含义相同,即在第一次计数时,其输出接点动作。

计数器与定时器的设定值除了可用常数 K 设定外,(在规定设定范围内)也可间接通过指定数据寄存器来设定,其设定值可超出规定范围。例如,将一个大于规定最大设定值的数用 MOV 指令送入指定数据寄存器,当计数或计时输入达到指定数据寄存器的设定值时,逻辑线圈置位,产生输出。

◇ C200～C219 为普通型 32 位双向(加/减)计数器,共 20 点。
◇ C220～C234 为保持型 32 位双向计数器,共 15 点。

以上 35 个计数器计数值设定范围为 $-2147483648～+2147483647$。计数值也有两种设定方法:
◇ 直接设定:用常数 K 在上述设定范围内任意设定。
◇ 间接设定:指定某两个地址号紧连在一起的数据寄存器 D 的内容为设定值。

32 位计数器又可当作 32 位数据寄存器使用,但不能用于 16 位指令中的操作元件。

● 外部信号高速计数器 C235～C255,共 21 点。

由于内部信号计数器的计数频率不高(与程序扫描周期的长短相关,一般为几十到几百赫),因此 FX2N 系列 PLC 内部配置 21 个外部信号高速计数器,其最高计数频率可达 10kHz。外部计数信号由高速输入端口 X0～X5 输入。每个输入端子只能接受一个信号,因此同时只能最多使用 6 个高速计数器。其输入响应时间可通过程序设定(最小 $5\mu s$)。以上 21 个高速计数器可分为四种类型:

◇ 无启动与复位输入的单相高速计数器 C235～C240,共 6 点。
◇ 具有启动与复位输入的单相高速计数器 C241～C245,共 5 点。
◇ 双向计数高速计数器 C246～C250,共 5 点。
◇ A～B 相高速计数器 C251～C256,共 5 点。

(8) 数据寄存器 D0～D2999、D8000～D8255

数据寄存器共 3256 点。数据寄存器是一种字元件,用以存储各种数据,每个数据寄存器在系统 RAM 区中占用一个存储单元(16 位),也可用两个地址相邻的字元件串联使用,构成 32 位数据寄存器。

以上 3256 个数据寄存器可分为以下四种类型:

● 普通型数据寄存器 D0～D199,共 200 点。它无失电保持功能。但在特殊辅助继电器 M8033 置 1 情况下,PLC 停止运行时能保持其中数据。

● 保持型数据寄存器 D200～D999,共 800 点。它具有失电保持功能。无论电源是否接通或 PLC 运行与否,其储存内容不会改变。

● 文件寄存器 D1000～D2999,共 2000 点。它占用用户程序 RAM 区,用以存放用户专用数据以生成用户数据区。例如,存放采集数据、统计计算数据、多组控制数据(如多种原料配方)等。以 500 点为一组,可用编程器进行数据的设置或修改,也可用编程软件进行读、写操作。在 PLC 运行中,不能改写其内容,但可用 BMOV 指令将其内容送到指定的普通数据寄存器中。

● 特殊用途数据寄存器 D8000～8255,共 256 点。这些数据寄存器内的数据具有特定含义,在 PLC 运行中有专用用途。与特殊用途辅助继电器类似,它可分为以下两类:

◇ 一类特殊用途数据寄存器的内容由系统程序写入,用户只能视作源操作数使用,只能读取,不能改写。例如,D8061～D8067 在 PLC 运行中用于存放出错代码,供用户读取,以了解 PLC 的故障原因。

◇ 另一类特殊用途数据寄存器的内容由用户程序写入,在编制用户程序时,用户不得将它视作源操作数使用,只能视作目的操作数使用。例如,D8039 内数据表示恒定扫描周期长短,该值由用户程序写入(利用 MOV 指令),当 M8039 状态位为 1 时,PLC 就自动将该数据作为恒定扫描周期来扫描用户程序。

(9) 变址寄存器 V/Z

实际上它是一种 16 位特殊用途数据寄存器。用于用户程序采用变址寻址方式时存放地址修正量,V、Z 数据寄存器可以串联使用,以构成 32 位数据寄存器,V 为高 16 位,Z 为低 16 位。

(10) 地址指针寄存器 P/I

P 指针为分支用指针,I 指针为中断用指针。

● P0～P127,共 128 点。作为一种标号,用于跳转指令 CJ 或子程序调用指令 CALL 的跳转或调用的地址指针。

● I0～I8,共 9 点。用于中断服务子程序的地址指针。采用中断技术的用户程序,在开中断(EI 指令后 DI 指令前)期间,一旦中断响应就停止执行主程序,直至遇到 IRET 指令,再回到原主程序继续执行下去。FX2 系列 PLC 提供两类中断源:一类是外部请求信号的中断源,I0～I5,共 6 点,I0～I5 是这 6 个外部中断源的中断指针标号。中断请求信号由高速输入端 X0～X5 输入,并要求信号脉冲宽度大于 $200\mu s$,同时由 CPU 将 X0～X7 的输入滤波时间自动设置在 $50\mu s$。另一类是以一定时间间隔产生的内部中断信号的中断源。I6～I8,共 3 点,I6～I8 是这 3 个中断源的中断指针标号。

2. 功能指令的格式

(1) 功能指令的表示形式

功能指令的基本格式如图 8-3 所示。图中的前一部分表示指令的代码和助记符,后一部分(S)表示源操作数,当源操作数不止一个时,可以用(S1)、(S2)表示;(D)表示目的操作数,当目的操作数不止一个时,可以用(D1)、(D2)表示。

(2) 数据长度和指令类型

功能指令可以处理 16 位数据和 32 位数据。例如,图 8-3(b)为数据传送指令的使用,图中 MOV 为指令的助记符,表示数据传送功能指令,指令的代码是 12(用编程器编程时输入代码"12"而非"MOV"),功能指令中有符号(D)表示处理 32 位数据。处理 32 位数据时,用元件号相邻的两个元件组成元件对,元件对的首位地址用奇数、偶数均可以(建议元件对首位地址统一用偶数编号)。

(3) 指令类型

FX2 系列 PLC 的功能指令有连续执行型和脉冲执行型两种形式。

图 8-3(b)梯形图程序为连续执行方式。当 X000 和 X001 为 ON 状态时,图中的指令在每个扫描周期都被重新执行。

图 8-3(c)梯形图程序为脉冲执行方式。助记符后附的(P)符号表示脉冲执行。(P)和(D)可以重复使用,如(D)MOV(P)。图 8-3(c)中脉冲执行指令仅在 X001 由 OFF 转变为 ON 时有效。在不需要每个扫描周期都执行时,用脉冲方式可以缩短程序处理时间。

图 8-3(d)中的各触点接通时,常数 10 送到 V0,常数 20 送到 Z1,ADD(加法)指令完成运算(D5V0)+(D15Z1)→(D40Z1),即(D15)+(D35)→(D60)。

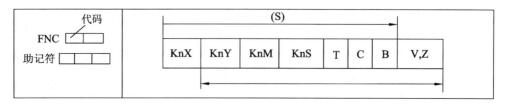

(a) 基本格式

(b) 数据传送指令的使用

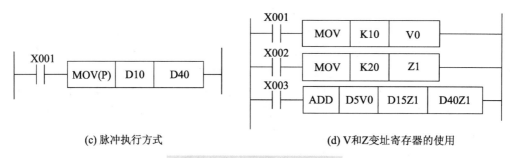

(c) 脉冲执行方式   (d) V 和 Z 变址寄存器的使用

图 8-3 功能指令的基本格式

3. 数据格式

(1) 位元件与位元件的组合

位(bit)元件用来表示开关量的状态,如常开触点的通、断,线圈的通电和断电,这两种状态分别用二进制数 1 和 0 来表示,或称为该编程元件处于 ON 或 OFF 状态。X、Y、M 和 S 为位元件。

(2) 指令的操作数

有些功能指令要求在助记符的后面提供 1～4 个操作数,这些操作数的形式如下:
- 位元件 X、Y、M 和 S。
- 常数 K、H 或指针 P。
- 字元件 T、C、D、V、Z(T、C 分别表示定时器和计数器的当前值寄存器)。
- 由位元件 X、Y、M 和 S 的位指定组成字元件。

其中,只处理 ON/OFF 状态的元件称为位元件,如 X、Y、M 和 S;处理数据的元件称为字元件,如 T、C 和 D 等。位元件也可以组成字元件进行数据处理,位元件组合由 Kn 加首元件号来表示。

FX 系列 PLC 用 KnP 的形式表示连续的位元件组,每组由 4 个连续的位元件组成,P 为位元件的首地址,n 为组数(n=1～8)。例如,K2M0 表示由 M0～M7 组成的两个位元件组,M0 为数据的最低位(首位)。16 位操作数时 n=1～4,n<4 时高位为 0;K4M10 表示由 M10 到 M25 组成的 16 位数据,M10 是最低位。32 位操作数时 n=1～8,n<8 时高位为 0。

建议在使用成组的位元件时,X 和 Y 的首地址的最低位为 0,如 X0、X10、Y20 等,对于 M 和 S,首地址可以采用能被 8 整除的数,也可以采用最低位为 0 的地址作首地址,如 M32、S50 等。

应用指令中的操作数可能取 K(十进制常数)、H(十六进制常数)、KnX、KnY、KnM、KnS、T、C、D、V 和 Z。

(3) 变址寄存器 V 和 Z

FX1S、FX1N 有两个变址寄存器 V 和 Z,FX2N 和 FX2NC 有 16 个变址寄存器 V0～V7 和 Z0～Z7。

在传送、比较指令中,变址寄存器 V、Z 用来修改操作对象的元件号,其操作方式与普通数据寄存器一样。在图 8-3(a)中的源操作数和目的操作数可以表示为(S·)和(D·),其中的[·]表示可以添加变址功能,称为变址寄存器。

对于 32 位指令,V 为高 16 位,Z 为低 16 位。32 位指令中 V、Z 自动组对使用。这时变址指令只需指定 Z,Z 就能代表 V 和 Z 的组合。在循环程序中常使用变址寄存器。

图 8-4 中的各触点接通时,常数 0 送到 V0,DADD(32 位加法)指令完成运算 (D1,D0)+(D3,D2)→(D41,D40)。

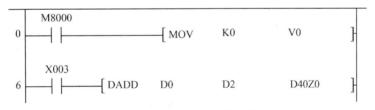

图 8-4 变址寄存器的使用

8.2.3 三菱 GX Works2 编程软件简介

1. 主要功能与系统配置

三菱于 2011 年之后推出编程软件 GX Works2,该软件有简单工程和结构工程两种编程方式,功能较强,在 Windows 操作系统中运行。它支持梯形图、指令表、SFC、ST、结构化梯形图等编程语言,集成了程序仿真软件 GX Simulator2;具备程序编辑、在线编辑、参数设定、网络设定、监控、仿真调试、在线更改、智能功能模块设置、打印等功能,适用于三菱 Q、FX 系列 PLC,可实现 PLC 与 HMI、运动控制器的数据共享。

(1) GX Works2 编程软件的主要功能

● 可用梯形图、指令表和 SFC(顺序功能图)符号来创建 PLC 的程序,可以给编程元件和程序块加上注释,可将程序存储为文件,或用打印机打印出来。

● 通过串行口通信,可将用户程序和数据寄存器中的值下载到 PLC,可以读出未设置口令的 PLC 中的用户程序，或检查计算机和 PLC 中的用户程序是否相同。

● 可实现各种监控和测试功能，如梯形图监控，元件监控，强制 ON/OFF，改变 T、C、D 的当前值等。

（2）软件使用的一般性问题

安装好软件后，在桌面上自动生成图标，用鼠标左键双击该图标，可打开编程软件。执行"文件"→"退出"菜单命令，将退出编程软件。

执行"文件"→"新建"菜单命令，可创建一个新的用户程序，在弹出的窗口中选择 PLC 的型号后单击"确定"按钮，如图 8-5 所示。

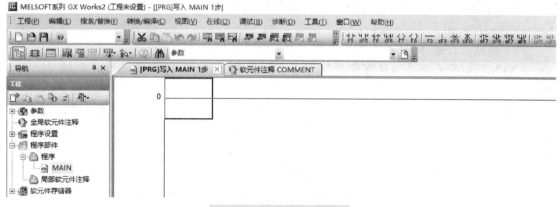

图 8-5　编程软件界面

"文件"菜单中的其他命令属于通用的 Windows 软件的操作，不再赘述。

2. 梯形图程序的生成与编辑

（1）一般性操作

按住鼠标左键并拖动鼠标，可在梯形图内选中同一块电路里的若干个元件，被选中的元件被蓝色的矩形覆盖。使用工具条中的图标或"编辑"菜单中的命令，可实现被选中的元件的剪切、复制和粘贴操作。用"删除"（或按【Delete】）键可将选中的元件删除。执行菜单命令"编辑"→"撤销键入"，可取消刚刚执行的命令或输入的数据，回到原来的状态。

使用"编辑"菜单中的"行删除"和"行插入"命令可删除一行或插入一行。

（2）放置元件

将光标（深蓝色矩形）放在欲放置元件的位置，用鼠标单击要放置的元件的图标工具栏中的"输入元件"图标，在文本框中输入元件号，定时器和计数器的元件号和设定值要隔开。可直接输出应用指令的指令助记符和指令中的参数，助记符和参数之间、参数和参数之间用空格分隔开。例如，输入应用指令"DMOV d0 d2"，如图 8-6 所示，表示在输入信号的上升沿，将 d0 和 d1 中的 32 位数据传送到 d2 和 d3 中去，单击"确定"按钮即可。

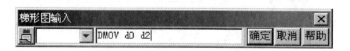

图 8-6　指令输出界面

（3）放置垂直线

放置梯形图中的垂直线 [sF9] 时,垂直线从矩形光标后一个图标左侧开始往下画,如图 8-7 所示。用 [cF10] 图标删除垂直线时,矩形光标应在欲删除的垂直线的右侧上端。

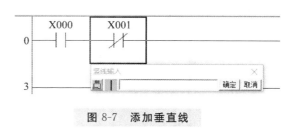

图 8-7 添加垂直线

用鼠标左键双击某个已存在的触点、线圈或应用指令,在弹出的"输入元件"对话框中可修改其元件号或参数。

（4）注释

① 设置软元件注释。

使用" [全局软元件注释] ",可给元件加上注释,注释可使用多行汉字,如"启动按钮",如图 8-8 所示。用类似的方法可以给线圈加上注释,线圈的注释在线圈的右侧,可以使用多行汉字。

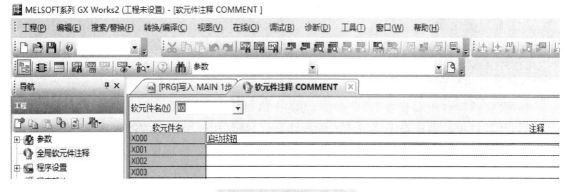

图 8-8 元件注释界面

② 设置梯形图注释的显示方式。

使用"显示"→"注释显示"菜单命令,可以显示元件名称、元件注释、线圈注释和程序块注释,以及元件注释和线圈注释每行的字符数和所占的行数,注释可放在元件的上面或下面。

（5）转换和清除程序

使用"变换"菜单命令,可检查程序是否有语法错误。若没有语法错误,梯形图被转换格式并存放在计算机内,同时图中的灰色区域变白。若有语法错误,将显示"梯形图错误"。如果在未完成转换的情况下关闭梯形图窗口,新创建的梯形图并未被保存。利用"工具"→"清除全部参数"菜单命令,可清除编程软件中当前所有的用户程序。

（6）检查程序

执行"工具"→"程序检查"菜单命令,在弹出的"程序检查"对话框中可选择要检查的项目,如图 8-9 所示。

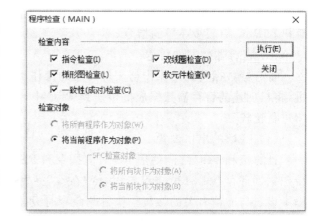

图 8-9 程序检查界面

语法检查主要检查命令代码及命令的格式是否正确,电路检查用来检查梯形图电路中的缺陷。双线圈检查用于显示同一编程元件被重复用于某些输出指令的情况,可设置被检查的指令。同一编程元件的线圈(对应于 OUT 指令)在梯形图中一般只允许出现一次。但是在不同时工作的 STL 电路块中,或在跳步条件相反的跳步区中,同一编程元件的线圈可以分别出现一次。对同一元件,一般允许多次使用上图中除 OUT 指令之外的其他输出类指令。

(7) 查找功能

执行"查找"/"替换"菜单命令,在弹出的对话框中可选择要查找的项目。

使用"软元件查找""指令查找""步号查找""触点线圈查找"命令,可查找到指令所在的电路块,单击"查找"窗口中的"向上"和"向下"按钮,可找到光标的上面或下面其他相同的查找对象。通过"查找"菜单中的"跳至标签"命令,还可以跳到指定的程序步。

3. PLC 的操作

对 PLC 进行操作之前,首先应使用编程通信转换接口电缆连接好计算机的 RS-232C 接口和 PLC 的 RS-422 编程器接口,并设置好计算机的通信端口参数。

(1) 端口的设置

执行"PLC"→"端口设置"菜单命令,可选择计算机与 PLC 通信的 RS-232C 串行口(COM1~COM4)和通信速率(9600bit/s 或 19200bit/s)。

(2) 文件的传送

使用"在线"→"PLC 读取"菜单命令,可将 PLC 中的程序传送到计算机中;执行完读取功能后,计算机中的顺控程序将被读入的程序替代,最好用一个新生成的程序来存放读入的程序。PLC 的实际型号与编程软件中设置的型号必须一致。传送中的"读、写"是相对于计算机而言的。

使用"在线"→"PLC 写入"菜单命令,可将计算机中的程序发送到 PLC 中,执行写入功能时,PLC 上的 RUN 开关应在"STOP"位置。如果使用了 RAM 或 EEPROM 存储器卡,其写保护开关应处于关断状态。在弹出的对话框中选择"范围设置",可减少写出程序的时间。

使用"在线"→"PLC 校验"菜单命令,可用来比较计算机和 PLC 中的顺控程序是否相符。如果两者不相符,将显示与 PLC 不相符的指令的步序号。选中某一步序号,可显示计算机和 PLC 中该步序号的指令。

(3) 寄存器数据的传送

寄存器数据传送的操作与文件传送的操作类似,用来将 PLC 中的寄存器数据读入计算机,将已创建的寄存器数据成批传送到 PLC 中,或将计算机中的寄存器数据与 PLC 中的数据进行比较。

(4) PLC 的串口设置

计算机和 PLC 之间使用 RS 通信指令和 RS-232C 通信适配器进行通信时,通信参数用特殊数据寄存器 D8120 来设置,执行"在线"→"传输设置"菜单命令时,在"传输设置"对话框中设置与通信有关的参数。执行此命令时设置的参数将传送到 PLC 的 D8120 中去。

(5) 开始监控

在梯形图方式下执行"在线"→"监视"菜单命令后,用蓝色表示触点或线圈接通,定时器、计数器和数据寄存器的当前值在元件号的上面显示。

8.2.4 指令系统简介

指令类型	指令名称	功能编号	指令助记符	操作元件			程序步(步)	指令功能
程序流向控制	条件跳步	00	CJ,CJ(P)	标号 P0～P63（P63 即 END)			16 位操作占用 3 步，标号 P××1	使程序转移到指针所标位置
	子程序调用	01	CALL CALL(P)	标号 P0～P62,嵌套 5 级				调用执行子程序
	子程序返回	02	SRET	无			16 位操作占用 1 步，(中断指针)1×××占 1 步	从子程序返回执行
	中断返回	03	IRET					从中间子程序返回运行
	开中断	04	EI					允许中断
	关中断	05	DI					禁止中断
	主程序结束	06	FEND					主程序结束
	警戒时钟刷新	07	WDF WDT(P)					警戒时钟刷新
	循环开始	08	FOR	[S・] KnM、KnS、T、C、D、K、H、KnX、KnY、V、Z			16 位操作占用 3 步，嵌套 5 级	循环开始
	循环结束	09	NEXT	无			16 位操作占用 1 步	循环结束
数据传送和比较	数据比较	10	CMP CMP(P) (D)CMP (D)CMP(P)	[S1・] [S2・] K、H、KnX、KnY、KnM、KnS、T、C、D、V、Z	[D・] Y,S,M,三个连续元件		16 位操作占用 7 步，32 位操作占用 13 步	将源[S1・]与[S2・]内数据进行比较，结果送到目标元件(三个连续元件)中，以判断两数大小是否相等
	数据区间比较	11	ZCP ZCP(P) (D)ZCP (D)ZCP(P)	[S1・] [S2・] [S3・] K、H、V、Z、KnX、KnY、KnM、KnS、T、C、D	[D・] Y,M,S,三个连续元件			将源[S3・]、数据区间[S1・]与[S2・]进行比较，结果送目标元件(三个连续元件)中

续表

指令类型	指令名称	功能编号	指令助记符	操作元件			程序步(步)	指令功能
数据传送和比较	数据传送	12	MOV MOV(P) (D)MOV (D)MOV(P)	[S·]		[D·]	16位操作占用5步, 32位操作占用9步	将源数据传送到指定目标
	移位传送	13	SMOV SMOV(P)	K、H、KnX、KnY、KnM、KnS、T、C、D、V、Z。(RAM)文件寄存器		KnY、KnM、KnS、T、C、D、V、Z。	16位操作占用11步	将源[S·]中的二进制数转换成BCD码,然后移位传送
	数据取反传送	14	CML CML(P) (D)CML (D)CML(P)				16位操作占用5步, 32位操作占用9步	将源数据逐位取反并传送到指定目标[D·]中
	数据块传送	15	BMOV BMOV(P)					将从源操作数指定元件开始的几个数据传送到指定目标
	多点数据	16	FMOV FMOV(P)	[S·] KnX、KnY、KnM、KnS、T、C、D、V、Z	[D·] KnY、KnM、KnS、T、C、D、V、Z	n K、H	16位操作占用7步	将源元件中的数据传送到从指定目标开始的几个元件中
	数据交换	17	XCH XCH(P) (D)XCH (D)XCH(P)	[D1·] [D2·] KnX、KnY、KnM、KnS、T、C、D、V、Z			16位操作占用5步, 32位操作占用9步	将数据在指定元件中交换
	BCD变换	18	BCD BCD(P) (D)BCD (D)BCD(P)	[S·] K、H、KnX、KnY、KnM、KnS、T、C、D、V、Z		[D·] KnY、KnM、KnS、T、C、D、V、Z	16位操作占用5步, 32位操作占用9步	将源元件中的二进制数转换成BCD码并传送到目标元件中
	BIN变换	19	BIN、BIN(P) (D)BIN (D)BIN(P)					将源元件中的BCD码转换成二进制数并传送到目标元件中

第8章 PLC应用技术

续表

指令类型	指令名称	功能编号	指令助记符	操作元件		程序步(步)	指令功能
算术运算和逻辑运算	加法	20	ADD ADD(P) (D)ADD (D)ADD(P)	[S1·][S2·] K、H、KnX、KnY、KnM、KnS、T、C、D、V、Z	[D·] KnY、KnM、KnS、T、C、D、V	16位操作占用7步, 32位操作占用13步	将指定源元件中的二进制数代数相加,结果存放到指定目标元件中
	减法	21	SUB SUB(P) (D)SUB (D)SUB(P)				指定元件[S1·]中的二进制数减去[S2·]中的数,差值送到指定目标元件中
	乘法	22	MUL MUL(P) (D)MUL (D)MUL(P)				将指定两个源元件中的16位或32位数相乘,结果送到目标元件中
	除法	23	DIV DIV(P) (D)DIV (D)DIV(P)				[S1·]为指定被除数,[S2·]为指定除数,商送到指定目标元件中,余数存入[D·]的下一个元件中
	加1	24	INC、INC(P) (D)INC (D)INC(P)	[D·] K、H、KnX、KnY、KnM、KnS、T、C、D、V、Z		16位操作占用3步, 32位操作占用5步	目标元件当前值1
	减1	25	(D)DEC (D)DEC(P)				目标元件当前值减1
	逻辑与	26	AND AND(P) (D)AND (D)AND(P)	[S1·][S2·] K、H、KnX、KnY、KnM、KnS、T、C、D、V、Z	[D·] KnY、KnM、KnS、T、C、D、V		源元件参数以位为单位作"与"运算,结果存入目标元件中
	逻辑或	27	WOR WOR(P) (D)OR (D)OR(P) WXOR WXOR(P)			16位操作占用7步, 32位操作占用13步	源元件参数以位为单位作"或"运算,结果存入目标元件中
	逻辑异或	28	(D)XOR (D)XOR(P)				两个源文件参数以位为单位作"异或"运算,结果存入目标元件中
	求补	29	NEG NEG(P) (D)NEG (D)NEG(P)	[D·] KnY、KnM、KnS、T、C、D、V、Z		16位操作占用3步, 32位操作占用5步	将指定操作元件[D·]中的数每位取反后再加1,结果存入同一元件(目标元件补码)中

续表

指令类型	指令名称	功能编号	指令助记符	操作元件		程序步(步)	指令功能
循环与移位	右循环	30	ROR ROR(P) (D)ROR (D)ROR(P)	[D·] KnY、KnM、KnS、T、C、D、V、Z。 移位量 n≤16(16位指令),n≤32(32位指令)	n K、H	16位操作占用5步,32位操作占用9步。 标志:M8022(进位)	使操作元件[D·]中数据循环右移n位
	左循环	31	ROL ROL(P) (D)ROL (D)ROL(P)				使操作元件[D·]中数据循环左移n位
	带进位右循环	32	RCR、RCR(P) (D)RCR (D)RCR(P)	[D·] KnX、KnY、KnM、KnS、T、C、D、V、Z	n K、H 移位量。K≤4,n≤16(16位);K≤8,n≤32(32位)	16位操作占用5步,32位操作占用9步。 标志:M8022(进位)	使操作元件[D·]中数据带进位一起右移n位
	带进位左循环	33	RCL、RCL(P) (D)RCL (D)RCL(P)				使操作元件[D·]中数据带进位一起左移n位
	位右移	34	SFTR SFTR(P)	[S·] X、Y、M、S	[D·] Y、M、S	n1、n2 K、H,n2≤n1≤1024	将源元件S为首址的n2位位元件状态存到长度为n1的位栈中,位栈右移n2位
	位左移	35	SFTL SFIL(P)				将源元件S为首址的1位位元件内容存到长度为n1的位栈中,位栈左移n2位
	字右移	36	WSFR WSFR(P)	[S·] KnX、KnY、KnM、KnS、T、C、D、V、Z	[D·] KnX、KnY、KnM、KnS、T、C、D	n1、n2 K、H,n2≤n1≤512。标志:8022进位	16位操作占用7步	将源元件S为首址的n2位字元件内容存到长度为n1的字栈中,字栈右移n2位
	字左移	37	WSFL WSFL(P)				将源元件S为首址的n2位字元件内容存到长度为n1的字栈中,字栈左移n2位
	FIFO写入	38	SFWR SFWR(P)	[S·] K、H、KnX、KnY、KnM、KnS、T、C、D、V、Z	[D·] KnY、KnM、KnS、T、C、D。标志:8022(进位)	16位操作占用7步	将源元件S的内容写到以目标元件D为首址的堆栈中(长度为n位)
	FIFO读出	39	SFRD SFRD(P)				将以源元件S为首址、长度为n位的堆栈内容读到目标元件D中

续表

指令类型	指令名称	功能编号	指令助记符	操作元件			程序步(步)	指令功能
数据处理	区间复位	40	ZRST ZRST(P)	[D1·] [D2·] Y、M、S、T、C、D。 D1号≤D2号			16位操作占用5步	将指定目标同一类型元件复位(数据元件当前值为0,位元件状态置OFF)
	解码	41	DECO DECO(P)	[S·] K、H、X、Y、M、S、T、C、D、V、Z	[D·] Y、M、S、T、C、D。 V、Z不操作	n D=Y、M、S N=1~8 D=T、C、D N=1~4	16位操作占用7步	将目标元件的某一位置"1",其他位置"0"。置"1"位位置由源数据S为首址的n位连续位元件或数值决定
	ON位总数	43	SUM SUM(P) (D)SUM (D)SUM(P)	[S·] KnX、KnY、KnM、KnS、T、C、D、V、Z	[D·] KnX、KnY、KnM、KnS、T、C、D、V、Z V、Z标志: M8020(0)		16位操作占用7步,32位操作占用9步	统计源数据置ON位的总和,结果存放到目标元件中
	ON位判别	44	BON BON(P) (D)BON (D)BON(P)	[S·] KnX、KnY、KnM、KnS、T、C、D、V、Z	[D·] Y、M、S	n K、H。 16位操作,n=0~15; 32位操作,n=0~31	16位操作占用7步,32位操作占用13步	判断源元件数第n位的状态,结果存放到目标元件中。n表示相对源元件首址的偏移量。例如,n=0,判断第1位;n=15,则判断第16位
	平均值	45	MEAN MEAN(P)	[S·] KnX、KnY、KnM、KnS、T、C、D、V、Z	[D·] KnX、KnY、KnM、KnS、T、C、D、V、Z	n K、H, N=1~64	16位操作占用7步	计算n个源数据的平均值,结果送到指定目标,余数略去
	报警器置位	46	ANS	[S·] T0~T199 (100ms单位)	[D·] S900~S999	n K、H, N=1~32767		启动定时器,时间到(n×100ms),指定目标状态元件置ON
	报警器复位	47	ANR ANR(P)	无			16位操作占用1步	将S900~S999之间被置为ON的报警器依次复位

续表

指令类型	指令名称	功能编号	指令助记符	操作元件				程序步(步)	指令功能
高速处理	刷新	50	REF REF(P)	[D·] 高低位为0的X、Y		n K、H8的倍数		16位操作占用5步	将以目标元件为首址的连续n个元件刷新(目标元件首址为10的倍数,n为8的倍数)
	修改数字滤波时间常数	51	IUKFT REFF(P)	n (0~60ms)				16位操作占用3步	刷新输入X0~X7,修改滤波时间常数(1ms→60ms)
	矩阵输入	52	MTR	[S·] 最低位为0的X	[D1·] 最低位为0的Y	[D2·] 最低位为0的Y、M、S	n 2~8	16位操作占用9步 标志:M8029(完成)	将连续排列的8点输入与n点输出组成8列xn行的输入矩阵,并把处理结果存放到以m为首址的矩阵表中
	高速计数置位	53	(D)HSCS	[S1·] KnX、KnY、KnM、KnS、T、C、D、V、Z	[S2·] C235~C255	[D·] Y、M、S		32位操作占用13步	将指定计数器当前值与源数据[S1·]相比较,若相等,则将目标元件[D·]置ON
	高速计数复位	54	(D)HSCR						将指定计数器的当前值与源数据[S1·]相比较,若相等,将目标元件[D·]置OFF
	高速计数区间比较	55	(D)HSZ	[S1·] KnX、KnY、KnM、KnS、T、C、D、V、Z。 [S·]取值为C235~C255	[S2·]	[D·] Y、M、S		16位操作占用17步	将指定计数器的当前值与指定数据区间比较,结果驱动以目标元件[D·]为首址的连续三个元件。其工作方式与ZCP(FNC11)指令相同
	速度检测	56	SPD	[S1·] X0~X5	[S2·] KnX、KnY、KnM、KnS、T、C、D、V、Z三个连续元件	[D·] T、C、D、V、Z		16位操作占用7步	在[S2·]设定的时间内(ms),对[S1·]输入脉冲计数,计数当前值存入D+1,终值存入D,当前计数剩余时间存入D+2

续表

指令类型	指令名称	功能编号	指令助记符	操作元件				程序步(步)	指令功能
高速处理	脉冲输出	57	PLSY (D)PLSY	[S1·]	[S2·]	[D·]		16位操作占用7步, 32位操作占用13步	将S2设定的脉冲数量,以S1设定的频率从目标元件D输出
	脉宽调制输出	58	PWM	KnX、KnY、KnM、KnS、C、D、V、Z		Y			将S2设定的脉冲周期(ms)、S1设定的脉冲度(ms)的脉冲序列,从目标元件输出
	置初始状态	60	IST	[S·] X、Y、M、S、8个连续元件	[D1·][D2·] S20~S899 D1<D2				自动设置STL指令的多种运行模式,如手动、自动等
	绝对值式凸轮控制	62	ABSD	[S1·] KnX、KnY、KnM、KnS、8个一组 T、C、D	[S2·] 两个连续计数器	[D·] Y、M、S,n个连续元件	n K、H、n≤64	16位操作占用9步	根据计数值输出一组波形
	增量凸轮顺控	63	INCD						根据S2、S2+1的当前值,顺序输出n个波形
	示教定时器	64	TTMR	[D·] D 两个连续元件		n K n=0~2		16位操作占用5步,	监视输入信号作用时间,将结果存放到数据寄存器
	特殊定时器	65	STMR	[S·] 90—T199 (100ms)	[D·] Y、M、S,4个连续元件	n K、H, n=1~32767		16位操作占用7步,	产生延时断开定时器、脉冲定时器、闪烁定时器
	交替输出	66	ALT、ALT(P)	[D·] Y、M、S				16位操作占用3步,	对输出元件状态取反
	斜波信号	67	RAMP	[S1·][S2·][D·] D 两个连续数据寄存器			n K、D, n=1~32767	16位操作占用9步	在两个数值之间按斜率产生数值
	旋转台控制	68	R07C	[S·]			m1 m2		把旋转工作台移动到指定位置

续表

指令类型	指令名称	功能编号	指令助记符	操作元件			程序步(步)	指令功能
外部 I/O 设备	十六键输入	71	HKY (D) HKY	X, 4个连续元件	Y, 4个连续元件	T、C、D、V、Z,32位操作,2个连续元件	Y、M、S 8个连续元件	16位操作占用9步, 32位操作占用17步	从16键键盘读入数据(0~9)或功能(A~F)
	字开关	72	DSW	X	Y	T、C、D、V、Z	K、H, n=1或2	16位操作占用9步	用来读入一个或两个4位数字开关的设置值
	七段解码	73	SEGD、SEGD(P)	[S·] K,H,KnX,KnY,KnM,KnS,T,C,D,V,Z,使用低四位	[D·] KnX,KnY,KnM,KnS,T,C,D,V,Z,高8位保持不变			16位操作占用5步, 32位操作占用5步	十六进制数被译为可驱动七段显示的格式
	带锁存七段显示	74	SEGL	[S·] K,H,KnX,KnY,KnM,KnS,T,C,D,V,Z	[D·] Y	n K、H。N=0~3,1组;N=4~7,2组		16位操作占用7步	写数到扫描式数字显示,每组4位,最大2组,用于控制1~2组,7段显示
	方向开关	75	ARWS	[S·] X,Y,M,S,4个连续元件	[D1·] T,C,D,V,Z,十六进制	[D2·] Y,8个连续元件	n K、H, n=0~3	16位操作占用9步	设立用户自定义(4键)数值输入面板

续表

指令类型	指令名称	功能编号	指令助记符	操作元件			程序步(步)	指令功能
外部 I/O 设备	ASCII 变换	76	ASC	[S·] 0～9,A～Z,a～z,一次仅转换8个字符		[D·] T、C、D,4个连续元件	16 位操作占用 7 步	将字母、数字转换成相应的ASCII码
	打印	77	PR	[S·]		[D·]	16 位操作占用 5 步	将 ASCII 数据输出到显示单元
	读特殊功能模块	78	FROM FROM(P) (D)FROM (D)FROM(P)	m1 K,H, 取值为 0～7	m2 K,H, 取值为 0～31	[·D] KnX、KnY、KnM、KnS、T、C、D、V、Z	n K,H,1～32(16位操作),1～16(32位操作)	16 位操作占用 9 步,32 位操作占用 17 步	读特殊功能模块数据缓冲区中的数据
	写特殊功能模块	79	TO、TO(P) (D)TO (D)TO(P)						将数据写到特殊功能模块的数据缓冲存储区
外部设备	并联运行	81	PRUN PRUN(P) (D)PRUN (D)PRUN(P)	[S·] KnX、KnM N=1～8,位元件首址为 10 倍数		[D·] KnY、KnM	16 位操作占用 5 步,32 位操作占用 9 步	控制并联运行适配器
	读变量	85	VRRD VRRD(P)	[S·] K、H, 取值为 0～7		[D·] KnX、KnY、KnM、KnS、T、C、D、V、Z	16 位操作占用 5 步	读 FX-8AV 的 8 个输入中某一个模拟量, 读 FX-8AV 变量刻度值
	读变量刻度	86	VRSC VRSC(P)					
外接 F2 设备	NET/MINI 网	90	MNET MNET(P)	[S·] X 8 个连续元件		[D·] Y	16 位操作占用 5 步	用于 FX2 系列 PC 与 P-16NP/NT 通信(位状态标志通信)
	模拟量输入	91	ANRD ANRD(P)	[S·] X 8 个连续元件	[D1·] Y	[D2·] KnX、KnY、KnM、KnS、T、C、D、V、Z	n K,H,N=10～13	16 位操作占用 9 步	从 F2-6A 的输入通道 n 读入模拟量并存放到目标元件 m 中(与 FX2-24EI 一起使用)

续表

指令类型	指令名称	功能编号	指令助记符	操作元件				程序步(步)	指令功能
				[S1·]	[D1·]	[D2·]	n		
外接 F2 设备	模拟量输出	92	ANWR ANWR(P)	K—Y、K—M、K—S、T、C、D、V、Z	X	Y	K、H,0 或 1	16 位操作占用 7 步,32 位操作占用 13 步	将存放在 S1 中的模拟输出量写到 F2-6A 的通道 n（n=1 通道或 0 通道）中
				[S1·]	[D1·]	[D2·]	n		
	RM 单元启动	93	RMST	X 连续 8 个元件	Y	Y,M,S	K、H,0 或 1		启动运行 F2-32RM,并监视它的运行状态
				[S1·]	[S2·]	[D·]			
	RM 单元写	94	RMWR RMWR(P) (D)RMWR (D)RMWR(P)	Y,M,S	X 8 个连续元件	Y			将禁止输出信号写到 F2-32RM 可编程 CAM 开关中（与 FX2-24EI 一起使用）
				[S·]	[D1·]	[D2·]			
	RM 单元读	95	RMRD RMRD(P) (D)RMRD (D)RMRD(P)	X 8 个连续元件	Y	Y,M,S。16 位操作,16 个连续元件;32 位操作,32 个连续元件		16 位操作占用 7 步,32 位操作占用 13 步	将 F2-32RM 的 ON/OFF 状态读入 FX2 系列 FC（与 FX2-24EI 一起使用）

8.3 西门子 S7-200 系列可编程控制器简介

8.3.1 S7-200 系列 PLC 的构成及其性能

1. 基本结构

S7-200 系列 PLC 的用户程序中包括了位逻辑、计数器、定时器、复杂数学运算以及与其他智能模块通信等指令内容，使其能够监测输入状态，并可根据用户程序要求改变输出状态，以达到控制目的。

S7-200 系列 PLC 将一个微处理器、一个集成电源和一定数量的数字量 I/O 点集成在一起，组成了一个功能强大的微型 PLC，如图 8-10 所示。装入程序后，PLC 就可以按照逻辑关系监控 I/O 设备，实现用户应用要求了。

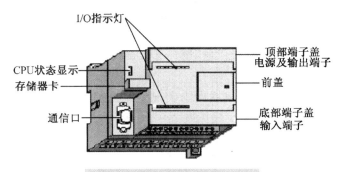

图 8-10　S7-200 PLC 结构图

2. 面板端子介绍

（1）I/O 指示灯

本机的每一个 I/O 都对应着一个 LED。正常状态下，当输入回路闭合时，输入 LED 亮；输出回路闭合时，输出 LED 亮。可以通过观察指示灯的亮灭，初步判断 I/O 环节的好坏，为故障诊断和程序调试提供了极大的方便。

（2）CPU 状态显示指示灯

状态指示灯表明了 PLC 所处的状态。

① STOP：停止指示灯。

② RUN：运行指示灯。

③ LF：报警指示灯。

（3）可选存储器卡插槽

S7-200 系列 PLC 提供了多种可选卡，用户可以按配置需求进行更换。可选卡的种类有：EEPROM 卡、时钟卡、电池卡、程序卡等。有些机型含有内置时钟，不需要时钟卡。

（4）通信口

不同型号的 PLC 可以提供 1～2 个通信口，它可以用来进行 PC 到 PLC 或 PLC 到 PLC 之间的通信，或者组成网络运行。用户还可以在自由模式下自己控制通信的过程。

（5）接线端子

不同型号的 PLC 本机带有的 I/O 接线端子的数量是不同的。需要注意的是，在 PLC 中同样使用了多功能端子的方法。即一个物理端子可以通过软件的不同编程配置担当不同的功能，如中断功能、高速脉冲、立即 I/O、高速计数等。这里可以充分看出本机带有 I/O 端子的优越性。具体使用时需查阅使用手册，分清接线端子的 I/O 类型，根据类型特点进行连线，同时要注意接地问题，对于分组隔离的要连好公共接地点。

大多数型号的 PLC 都采用了可插拔的接线端子，为现场安装和故障检修提供了极大的方便。

（6）前盖

打开前盖后，里面有如下组成：

① 模式选择开关。可以手动指定 PLC 处于运行或停止状态。

② 模拟电位器。可通过旋转电位器更改存储器 SMB28（电位器 1）或 SMB29（电位器 2）中的值，进而达到干预程序运行的目的。

③ I/O 扩展端口。I/O 扩展端口是一个总线扩展端口，可通过电缆线与扩展模块直接

相连。

(7) 电源

一般 PLC 可以采用交流或直流供电,用户可以查阅产品目录进行选择。

3. 性能指标

S7-226 既可以单机运行,也可以联网来实现复杂控制。其配置是 24 个数字量输入和 16 个数字量输出,还可以根据实际情况扩展 2~7 个模块,最多可达 128 个输入和 128 个输出。此外,S7-226 还可以扩展模拟量等智能模块。

S7-226 性能指标如下:

- 外形尺寸(长×宽×高)196mm×80mm×62mm。
- 质量:660g。
- 功耗:17W。
- 本机 I/O:24/16 个。
- 高速计数器:6 个。
- 单相计数器:6 个,30kHz 时钟速率。
- 脉冲输出:2 个,20kHz 脉冲速率。
- 模拟电位器:2 个,8 位分辨率。
- 时间中断:2 个,分辨率为 1ms。
- 可选择的输入滤波器时间:7 个,范围为 0.2~12.8ms。
- 脉冲捕捉:14 个。
- 内置时钟精度:25℃时 2 分钟/月。
- 程序空间:4096 字。
- 数据块空间:2560 字。
- 最大扩展模块数量:7 个。
- 最大数字量 I/O:128/128 个。
- 最大模拟量 I/O:32/32 个。
- 内部存储器位:256 位。
- 定时器总数:256(其中,时基是 1ms 的 4 个,10ms 的 16 个,100ms 的 236 个。总共有 64 个可掉电保持的定时器)。
- 计数器:256 个。
- 通信端口:2 个。
- 最大电缆长度:1200m。
- +5V 扩展可提供的 I/O 模块电源的最大容量为 1000mA。
- 24V(DC)传感器电源输出:电压 20.4~28.8V(DC),电流 400mA。
- 允许最大输入电压:30V(DC)。
- 逻辑 1 信号(最小):15V(DC)/2.5mA。
- 逻辑 0 信号(最大):5V(DC)/1mA。
- 允许输出的电压范围:5~30V(DC)、5~250V(AC)。
- 逻辑 1 信号电流:2.00A。

由此可知,输出开关有延迟,触点动作有寿命,电缆长度有限制。具体的数值可查阅所选用 PLC 的说明书。

8.3.2 I/O 通道及内部继电器定义号分配

PLC 的存储器分为程序区、系统区、数据区。

程序区用于存放用户程序，存储器为 EEPROM。

系统区用于存放有关 PLC 配置结构的参数，如 PLC 主机及扩展模块的 I/O 配置和编址配置 PLC 站地址，设置保护口令、停电记忆保持区、软件滤波功能等，存储器为 EEPROM。

数据区是 S7-200 CPU 提供的存储器的特定区域。它包括输入映像寄存器(I)、输出映像寄存器(Q)、变量存储器(V)、内部标志位存储器(M)、顺序控制继电器存储器(S)、特殊标志位存储器(SM)、局部存储器(L)、定时器存储器(T)、计数器存储器(C)、模拟量输入映像寄存器(AI)、模拟量输出映像寄存器(AQ)、累加器(AC)、高速计数器(HC)。数据区空间是用户程序执行过程中的内部工作区域。数据区使 CPU 运行更快、更有效。存储器为 EEPROM 和 RAM。

用户对程序区、系统区和部分数据区进行编辑，编辑后写入 PLC 的 EEPROM、RAM，为 EEPROM 存储器提供备份存储区，用于 PLC 运行时动态使用。RAM 由大容量电容作停电保持。

1. 数据区存储器的地址表示格式

存储器由许多存储单元组成，每个存储单元都有唯一的地址，可以依据存储器地址存取数据。数据区存储器地址的表示格式有位、字节、字、双字地址格式。

（1）位地址格式

数据区存储器区域的某一位的地址格式由存储器区域标识符、字节地址及位号构成。

（2）字节、字、双字地址格式

数据区存储器区域的字节、字、双字地址格式由区域标识符、数据长度以及该字节、字或双字的起始字节地址构成。

（3）其他地址格式

数据区存储器区域中，还包括定时器存储器(T)、计数器存储器(C)、累加器(AC)、高速计数器(HC)等。它们的地址格式为区域标识符和元件号。例如，T24 表示某定时器的地址，T 是定时器的区域标识符，24 是定时器号。

2. 数据区存储器区域

（1）输入/输出映像寄存器(I/Q)

① 输入映像寄存器(I)。

PLC 的输入端子是从外部接收输入信号的窗口。每一个输入端子与输入映像寄存器(I)的相应位相对应。输入点的状态，在每次扫描周期开始(或结束)时进行采样，并将采样值存于输入映像寄存器，作为程序处理时输入点状态的依据。输入映像寄存器的状态只能由外部输入信号驱动，不能在内部由程序指令来改变。输入映像寄存器(I)的地址格式如下：

位地址：I[字节地址].[位地址]，如 I0.1。

字节、字、双字地址：I[数据长度][起始字节地址]，如 IB4、IW6、ID10。

CPU226 模块输入映像寄存器的有效地址范围为：I0.0～I15.7、IB0～IB15、IW0～IW14、ID0～ID12。

② 输出映像寄存器(Q)。

每一个输出模块的端子与输出映像寄存器的相应位相对应。CPU 将输出判断结果存放在输出映像寄存器中，在扫描周期的结尾，CPU 以批处理方式将输出映像寄存器的数值复制到相应的输出端子上。通过输出模块将输出信号传送给外部负载。可见，PLC 的输出端子是 PLC 向外部负载发出控制命令的窗口。输出映像寄存器(Q)的地址格式如下：

位地址：Q[字节地址].[位地址]，如 Q1.1。

字节、字、双字地址：Q[数据长度][起始字节地址]，如 QB5、QW8、QD11。

CPU226 模块输出映像寄存器的有效地址范围为：Q0.0～Q15.7、QB0～QB15、QW0～QW14、QD0～QD12。

I/O 映像区实际上就是外部输入/输出设备状态的映像区，PLC 通过 I/O 映像区的各个位与外部物理设备建立联系。I/O 映像区每个位都可以映像输入/输出单元上的每个端子状态。

在程序的执行过程中，对于输入或输出的存取通常通过映像寄存器，而不是实际的输入/输出端子。

梯形图中的输入继电器、输出继电器的状态是对应于输入/输出映像寄存器相应位的状态，使得系统在程序执行期间完全与外界隔开，从而提高了系统的抗干扰能力。建立了 I/O 映像区，用户程序存取映像寄存器中的数据要比存取输入/输出物理点快得多，加快了运算速度。此外，外部输入点的存取只能按位进行，而 I/O 映像寄存器的存取可按位、字节、字、双字进行，因而使操作更快更灵活。

(2) 内部标志位存储器(M)

内部标志位存储器(M)也称内部线圈，是模拟继电器控制系统中的中间继电器，它存放中间操作状态，或存储其他相关的数据。内部标志位存储器(M)以位为单位使用，也可以字节、字、双字为单位使用。内部标志位存储器(M)的地址格式如下：

位地址：M[字节地址].[位地址]，如 M26.7。

字节、字、双字地址：M[数据长度][起始字节地址]，如 MB11、MW23、MD26。

CPU226 模块内部标志位存储器的有效地址范围为 M0.0～M31.7、MB0～MB31、MW0～MW30、MD0～MD28。

(3) 变量存储器(V)

变量存储器(V)存放全局变量、存放程序执行过程中控制逻辑操作的中间结果或其他相关的数据。变量存储器是全局有效。全局有效是指同一个存储器可以在任一程序分区(主程序、子程序、中断程序)被访问。V 存储器的地址格式如下：

位地址：V[字节地址].[位地址]，如 V10.2。

字节、字、双字地址：V[数据长度][起始字节地址]，如 VB20、VW100、VD320。

CPU226 模块变量存储器的有效地址范围为 V0.0～V5119.7、VB0～VB5119、VW0～VW5118、VD0～VD5116。

(4) 局部存储器(L)

局部存储器用来存放局部变量。局部存储器是局部有效的。局部有效是指某一局部存储器只能在某一程序分区(主程序或子程序或中断程序)中使用。

S7-200 PLC 提供 64 个字节局部存储器(其中 LB60～LB63 为 STEP7-Micro/WIN32 V3.0 及其以后版本软件所保留);局部存储器可用作暂时存储器或为子程序传递参数。

可以按位、字节、字、双字访问局部存储器。可以把局部存储器作为间接寻址的指针,但是不能作为间接寻址的存储器区。局部存储器(L)的地址格式如下:

位地址:L[字节地址].[位地址],如 L0.0。

字节、字、双字:L[数据长度][起始字节地址],如 LB33、LW44、LD55。

CPU226 模块局部存储器的有效地址范围为 L0.0～L63.7、LB0～LB63、LW0～LW62、LD0～LD60。

(5) 顺序控制继电器存储器(S)

顺序控制继电器存储器(S)用于顺序控制(或步进控制)。顺序控制继电器(SCR)指令基于顺序功能图(SFC)的编程方式。SCR 指令将控制程序的逻辑分段,从而实现顺序控制。顺序控制继电器存储器(S)的地址格式如下:

位地址:S[字节地址].[位地址],如 S3.1。

字节、字、双字地址:S[数据长度][起始字节地址],如 SB4、SW10、SD21。

CPU226 模块顺序控制继电器存储器的有效地址范围为 S0.0～S31.7、SB0～SB31、SW0～SW30、SD0～SD28。

(6) 特殊标志位存储器(SM)

特殊标志位存储器(SM)即特殊内部线圈。它是用户程序与系统程序之间的界面,为用户提供一些特殊的控制功能及系统信息,用户对操作的一些特殊要求也通过特殊标志位(SM)通知系统。特殊标志位区域分为只读区域(SM0～SM29)和可读写区域,在只读区域的特殊标志位,用户只能利用其触点。例如:

SM0.0:RUN 监控,PLC 在 RUN 方式时,SM0.0 总为 1。

SM0.1:初始脉冲,PLC 由 STOP 转为 RUN 时,SM0.1 接通一个扫描周期。

SM0.3:PLC 上电进入 RUN 方式时,SM0.3 接通一个扫描周期。

SM0.5:占空比为 50%,周期为 1s 的脉冲等。

可读写特殊标志位用于特殊控制功能。例如,用于自由通信口设置的 SMB30,用于定时中断间隔时间设置的 SMB34/SMB35,用于高速计数器设置的 SMB36～SMB65,用于脉冲串输出控制的 SMB66～SMB85……

特殊标志位存储器(SM)的地址表示格式如下:

位地址:SM[字节地址].[位地址],如 SM0.1。

字节、字、双字地址:SM[数据长度][起始字节地址],如 SMB86、SMW100、SMD12。

CPU226 模块特殊标志位存储器的有效地址范围为 SM0.0～SM549.7、SMB0～SMB549、SMW0～SMW548、SMD0～SMD546。

(7) 定时器存储器(T)

定时器是模拟继电器控制系统中的时间继电器。S7-200 PLC 定时器的时基有三种:1ms、10ms、100ms。通常定时器的设定值由程序赋予,需要时也可在外部设定。

定时器存储器地址表示格式为 T[定时器号],如 T24。

S7-200PLC 定时器存储器的有效地址范围为 T0～T255。

(8) 计数器存储器(C)

计数器是累计其计数输入端脉冲电平由低到高的次数,有三种类型:增计数、减计数、增减计数。通常计数器的设定值由程序赋予,需要时也可在外部设定。

计数器存储器地址表示格式为 C[计数器号],如 C3。

S7-200PLC 计数器存储器的有效地址范围为 C0~C255。

(9) 模拟量输入映像寄存器(AI)

模拟量输入模块将外部输入的模拟信号的模拟量转换成 1 个字长的数字量,存放在模拟量输入映像寄存器(AI)中,供 CPU 运算处理。模拟量输入的值为只读值。模拟量输入映像寄存器(AI)的地址格式为 AIW[起始字节地址],如 AIW4。

模拟量输入映像寄存器(AI)的地址必须用偶数字节地址(如 AIW0,AIW2,AIW4,…)来表示。

CPU226 模块模拟量输入映像寄存器(AI)的有效地址范围为 AIW0~AIW62。

(10) 模拟量输出映像寄存器(AQ)

CPU 运算的相关结果存放在模拟量输出映像寄存器(AQ)中,供 D/A 转换器将 1 个字长的数字量转换为模拟量,用以驱动外部模拟量控制的设备。模拟量输出映像寄存器(AQ)中的数字量为只写值。模拟量输出映像寄存器(AQ)的地址格式为 AQW[起始字节地址],如 AQW10。

模拟量输出映像寄存器(AQ)的地址必须使用偶数字节地址(如 AQW0,AQW2,AQW4,…)来表示。

CPU226 模块模拟量输出存储器的有效地址范围为 AQW0~AQW62。

(11) 累加器(AC)

累加器是用来暂时存储计算中间值的存储器,也可向子程序传递参数或返回参数。S7-200 CPU 提供了 4 个 32 位累加器(AC0、AC1、AC2、AC3)。累加器的地址格式为 AC[累加器号],如 AC0。CPU226 模块累加器的有效地址范围为 AC0~AC3。

累加器是可读写单元,可以按字节、字、双字存取累加器中的数值。由指令标识符决定存取数据的长度。例如,MOVB 指令存取累加器的字节,DECW 指令存取累加器的字,INCD 指令存取累加器的双字。按字节、字存取时,累加器只存取存储器中数据的低 8 位、低 16 位;以双字存取时,则存取存储器的 32 位。

(12) 高速计数器(HC)

高速计数器用来累计高速脉冲信号。当高速脉冲信号的频率比 CPU 扫描速率更快时,必须要用高速计数器计数。高速计数器的当前值寄存器为 32 位(bit),读取高速计数器当前值应以双字(32 位)来寻址。高速计数器的当前值为只读值。

高速计数器地址格式为 HC[高速计数器号],如 HC1。

CPU226 模块高速计数器的有效地址范围为 HC0~HC5。

3. 特殊存储器(SM)标志位

状态位（SMB0）

SM 位	描述
SM0.0	CPU 运行时,该位始终为"1"
SM0.1	该位在首次扫描时为"1"
SM0.2	若保持数据丢失,则该位在一个扫描周期中为"1"
SM0.3	开机后进入 RUN 方式,该位将接通一个扫描周期
SM0.4	该位提供周期为 1min、占空比为 50% 的时钟脉冲
SM0.5	该位提供周期为 1s、占空比为 50% 的时钟脉冲
SM0.6	该位为扫描时钟,本次扫描时置"1",下次扫描时置"0"
SM0.7	该位指示 CPU 工作方式开关的位置("0"为 TERM 位置,"1"为 RUN 位置)。在 RUN 位置时,该位可使自由端口通信方式有效;在 TERM 位置时,可与编程设备正常通信

状态位（SMB1）

SM 位	描述
SM1.0	指令执行的结果为 0 时,该位置"1"
SM1.1	执行指令的结果溢出或检测到非法数值时,该位置"1"
SM1.2	执行数学运算的结果为负数时,该位置"1"
SM1.3	除数为零时,该位置"1"
SM1.4	试图超出表的范围执行 ATT(AddtoTable)指令时,该位置"1"
SM1.5	执行 LIFO,FIFO 指令时,试图从空表中读数,该位置"1"
SM1.6	试图把非 BCD 数转换为二进制数时,该位置"1"
SM1.7	ASCII 码不能转换为有效的十六进制数时,该位置"1"

自由端口接收字符缓冲区（SMB2）

SM 位	描述
SMB2	在自由端口通信方式下,该区存储从口 0 或口 1 接收到的每个字符

自由端口奇偶校验错（SMB3）

SM 位	描述
SM3.0	接收到的字符有奇偶校验错时,SM3.0 置"1"
SM3.1~SM3.7	保留

中断允许、队列溢出、发送空闲标志位（SMB4）

SM 位	描述
SM4.0	通信中断队列溢出时,该位置"1"
SM4.1	I/O 中断队列溢出时,该位置"1"
SM4.2	定时中断队列溢出时,该位置"1"
SM4.3	运行时刻发现编程问题时,该位置"1"
SM4.4	全局中断允许位。允许中断时,该位置"1"
SM4.5	端口 0 发送空闲时,该位置"1"
SM4.6	端门 1 发送空闲时,该位置"1"

续表

SM 位	描 述
SM4.7	发生强置时,该位置"1"

I/N 错误状态位（SMB5）

SM 位	描 述
SM5.0	有 I/O 错误时,该位置"1"
SM5.1	I/O 总线上连接了过多的数字量 I/O 点时,该位置"1"
SM5.2	I/O 总线上连接了过多的模拟量 I/O 点时,该位置"1"
SM5.3	I/O 总线上连接了过多的智能 I/O 点时,该位置"1"
SM5.4～SM5.6	保留
SM5.7	当 DP 标准总线出现错误时,该位置"1"

CPU 识别(ID)寄存器(SMB6)

SM 位	描 述
格式	MSB　　　　　　　　　　　　LSB 7　　　　　　　　　　　　　　0 | X | X | X | X |　|　|　|　|
SM6.4～SM6.7	X X X X： CPU212/CUP222　　　0000 CPU214/CPU224　　　0010 CPU221　　　　　　　0110 CPU215　　　　　　　1000 CPU216/CPU226　　　1001
SM6.0～SM6.3	保留

I/O 模块识别和错误寄存器(SMB8～SMB21)

SM 位	描述(只读)
格式	偶数字节：模块识别(1D)寄存器　　　　奇数字节：模块错误寄存器 MSB　　　　　　　　LSB　　　　MSB　　　　　　　　LSB 7　　　　　　　　　0　　　　　7　　　　　　　　　0 | M | t | t | A | i | i | Q | Q |　　| C | o | o | b | r | p | f | t | M—模块存在；0—有模块；1—无模块　　　C:配置错误标志 tt: 00—非智能 I/O 模块；01—智能模块；　b：总线错误或校验错误 　　10——保留；11—保留　　　　　　　　r：超范围错误 A：I/O 类型；0—开关量；1—模拟量　　　P：无用户电源错误　　0—无错误 ii: 00—无输入；10—4AI 或 16DI；　　　　f：熔断器错误　　　　1—有错误 　　01—2AI 或 8DI；11—8AI 或 32DI　　t：端子块松动错误 QQ: 00—无输出；10—4AI 或 16DI 　　01—2AI 或 8DI；11—8AI 或 32DI
SMB8、SMB9	模块 0 识别(ID)寄存器、模块 0 错误寄存器
SMB10、SMB11	模块 1 识别(ID)寄存器、模块 1 错误寄存器
SMB12、SMB13	模块 2 识别(ID)寄存器、模块 2 错误寄存器

续表

SM 位	描述（只读）
SMB14、SMB15	模块 3 识别(ID)寄存器、模块 3 错误寄存器
SMB16、SMB17	模块 4 识别(ID)寄存器、模块 4 错误寄存器
SMB18、SMB19	模块 5 识别(ID)寄存器、模块 5 错误寄存器
SMB20、SMB21	模块 6 识别(ID)寄存器、模块 6 错误寄存器

扫描时间寄存器(SMB22～SMB26)

SM 字	描述（只读）
SMW22	上次扫描时间
SMW24	进入 RUN 方式后所记录的最短扫描时间
SMW26	进入 RUN 方式后所记录的最长扫描时间

模拟电位器寄存器(SMB28～SMB29)

SM 字节	描述（只读）
SMB28、SMB29	存储对应模拟调节器 0、1 触点位置的数字值,在 STOP/RUN 方式下,每次扫描时更新该值

永久存储器写控制寄存器(SMB31、SMW32)

SM 字节	描 述
格式	SMB31 中存入 写入命令：MSB 7 [c 0 0 0 0 0 s s] LSB 0 SMB32 中存入 V 存储器地址：MSB 7 [V 存储器地址] LSB 0

SM31.0
SM31.1
	ss：被存数据类型
	  00—字节， 10—字
	  01—字节， 11—双字

SM31.7	c：存入永久存储器(EEPROM)命令
	  0—无存储操作的请求
	  1—用户程序申请向永久存储器存储数据,每次存储操作完成后,CPU 复位该位

SMW32	SMW32 提供 V 存储器中被存数据相对于 V0 的偏移地址,当执行存储命令时,把该数据存到永久存储器(EEPROM)中相应的位置

定时中断的时间间隔寄存器(SMB34、SMB35)

SM 字节	描 述
SMB34	定义定时中断 0 的时间间隔(从 1～255ms,以 1ms 为增量)
SMB35	定义定时中断 1 的时间间隔(从 1～255ms,以 1ms 为增量)

扩展总线校验错(SMW98)

SM 字	描 述
SMW98	扩展总线出现校验错时,SMW98 加 1；系统上电或用户程序清"0"时,SMW98 为 0

4. 致命错误代码及其含义

错误代码	含 义
0000	无致命错误
0001	用户程序编译错误
0002	编译后的梯形图程序错误
0003	扫描看门狗超时错误
0004	内部 EEPROM 错误
0005	内部 EEPROM 用户程序检查错误
0006	内部 EEPROM 配置参数检查错误
0007	内部 EEPROM 强制数据检查错误
0008	内部 EEPROM 默认输出表值检查错误
0009	内部 EEPROM 用户数据、DB1 检查错误
000A	存储器卡失灵
000B	存储器卡上用户程序检查错误
000C	存储器卡配置参数检查错误
000D	存储器卡强制数据检查错误
000E	存储器卡默认输出表值检查错误
000F	存储器卡用户数据、DB1 检查错误
0010	内部软件错误
0011	比较触点间接寻址错误
0012	比较触点非法值错误
0013	存储器卡空或者 CPU 不识别该卡
0014	比较接口范围错误

注：比较触点错误既能产生致命错误，又能产生非致命错误，产生致命错误是由于程序地址错误。

5. 编译规则错误（非致命）代码及其含义

错误代码	含 义
0080	程序太大，无法编译，须缩短程序
0081	堆栈溢出：须把一个网络分成多个网络
0082	非法指令：检查指令助记符
0083	无 MEND 或主程序中有不允许的指令：加上 MEND 或删去不正确的指令
0084	保留
0085	无 FOR 指令：加上 FOR 指令或删除 NEXT 指令
0086	无 NEXT：加上 NEXT 指令或删除 FOR 指令
0087	无标号(LBL,INT,SBR)：加上合适标号
0088	无 RET 或子程序中有不允许的指令：加上 RET 或删去不正确的指令
0089	无 RETI 或中断程序中有不允许的指令：加上 RETI 或删去不正确的指令
008A	保留

续表

错误代码	含 义
008B	从/向一个SCR段的非法跳转
008C	标号重复(LBL,INT,SBR):重新命名标号
008D	非法标号(LBL,INT,SBR):确保标号数在允许范围内
0090	非法参数:确认指令所允许的参数
0091	范围错误(带地址信息):检查操作数范围
0092	指令计数域错误(带计数信息):确认最大计数范围
0093	FOR/NEXT嵌套层数超出范围
0095	无LSCR指令(装载SCR)
0096	无SCRE指令(SCR结束)或SCRE前面有不允许的指令
0097	用户程序包含非数字编码和数字编码的EU/ED指令
0098	在运行模式进行非法编辑(试图编辑非数字编码的EU/ED指令)
0099	隐含网络段太多(HIDE指令)
009B	非法指针(字符串操作中起始位置指定为0)
009C	超出指令最大长度
0000	无错误
0001	执行HDEF之前,HSC禁止
0002	输入中断分配冲突,并分配给HSC
0003	到HSC的输入分配冲突,已分配给输入中断
0004	在中断程序中,企图执行ENI,DISI或HDEF指令
0005	第一个HSC/PLS未执行完之前,又企图执行同编号的第二个HSC/PLS(中断程序中的HSC同主程序中的HSC/PLS冲突)
0006	间接寻址错误
0007	TODW(写实时时钟)或TODR(读实时时钟)数据错误
0008	用户子程序嵌套层数超过规定
0009	在程序执行XMT或RCV时,通信口0又执行另一条XMT/RCV指令
000A	HSC执行时,又企图用HDEF指令再定义该HSC
000B	在通信口1上同时执行XMT/RCV指令
000C	时钟存储卡不存在
000D	重新定义已经使用的脉冲输出
000E	PTO个数设为0
0091	范围错误(带地址信息):检查操作数范围
0092	某条指令的计数域错误(带计数信息):检查最大计数范围
0094	范围错误(带地址信息):写无效存储器
009A	用户中断程序试图转换成自由口模式
009B	非法指令(字符串操作中起始位置值指定为0)

8.3.3　S7-200指令系统简介

布尔指令		数学、增减指令	
指　令	功　能	指　令	功　能
LD　　N LDI　　N LDN　　N LDNI　　N	装载 立即装载 取反后装载 取反后立即装载	＋I　IN1,OUT ＋D　IN1,OUT ＋R　IN1,OUT	整数、双整数、实数加法 IN1＋OUT＝OUT
A　　N AI　　N AN　　N ANI　　N	与 立即与 取反后与 取反后立即与	－I　IN2,OUT －D　IN2,OUT －R　IN2,OUT	整数、双整数、实数减法 OUT－IN2＝OUT
O　　N OI　　N ON　　N ONI　　N	或 立即或 取反后或 取反后立即或	MUL　IN1,OUT ＊I　IN1,OUT ＊D　IN1,OUT ＊R　IN1,OUT	整数完全乘法 整数、双整数、实数乘法 IN1＊OUT＝OUT
LDBx　IN1,IN2	装载字节比较的结果 IN1(x：＜,＜＝,＝,＞＝,＞,＜＞)IN2	DIV　IN2,OUT /I　IN2,OUT /D　IN2,OUT /R　IN2,OUT	整数完全除法 整数、双整数、实数除法 OUT/IN2＝OUT
ABx　IN1,IN2	与字节比较的结果 IN1(x：＜,＜＝,＝,＞＝,＞,＜＞)IN2	SQRT　IN,OUT LN　IN,OUT EXP　IN,OUT SIN　IN,OUT COS　IN,OUT TAN　IN,OUT	平方根 自然对数 自然指数 正弦 余弦 正切
OBx　IN1,IN2	或字节比较的结果 IN1(x：＜,＜＝,＝,＞＝,＞,＜＞)IN2	INCB　OUT INCW　OUT INCD　OUT	字节、字和双字增1
LDWx　IN1,IN2	装载字比较的结果 IN1 (x：＜,＜＝,＝,＞＝,＞,＜＞) IN2	DECB　OUT DECW　OUT DECD　OUT	字节、字和双字减1
AWx　IN1,IN2	与字比较的结果 IN1(x：＜,＜＝,＝,＞＝,＞,＜＞)IN2	PID TABLE,LOOP	PID回路
OWx　IN1,IN2	或字比较的结果 IN1(x：＜,＜＝,＝,＞＝,＞,＜＞)IN2	定时器和计数器指令	
LDDx　IN1,IN2	装载双字比较的结果 IN1(x：＜,＜＝,＝,＞＝,＞,＜＞)IN2	TON　Txxx,PT TOF　Txxx,PT TONR　Txxx,PT	接通延时定时器 断开延时定时器 有记忆接通延时定时器
ADx　IN1,IN2	与双字比较的结果 IN1(x：＜,＜＝,＝,＞＝,＞,＜＞)IN2	CTU　Cxxx,PV CTD　Cxxx,PV CTUD　Cxxx,PV	增计数 减计数 增/减计数
ODx　IN1,IN2	或双字比较的结果 IN1(x：＜,＜＝,＝,＞＝,＞,＜＞)IN2	实时时钟指令	

续表

指 令	功 能	指 令	功 能
LDRx IN1,IN2	装载实数比较的结果 IN1(x:<,<=,=,>=,>,<>)IN2	TODR T TODW T	读实时时钟 写实时时钟
ARx IN1,IN2	与实数比较的结果 IN1(x:<,<=,=,>=,>,<>)IN2	程序控制指令	
ORx IN1,IN2	或实数比较的结果 IN1(x:<,<=,=,>=,>,<>)IN2	END	程序的条件结束
NOT	堆栈取反	STOP	切换到 STOP 模式
EU ED	检测上升沿 检测下降沿	WDR	定时器监视（看门狗）复位 (300ms)
=N =IN	赋值 立即赋值	JMP N LBL N	跳到定义的标号 定义一个跳转的标号
S S_BIT,N R S_BIT,N SI S_BIT,N RI S_BIT,N	置位一个区域 复位一个区域 立即置位一个区域 立即复位一个区域	CALL N[N1,…] CRET	调用子程序[N1,…] 从子程序条件返回
		FOR INDX,INIT, NEXT FINAL	FOR/NEXT 循环
		LSCR N SCRT N SCRE	顺控继电器段的启动、转换和结束
传送、移位、循环和填充指令		表、查找和转换指令	
MOVB IN,OUT MOVW IN,OUT MOVD IN,OUT MOVR IN,OUT	字节、字、双字和实数传送	ATT TABLE,DATA	把数据加到表中
		LIFO TABLE,DATA FIFO TABLE,DATA	从表中取数据，后入先出 从表中取数据，先入先出
BIR IN,OUT BIW IN,OUT	立即读物理输入点字节 立即写物理输出点字节		
BMB IN,OUT,N BMW IN, OUT,N BMD IN, OUT,N	字节、字和双字传送	FND= TBL, PATRN,INDX FND<> TBL, PATRN,INDX FND< TBL, PATRN,INDX FND>TBL, PATRN,INDX	根据比较条件在表中查找数据
SWAP IN	交换字节	BCDI OUT IBCD OUT	BCD 码转换成整数 整数转换成 BCD 码
SHRB DATA, S_BIT,N	移位寄存器		
SRD OUT,N SRW OUT,N SRD OUT,N	字节、字和双字右移 N 位	BTI IN,OUT ITB IN,OUT ITD IN,OUT DTI IN,OUT	字节转换成整数 整数转换成字节 整数转换成双整数 双整数转换成整数
SLB OUT,N SLW OUT,N SLD OUT,N	字节、字和双字左移 N 位	DTR IN,OUT TRUNC IN,OUT ROUND IN,OUT	双字转换成实数 实数转换成双整数，小数部分舍去，结果存入 OUT 中 实数转换成双整数，小数部分四舍五入，结果存入 OUT 中

续表

指 令	功 能	指 令	功 能
RRB OUT,N RRW OUT,N RRD OUT,N	字节、字和双字循环右移 N 位	ATH IN,OUT,LEN HTA IN,OUT,LEN ITA IN, OUT, FM DTA IN,OUT,FM RTA IN,OUT,FM	ASCII 码转换成十六进制数 十六进制数转换成 ASCII 码 整数转换成 ASCII 码 双整数转换成 ASCII 码 实数转换成 ASCII 码
RLB OUT,N RLW OUT,N RLD OUT,N	字节、字和双字循环左移 N 位	DECO IN,OUT ENCO IN,OUT	译码 编码
FILL IN,OUT,N	用指定的元素填充存储器空间	SEG IN,OUT	段码
逻辑操作指令		中断指令	
ALD OLD	触点组串联 触点组并联	CRETI	从中断条件返回
LPS LRD LPP LDS	推入堆栈 读栈 出栈 装入堆栈	ENI DISI	允许中断 禁止中断
AENO	对 ENO 进行与操作	ATCH INT,EVENT DTCH EVENT	建立中断事件与中断程序的连接 解除中断事件与中断程序的连接
ANDB IN1, OUT ANDW IN1, OUT ANDD IN1, OUT	字节、字、双字逻辑与		
		通信指令	
ORB IN1,OUT ORW IN1,OUT ORD IN1,OUT	字节、字、双字逻辑或	XMT TABLE, PORT RCV TABLE, PORT	自由端口发送信息 自由端口接受信息
XORB IN1, OUT XORW IN1, OUT XORD IN1, OUT	字节、字、双字逻辑异或	NETR TABLE,PORT NETW TABLE,PORT GPA ADDR, PORT SPA ADDR, PORT	网络读 网络写 获取口地址 设置口地址
		高速指令	
INVB OUT INVW OUT INVD OUT	字节、字、双字取反	HDEF HSC,Mode	定义高速计数器模式
		HSC N	激活高速计数器
		PLS Q	脉冲输出

8.3.4 STEP7-Micro/WIN32 编程软件简介

1. 基本功能

STEP7-Micro/WIN 32 的基本功能是协助用户完成应用软件的开发任务。例如,创建用户程序,修改和编辑原有的用户程序。利用该软件可设置 PLC 的工作方式和参数,上传和下载用户程序,进行程序的运行监控。它还具有简单语法的检查、对用户程序的文档管理和加密等功能,并提供在线帮助。

上传和下载用户程序指的是用 STEP7-Micro/WIN32 编程软件进行编程时,PLC 主机和计算机之间的程序、数据和参数的传送。

上传用户程序是将 PLC 中的程序和数据通过通信设备(如 PC/PPI 电缆)上传到计算机中进行程序的检查和修改;下载用户程序是将编制好的程序、数据和 CPU 组态参数通过通信设备下载到 PLC 中以进行运行调试。

程序编辑中的语法检查功能可以避免一些语法和数据类型方面的错误。梯形图中的错误处下方自动加红色曲线。

软件功能的实现可以在联机工作方式(在线方式)下进行,部分功能的实现也可以在离线工作方式下进行。

联机方式是指带编程软件的计算机或编程器与 PLC 直接连接,此时可实现该软件的大部分基本功能;离线方式是指带编程软件的计算机或编程器与 PLC 断开连接,此时只能实现部分功能,如编辑、编译及系统组态等。

2. 主界面各部分功能

启动 STEP7-Micro/WIN 32 编程软件,其主界面外观如图 8-11 所示。

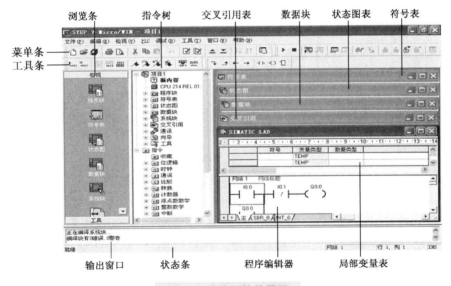

图 8-11 编程软件界面

界面一般可分以下几个区:菜单条(包含 8 个主菜单项)、工具条(快捷按钮)、浏览条(快捷操作窗口)、指令树(快捷操作窗口)、输出窗口、状态条、程序编辑器、局部变量表等(可同时或分别打开 5 个用户窗口)。除菜单条外,用户可根据需要决定其他窗口的取舍和样式设置。

(1)菜单条

菜单条使用鼠标单击或采用对应热键操作,打开各项菜单,各主菜单项功能如下:

● 文件(File):可完成如新建、打开、关闭、保存文件,上传和下载程序,文件的打印预览、打印设置和操作等。

● 编辑（Edit）：能完成选择、复制、剪切、粘贴程序块或数据块，同时提供查找、替换、插入、删除、快速光标定位等功能。

● 检视（View）：可以设置软件开发环境的风格，如决定其他辅助窗口（引导条窗口、指令树窗口、工具条按钮区）的打开与关闭；执行引导条窗口的任何项；选择不同语言的编程器（包括 LAD、STL、FBD 三种）；设置三种程序编辑器的风格，如字体、指令盒大小等。

● PLC：可建立与 PLC 联机时的相关操作，如改变 PLC 的工作方式、在线编译、查看 PLC 的信息、清除程序和数据、针对时钟和存储器卡操作以及进行程序比较、PLC 类型选择及通信设置等，还可提供离线编译的功能。

● 调试（Debug）：主要用于联机调试。在离线方式下，该菜单的下拉菜单呈现灰色，表示此下拉菜单不具备执行条件。

● 工具（Tools）：可以调用复杂指令向导（包括 PID 指令、NETR/NETW 指令和 HSC 指令），使复杂指令的编程工作大大简化；安装 TD200 文本显示器；改变界面风格（如设置按钮及按钮样式，并可添加菜单项）；用"选项"子菜单也可以设置三种程序编辑器的风格，如语言模式、颜色、字体、指令盒的大小等。

● 窗口（Window）：可以打开一个或多个窗口，并可在各窗口之间进行切换，可以设置窗口的排放形式，如层叠、水平、垂直等。

● 帮助（Help）：通过"帮助"菜单上的目录和索引项可以检阅几乎所有相关的使用帮助信息，"帮助"菜单还提供网上查询功能。而且在软件操作过程中的任何步或任何位置都可以按【F1】键来显示在线帮助，大大方便了用户的使用。

（2）工具条

工具条提供简便的鼠标操作，将最常用的 STEP7-Micro/WIN 32 操作以按钮形式设定到其中。可用"查看"菜单中的"工具栏"项自定义工具条。可添加和删除四种按钮：标准、调试、公用和指令工具条。

（3）浏览条

浏览条提供按钮控制的快速窗口切换功能。可用"查看"菜单中的"框架"→"浏览条"项选择是否打开。浏览条包括程序块（Program Block）、符号表（Symbol Table）、状态图表（Status Chart）、数据块（Data Block）、系统块（System Block）、交叉索引（Cross Reference）和通讯（Communications）七个组件。一个完整的项目（Proiect）文件通常包括前六个组件。

● 程序块：由可执行的代码和注释组成，可执行的代码由主程序（OBI）、可选的子程序（SBR_0）和中断程序（INT_0）组成，程序代码经编译后可下载到 PLC 中，而程序注释被忽略。

● 数据块：由数据（存储器的初始值和常数值）和注释组成。在引导条中双击数据块图标，可以对 V 存储器（变量存储器）进行初始数据赋值或修改，并可加必要的注释说明，开关量控制程序一般不需要数据块。

● 符号表：允许程序员使用带有实际含义的符号来作为编程元件，而不是直接使用元件在主机中的直接地址。例如，编程时用 start 作为编程元件，而不用 I0.3。符号表用来建立自定义符号与直接地址之间的对应关系，并附加注释，使程序结构清晰、易读、便于理解。程序编译后下载到 PLC 中时，所有的符号地址被转换为绝对地址，符号表中的信息不下载到 PLC。

● 状态图表：用于联机调试时监视和观察程序执行时各变量的值和状态。状态图表不下载到 PLC 中，它仅是监控用户程序执行情况的一种工具。

● 交叉引用表：列举出程序中使用的各操作数在哪一个程序块的什么位置出现，以及使用它们的指令的助记符。还可以查看哪些内存区域已经被使用，是作为位使用还是作为字节使用。在运行方式下编辑程序时，可以查看程序当前正在使用的跳变信号的地址。交叉引用表不下载到 PLC，只有在程序编辑成功后才能看到交叉引用表的内容。在交叉引用表中双击某操作数，可以显示出包含该操作数的那一部分程序。交叉索引使编程使用的 PLC 资源一目了然。

单击引导条中的任何一个按钮，则主窗口将切换成此按钮对应的窗口，或用指令树窗口或主菜单中的"查看"项来完成。

（4）指令树

指令树提供编程时用到的所有快捷操作命令和 PLC 指令。可用"查看"菜单中的"指令树"项决定是否将其打开。

（5）输出窗口

输出窗口用来显示程序编译的结果信息。如程序的各块（主程序、子程序的数量及子程序号、中断程序的数量及中断程序号）及各块的大小、编译结果有无错误及错误编码和位置等。

（6）状态条

状态条也称任务栏，显示软件执行状态，编辑程序时，显示当前网络号、行号、列号；运行时，显示运行状态、通信波特率、远程地址等。

（7）程序编辑器

可用梯形图、语句表或功能图表编辑器编写用户程序，或在联机状态下从 PLC 上传用户程序进行程序的编辑或修改。

（8）局部变量表

每个程序块都对应一个局部变量表，在带参数的子程序调用中，参数的传递就是通过局部变量表进行的。

3. 使用 STEP7-Micro/WIN32 编程软件进行编程

项目（Proiect）文件来源有三个：新建一个项目、打开已有的项目文件和从 PLC 上传已有项目文件。

（1）新建项目文件

在为 PLC 控制系统编程时，首先应创建一个项目文件，单击"文件"菜单中的"新建"项或工具条中的"新建"按钮，在主窗口中将显示新建的项目文件主程序区。系统默认初始设置如下：

新建的项目文件以"项目 1"（CPU221）命名，括号内为系统默认 PLC 的 CPU 型号。

一个项目文件包含七个相关的块。其中程序块中包含一个主程序（MAIN）、一个可选的子程序 SBR_0 和一个中断程序 INT_0。

一般小型开关量控制系统只要主程序，当系统规模较大、功能复杂时，除了主程序外，可能还有子程序、中断程序和数据块。

主程序(OB1)在每个扫描周期被顺序执行一次。子程序的指令存放在独立的程序块中,仅在被别的程序调用时才执行。中断程序的指令也存放在独立的程序块中,用来处理预先规定的中断事件。中断程序不由主程序调用,在中断事件发生时由操作系统调用。

用户可以根据实际编程需要作以下操作:

① 确定 PLC 的 CPU 型号。

右击指令树"CPU 214 REL 01.11"图标,在弹出的对话框中单击"PLC 类型",就可选择所用的 PLC 型号。也可用"PLC"菜单中的"类型"项来选择 PLC 型号。

② 项目文件更名。

如果新建了一个项目文件,单击"文件"菜单中的"另存为"项,然后在弹出的对话框中键入希望的名称即可。项目文件以".mwp"为扩展名。

对子程序和中断程序也可更名,方法是:在指令树窗口中,右击要更名的子程序或中断程序名称,在弹出的选择按钮中单击"重命名"命令,然后键入名称。

主程序的默认名称为 MAIN,任何项目文件的主程序只有一个。

③ 添加一个子程序。

添加一个子程序的方法有三种。一是在指令树窗口中,右击"程序块"图标,在弹出的选择按钮中单击"插入子程序"项;二是单击"编辑"菜单中的"插入"项下的"子程序"项实现;三是在编辑窗口中右击编辑区,在弹出的菜单选项中选择"插入"项下的"子程序"项。新生成的子程序根据已有子程序的数目,默认名称为 SBR_n,用户可以自行更名。

④ 添加一个中断程序。

添加一个中断程序的方法与添加一个子程序的方法相似,也有三种方法。新生成的中断程序根据已有中断程序的数目,默认名称为 INT_n,用户可以自行更名。

⑤ 编辑程序。

编辑程序块中的任何一个程序,只要在指令树窗口中双击该程序的图标即可。

(2) 打开已有的项目文件

打开磁盘中已有的项目文件,可单击"文件"菜单中的"打开"项,在弹出的对话框中选择打开已有的项目文件;也可用工具条中的"打开"按钮来完成。

(3) 上传和下载项目文件

在已经与 PLC 建立通信的前提下,如果要上传一个 PLC 存储器的项目文件(包括程序块、系统块、数据块),可用"文件"菜单中的"上载"项,也可单击工具条中的"上载"按钮来完成。上传时,S7-200 从 RAM 中上传系统块,从 EEPROM 中上传程序块和数据块。

(4) 程序的编辑和传送

利用 STEP7-Micro/WIN32 编程软件编辑和修改控制程序是程序员要做的最基本的工作,本节只以梯形图编辑器为例,介绍一些基本编辑操作。其语句表和功能块图编辑器的操作可类似进行。下面以图 8-12 所示的梯形图程序的编辑过程,介绍程序编辑的各种操作。

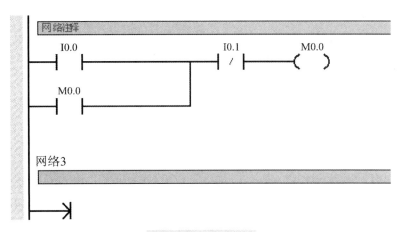

图 8-12 梯形图

① 输入编程元件。

梯形图的编程元件(编程元素)主要有线圈、触点、指令盒、标号及连接线。输入方法有两种。

方法一：用指令树窗口中所列的一系列指令。双击要输入的指令，就可在矩形光标处放置一个编程元件。

方法二：用工具条上的一组编程按钮。单击触点、线圈或指令盒按钮，从弹出的窗口下拉菜单所列出的指令中选择要输入的指令，单击之即可。

a. 顺序输入。

在一个梯级/网络中，如果只有编程元件的串联连接，输入和输出都无分叉，则视作顺序输入。输入时只需从网络的开始依次输入各编程元件即可，每输入一个元件，矩形光标自动移动到下一列。

若已经连续在一行上输入了两个触点，还想再输入一个线圈，可以直接在指令树中双击点亮的线圈图标。图中的方框为大光标，编程元件就是在矩形光标处被输入的。图中网络3 中的"→"表示一个梯级的开始，"→"表示可在此继续输入元件。

b. 任意添加输入。

如在任意位置要添加一个编程元件，只需单击这一位置，将光标移到此处，然后输入编程元件。

用工具条中的指令按钮可编辑复杂结构的梯形图，如图 8-12 所示。单击网络 1 中第一行下方的编程区域，则在开始处显示小图标，然后输入触点新生成一行。

将光标移到要合并的触点处，单击上行线按钮"↑"即可。

如果要在一行的某个元件后向下分支，方法是：将光标移到该元件，单击"↓"按钮，然后输入元件。

② 插入和删除。

经常要用到插入和删除一行、一列、一个梯级(网络)、一个子程序或中断程序等。方法有两种：在编辑区右击要进行操作的位置，弹出下拉菜单，选择"插入"或"删除"项，弹出子菜单，单击要插入或删除的项，然后进行编辑。也可用"编辑"菜单中相应的"插入"或"编辑"项中的"删除"项完成相同的操作。

(5) 编译用户程序

程序编辑完成,可用"PLC"菜单中的"编译"项进行离线编译。编译结束后在输出窗口中显示程序中的语法错误的数量、各条错误的原因和错误在程序中的位置。双击输出窗口中的某一条错误,程序编辑器中的矩形光标将会移到程序中该错误所在的位置。必须改正程序中的所有错误,编译成功后才能下载程序。

(6) 程序的下载和清除

在计算机与 PLC 建立起通信连接且用户程序编译成功后,可以将程序下载到 PLC 中去。

下载之前,PLC 应处于 STOP 方式。单击工具条中的"停止"按钮,或选择"PLC"菜单中的"停止"项,可以进入 STOP 方式。如果不在 STOP 方式,可将 CPU 模块上的方式开关扳到 STOP 位置。

单击工具条中的"下载"按钮,或选择"文件"菜单中的"下载"项,将会出现"下载"对话框。用户可以分别选择是否下载程序块、数据块和系统块。单击"确定"按钮,开始下载信息。下载成功后,确认框显示"下载成功"。如果 STEP7-Micro/WIN32 中设置的 CPU 型号与实际的型号不符,将出现警告信息,应修改 CPU 的型号后再下载。

下载程序时,程序存储在 RAM 中,S7-200 会自动将程序块、数据块和系统块复制到 EEPROM 中作永久保存。

为了使下载的程序能正确执行,下载前必须将 PLC 存储器中的原程序清除。清除的方法是:单击"PLC"菜单中的"清除"项,会出现"清除"对话框,单击"清除全部"按钮即可。

8.4 PLC 典型控制系统设计

8.4.1 PLC 控制系统设计的内容和步骤

PLC 控制系统的设计包括三个重要的环节:其一,通过对控制任务的分析,确定控制系统的总体设计方案;其二,根据控制要求确定硬件构成方案;其三,设计出满足控制要求的应用程序。要想顺利地完成 PLC 控制系统的设计,需要不断地学习和实践。下面介绍控制系统设计的基本步骤和应用程序设计的基本方法。

1. PLC 控制系统的设计

(1) 对控制任务做深入的调查研究

在着手设计之前,要详细了解工艺过程和控制要求,如弄清哪些信号需输入 PLC,是模拟量还是开关量,应采取什么方式,选用什么元件输入信号,哪些信号需输出到 PLC 外部,通过什么执行元件去驱动负载;弄清整个工艺过程各个环节相互的联系;了解机械运动部件的驱动方式,是液压、气动还是电动,运动部件与各电气执行元件之间的联系;了解系统的控制是全自动还是半自动,控制过程是周期性还是单周期运行,是否有手动调整要求等。另外,要注意哪些量需要监控、报警、显示,是否需要故障诊断,需要哪些保护措施等。

(2) 确定系统总体设计方案

这是最为重要的一步,若总体方案的决策有误,会使整个设计任务不能顺利地完成,甚

(3) 根据控制要求确定输入/输出元件,选择 PLC 机型

在确定电气控制方案之后,可进一步研究系统的硬件构成。要选择合适的输入和输出元件;确定主回路各电器及保护器件;选择报警和显示元件等。根据所选用的电器或元件的类型和数量,计算所需 PLC 的输入/输出点数,并参照其他要求选择合适的 PLC 机型。

(4) 确定 PLC 的输入/输出点分配

明确各输入电器与 PLC 输入点的对应关系、各输出点与各输出执行元件的对应关系,作出 PLC 的 I/O 分配表。

(5) 设计应用程序

在完成上述工作之后可开始控制系统的程序设计。程序设计的质量关系到系统运行的稳定性和可靠性。应根据控制要求拟订几个设计方案,经认真比较后选择出最佳编程方案。当控制系统比较复杂时,可将其分成多个相对独立的子任务,最后将各子任务的程序合理地连接在一起。

(6) 调试应用程序

对编好的程序,可以先利用模拟实验板模拟现场信号进行初步的调试。经反复调试修改后,使程序基本满足控制要求。

(7) 制作电气控制柜和控制盘

在系统硬件构成方案确定之后,就可以考虑电气控制柜及控制盘(或称操作盘)的设计和制作。在动手制作之前,要画出电气控制主回路电路图。在设计主回路时要全面地考虑各种保护和连锁等问题。在布置控制柜和敷线时,要采取有效的措施抑制各种干扰信号,同时注意防尘、防静电、防雷电等问题。

(8) 连机调试程序

连机调试可以发现程序存在的实际问题和不足,通过调试和修改后,使程序完全符合控制要求。调试前要制订周密的调试计划,以免由于工作的盲目性而隐藏应该发现的问题。另外,程序调试完毕必须经过一段时间运行实践的考验,才能确认程序是否达到控制要求。

(9) 编写技术文件

这部分工作包括整理程序清单并保存程序,编写元件明细表,绘制电气原理图及主回路电路图,整理相关的技术参数,编写控制系统说明书等。

2. PLC 的应用程序

(1) 应用程序的内容

应用程序应最大限度地满足系统控制功能的要求,在构思程序主体的框架后,要以它为主线,逐一编写实现各控制功能或各子任务的程序,经过不断地调整和完善,使程序能完成指定的功能。通常应用程序还应包括以下几个方面的内容。

① 初始化程序。在 PLC 上电后,一般都要做一些初始化的操作。其作用是为启动做必要的准备,并避免系统发生误动作。初始化程序的主要内容为:将某些数据区、计数器进行清零;使某些数据区恢复所需数据;对某些输出位置位或复位;显示某些初始状态;等等。

② 检测、故障诊断、显示程序。应用程序一般都设有检测、故障诊断和显示程序等内容。这些内容可以在程序设计基本完成时再进行添加。有时,它们也是相对独立的程序段。

③ 保护、连锁程序。各种应用程序中,保护和连锁是不可缺少的部分。它可以杜绝由

于非法操作而引起的控制逻辑混乱,保证系统的运行更安全、可靠,因此要认真考虑保护和连锁的问题。通常在 PLC 外部也要设置连锁和保护措施。

(2) 应用程序的质量

对同一个控制要求,即使选用同一个机型的 PLC,用不同设计方法所编写的程序,其结构也可能不同。尽管几种程序都可以实现同一控制功能,但是程序的质量却可能差别很大。程序的质量可以从以下几个方面来衡量。

① 程序的正确性。应用程序的好坏,最根本的一条就是正确。所谓程序的正确性,是指程序必须能经得起系统运行实践的考验,离开这一条,对程序所做的评价都是没有意义的。

② 程序的可靠性好。好的应用程序,可以保证系统在正常和非正常(短时掉电再复电、某些被控量超标、某个环节有故障等)工作条件下都能安全可靠地运行,也可保证在出现非法操作(例如,按动或误触动了不该动作的按钮)等情况下不至于出现系统控制失误。

③ 参数的可调整性好。PLC 控制的优越性之一就是灵活性好,容易通过修改程序或参数而改变系统的某些功能。例如,有的系统在一定情况下需要变动某些控制量的参数(如定时器或计数器的设定值等),在设计程序时必须考虑怎样编写才能易于修改。

④ 程序要简练。编写的程序应尽可能简练,减少程序的语句,一般可以减少程序扫描时间,提高 PLC 对输入信号的响应速度。当然,如果过多地使用那些执行时间较长的指令,有时虽然程序的语句较少,但是其执行时间也不一定短。

⑤ 程序的可读性好。程序不仅仅给编者自己看,系统的维护人员也要读。另外,为了有利于交流,也要求程序有一定的可读性。

8.4.2 PLC 设计应用实例

要想顺利地完成控制系统的设计,不仅要熟练掌握各种指令的功能及使用规则,还要学习如何编程,下面将介绍几种常用的编程方法。为了能突出对一种编程方法的说明,以下所举的例子,其控制功能都较简单,目的是避免用过多的笔墨去分析复杂的控制逻辑,而扰乱了讲解一个设计方法的思路和头绪。

1. 经验设计法

所谓经验设计法,就是根据生产工艺要求直接设计出控制线路。在具体的设计过程中常有两种做法:一种是根据生产机械的工艺要求,适当选用现有的典型环节,将它们有机地组合起来,综合成所需要的控制线路;另一种是根据工艺要求自行设计,随时增加所需的电气元件和触点,以满足给定的工作条件。

(1) 经验设计法的基本步骤

一般的生产机械电气控制电路设计包括主电路和辅助电路等的设计。

① 主电路设计。主要考虑电动机的启动、点动、正反转、制动及多速电动机的调速,另外,还考虑包括短路、过载、欠压等各种保护环节以及连锁、照明和信号等环节。

② 辅助电路设计。主要考虑如何满足电动机的各种运转功能及生产工艺要求。根据生产机械对电气控制电路的要求,首先设计出各个独立环节的控制电路,然后根据各个控制环节之间的相互制约关系,进一步拟订连锁控制电路等辅助电路,最后考虑线路的简单、经济以及安全、可靠,修改线路。

③ 反复审核电路是否满足设计原则。在条件允许的情况下,进行模拟试验,逐步完善整个电气控制电路的设计,直至电路动作准确无误。

(2) 经验设计法的特点

① 易于掌握,使用很广,但一般不易获得最佳设计方案。

② 要求设计者具有一定的实际经验,在设计过程中往往会因考虑不周发生差错,影响电路的可靠性。

③ 当线路达不到要求时,多用增加触点或电器数量的方法来加以解决,所以设计出的线路常常不是最简单经济的。

④ 需要反复修改草图,一般需要进行模拟试验,设计速度慢。

在熟悉继电接触控制电路设计方法的基础上,如果能透彻地理解 PLC 各种指令的功能,凭借经验能比较准确地使用 PLC 的各种指令而设计出相应的程序。根据工艺要求与工作过程,将现有的典型环节电路集聚起来,边分析边画图边修改。

下面以一个简单的控制设计为例介绍这种编程方法。

例 8-1 按下按钮 SB1,电动机 M 正转 5s 后停止,并自行反转 5s,时间到,反转停止,又自行正转 5s……如此循环 4 次后电动机自动停止,按下按钮 SB2,电动机在任一状态下均可停止。

对 I/O 点进行分配,如下表所示:

输	入	输	出
SB1 启动	SB2 停止	KM1 正转	KM2 反转
X000	X001	Y000	Y001

由控制任务可知,这是一个在电动机正反转基础上延伸的设计,首先,设计正转控制(图8-13)。

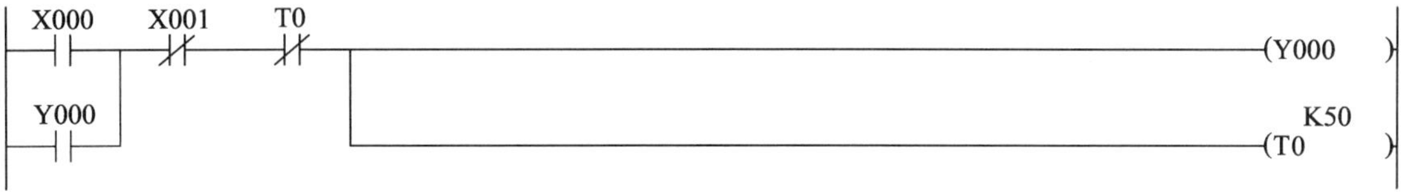

```
X000   X001   T0
 ├┤   ├/┤   ├/┤─────────────────────────(Y000)
Y000                                     K50
 ├┤                                    ─(T0)
```

图 8-13 梯形图(一)

在自锁正转的基础上添加时间定时器 T0,定时到,切断正转电路,启动反转电路,将 T0 常开触点作为反转启动信号即可(图 8-14)。

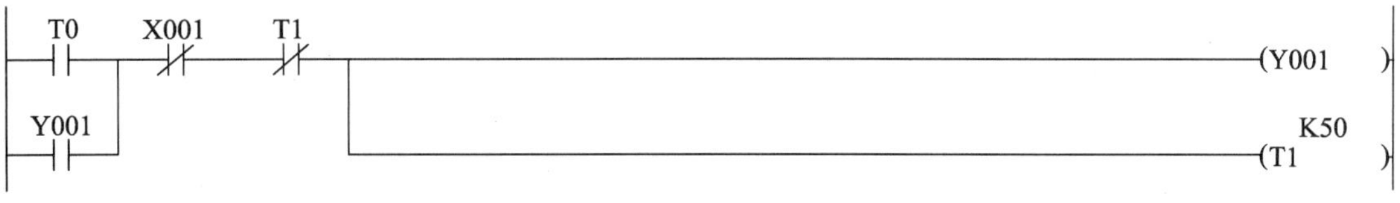

```
T0    X001   T1
├┤   ├/┤   ├/┤─────────────────────────(Y001)
Y001                                     K50
├┤                                     ─(T1)
```

图 8-14 梯形图(二)

同样,在反转的基础上添加时间定时器 T1,定时到,切断反转电路,同时将 T1 常开触点作为新一轮正转启动信号(图 8-15)。

```
X000  X001  T0
─┤├──┤/├──┤/├─────────────────(Y000)
Y000                              K50
─┤├─┐                          ─(T0)
T1  │
─┤├─┘

T0   X001  T1
─┤├──┤/├──┤/├─────────────────(Y001)
Y001                              K50
─┤├─                           ─(T1)
```

图 8-15　梯形图(三)

下一步,考虑计数器如何计数以及计什么?如果计反转 Y001 工作的次数,合不合适?第四次 Y001 一闭合,C0 将计为 4,C0 常闭触点将切断,Y001 不能继续工作 5s。因此,计 T1 工作的次数合适(图 8-16)。

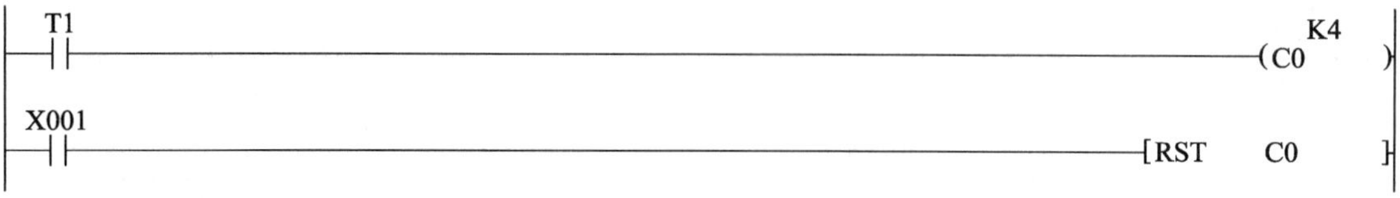

```
T1                                K4
─┤├─────────────────────────── (C0)

X001
─┤├───────────────────[RST  C0]
```

图 8-16　梯形图(四)

C0 复位信号可根据需要设计,这里简单地采用 SB2(X001),然后将 C0 常闭触点串接需要控制的电路中,即可完成最后设计,得到一个完整的梯形图(图 8-17)。

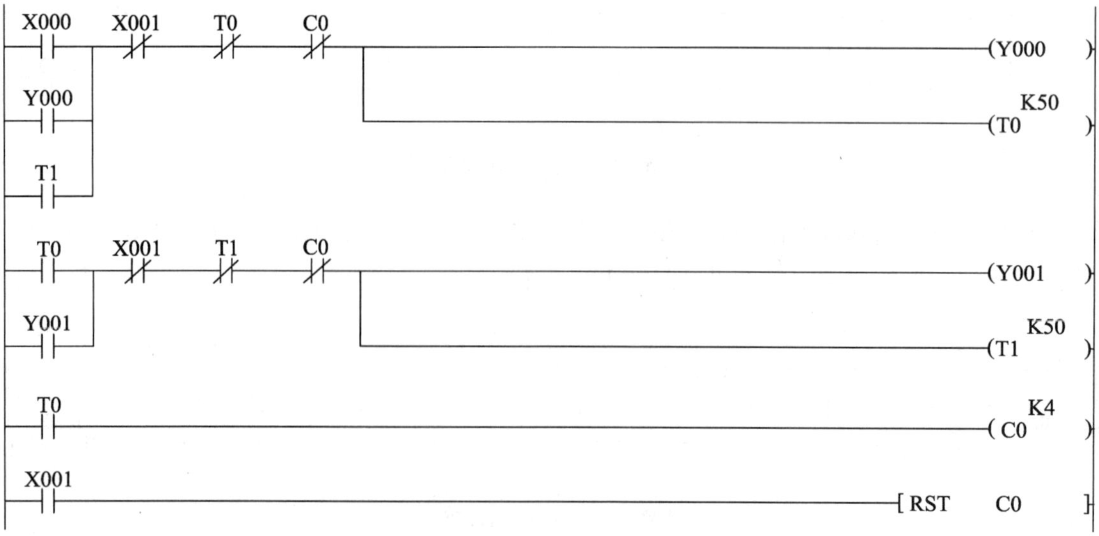

```
X000  X001  T0   C0
─┤├──┤/├──┤/├──┤/├───────────(Y000)
Y000                              K50
─┤├─┐                          ─(T0)
T1  │
─┤├─┘

T0   X001  T1   C0
─┤├──┤/├──┤/├──┤/├───────────(Y001)
Y001                              K50
─┤├─                           ─(T1)

T0                                K4
─┤├─────────────────────────── (C0)

X001
─┤├───────────────────[RST  C0]
```

图 8-17　梯形图(五)

2. 逻辑设计法

当控制系统主要以开关量进行控制时,使用逻辑设计法比较好。逻辑设计法是根据生产工艺的要求,利用逻辑代数来分析、化简、设计线路的方法。这种设计方法将控制线路中的继电器和接触器线圈的通、断,触点的断开、闭合等看成逻辑变量,并根据控制要求将它们之间的关系用逻辑函数关系式来表达,然后再运用逻辑函数基本公式和运算规律进行简化,根据最简式画出相应的电路结构图,最后再做进一步的检查和完善,即能获得需要的控制线路。

逻辑设计法较为科学,能够确定实现一个自动控制线路所必需的最少的中间记忆元件(中间继电器)的数目,以达到使逻辑电路最简单的目的,设计的线路比较简化、合理。但是当设计的控制系统比较复杂时,这种方法就显得十分烦琐,工作量也大。因此,如果将一个较大的、功能较为复杂的控制系统分成若干个互相联系的控制单元,用逻辑设计方法先完成每个单元控制线路的设计,然后再用经验设计方法把这些单元电路组合起来,各取所长,也是一种简捷的设计方法。

(1) 利用逻辑函数化简来简化电路

逻辑函数的化简可以使继电接触器控制电路简化。对于较简单的逻辑函数,可以利用逻辑代数的基本定律和运算法则,并综合运用并项、扩项、提取公因子等方法进行化简。

下面介绍有关逻辑代数化简的基本定理。

① 交换律。

$A \cdot B = B \cdot A, A + B = B + A$

② 结合律。

$A \cdot (B \cdot C) = (A \cdot B) \cdot C, A + (B + C) = (A + B) + C$

③ 分配律。

$A \cdot (B + C) = A \cdot B + A \cdot C, A + B \cdot C = (A + B) \cdot (A + C)$

④ 吸收律。

$A + AB = A, A \cdot (A \cdot B) = A$

$A + \overline{A}B = A + B, \overline{A} + A \cdot B = \overline{A} + B$

⑤ 重叠律。

$A \cdot A = A, A + A = A$

⑥ 非非律。

$\overline{\overline{A}} = A$

⑦ 反演律(摩根定律)。

$\overline{A + B} = \overline{A} \cdot \overline{B}, \overline{A \cdot B} = \overline{A} \cdot \overline{B}$

⑧ 化简中常用到的基本恒等式。

$A + 0 = A, A \cdot 1 = A, A + 1 = 1, A \cdot 0 = 0, A + \overline{A} = 1, \overline{A} \cdot A = 0$

利用逻辑函数来简化电路需要注意的问题如下:

● 注意触点容量的限制。检查化简后触点的容量是否足够,尤其是担负关断任务的触点。

● 注意线路的合理性和可靠性。一般继电器和接触器有多对触点,在有多余触点的情况下,不必强求化简,而应充分发挥元件的功能,让线路的逻辑功能更明确。

(2) 继电器、接触器线路的逻辑函数

继电器、接触器线路是开关线路,符合逻辑规律。以按钮、触点和中间继电器等作为输入逻辑变量,进行逻辑函数运算后,得出以执行元件为输出变量。

(3) 逻辑设计方法的一般步骤

逻辑设计法可以使线路简化,充分利用电气元件来得到较合理的线路。对复杂线路的设计,特别是生产自动线、组合机床等控制线路的设计,采用逻辑设计法比经验设计法更为方便、合理。

逻辑设计法的一般步骤如下:

① 充分研究加工工艺过程,作出工作循环图或工作示意图。

② 按工作循环图作出执行元件及检测元件状态表。

③ 根据状态表,设置中间记忆元件,并列写中间记忆元件及执行元件逻辑函数式。

④ 根据逻辑函数式建立电路结构图。

⑤ 进一步完善电路,增加必要的连锁、保护等辅助环节,检查电路是否符合原控制要求,有无寄生回路,是否存在触点竞争现象等。

完成以上五步,则可得到一张完整的控制原理图。

下面以一个简单的控制设计为例介绍这种编程方法。

例 8-2 某系统中有 4 台通风机,要求在以下几种运行状态下应发出不同的显示信号:三台及三台以上开机时,绿灯常亮;两台开机时,绿灯以 10Hz 的频率闪烁;一台开机时,红灯以 10Hz 的频率闪烁;全部停机时,红灯常亮。

由控制任务可知,这是一个对通风机运行状态进行监视的问题。显然,必须把 4 台通风机的各种运行状态的信号输入 PLC 中(由 PLC 外部的输入电路来实现);各种运行状态对应的显示信号则为 PLC 的输出。

为了讨论问题方便,设 4 台通风机分别为 A、B、C、D,红灯为 F1,绿灯为 F2。由于各种运行情况所对应的显示状态是唯一的,故可将几种运行情况分开进行程序设计。

● 红灯常亮的程序设计。

当 4 台通风机都不开机时红灯常亮。设灯常亮为"1"、灭为"0",通风机开机为"1"、停为"0"(下同)。其状态表如下:

A	B	C	D	F1
0	0	0	0	1

由状态表可得 F1 的逻辑函数为

$$F1 = \overline{A}\overline{B}\overline{C}\overline{D} \tag{1}$$

根据逻辑函数(1),容易画出其梯形图,如图 8-18 所示。

图 8-18 梯形图(一)

● 能引起绿灯常亮的情况有 5 种,列状态表如下:

A	B	C	D	F2
0	1	1	1	1
1	0	1	1	1
1	1	0	1	1
1	1	1	0	1
1	1	1	1	1

由状态表可得 F2 的逻辑函数为

$$F2=\overline{A}BCD+A\overline{B}CD+AB\overline{C}D+ABC\overline{D}+ABCD \tag{2}$$

根据这个逻辑函数直接画梯形图时，梯形图会很烦琐，所以要先对逻辑函数(2)进行化简。例如，将(2)化简成下式：

$$F2=AB(D+C)+CD(A+B) \tag{3}$$

再根据(3)画出的梯形图如图 8-19 所示。

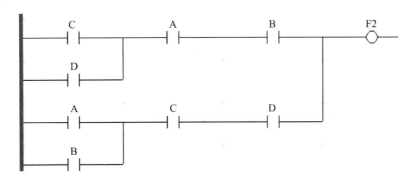

图 8-19 梯形图(二)

● 红灯闪烁的程序设计。

设红灯闪烁为"1"，列状态表如下：

A	B	C	D	F1
0	0	0	1	1
0	0	1	0	1
0	1	0	0	1
1	0	0	0	1

由状态表可得 F1 的逻辑函数为

$$F1=\overline{A}\overline{B}\overline{C}D+\overline{A}\overline{B}C\overline{D}+\overline{A}B\overline{C}\overline{D}+A\overline{B}\overline{C}\overline{D} \tag{4}$$

将(4)化简为

$$F1=\overline{A}\overline{B}(\overline{C}D+C\overline{D})+\overline{C}\overline{D}(\overline{A}B+A\overline{B}) \tag{5}$$

由(5)画出的梯形图如图 8-20 所示。其中 M8012 能产生 0.1s 即 10Hz 的脉冲信号。

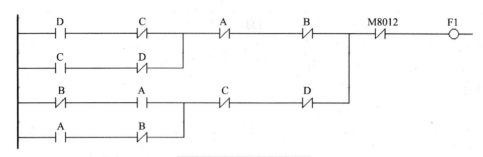

图 8-20 梯形图(三)

- 绿灯闪烁的程序设计。

设绿灯闪烁为"1",列状态表如下:

A	B	C	D	F2
0	0	1	1	1
0	1	0	1	1
0	1	1	0	1
1	0	0	1	1
1	0	1	0	1
1	1	0	0	1

由状态表可得 F2 的逻辑函数为

$$F2=\overline{A}\overline{B}CD+\overline{A}B\overline{C}D+\overline{A}BC\overline{D}+A\overline{B}\overline{C}D+A\overline{B}C\overline{D}+AB\overline{C}\overline{D} \tag{6}$$

将(6)化简为

$$F2=(\overline{A}B+A\overline{B})(\overline{C}D+C\overline{D})+AB\overline{C}\overline{D}+\overline{A}\overline{B}CD \tag{7}$$

根据(7)画出的梯形图如图 8-21 所示。

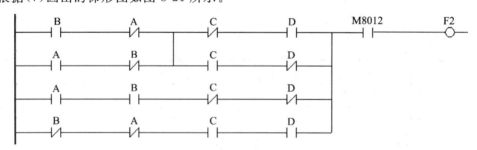

图 8-21 梯形图(四)

- 选择 PLC 机型,对 I/O 点进行分配。

本例只有 A、B、C、D 4 个输入信号,F1、F2 两个输出信号,若系统选择的机型是 FX2N,作出 I/O 分配,如下表所示:

电机信号				显示灯信号	
A	B	C	D	F1	F2
Y000	Y001	Y002	Y003	Y004	Y005

将上述四幅梯形图综合在一起,便得到总梯形图(图 8-22)。

下面把逻辑设计法归纳如下:

◇ 用不同的逻辑变量来表示各输入/输出信号,并设定对应输入/输出信号各种状态时的逻辑值。

◇ 根据控制要求,列出状态表或画出时序图。

◇ 由状态表或时序图写出相应的逻辑函数,并进行化简。

◇ 根据化简后的逻辑函数画出梯形图。

◇ 上机调试,使程序满足要求。

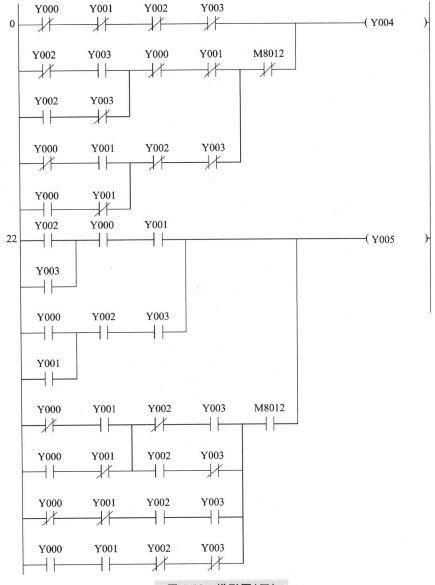

图 8-22 梯形图(五)

3. 时序图设计法

如果 PLC 各输出信号的状态变化有一定的时间顺序,可用时序图设计法设计程序。因为在画出各输出信号的时序图后,容易理顺各状态转换的时刻和转换条件,从而建立清晰的设计思路。下面通过一个例子说明这种设计方法。

例 8-3 在十字路口上设置红、黄、绿交通信号灯。由于东西方向的车流量较小、南北方向的车流量较大,所以南北方向的放行(绿灯亮)时间为 30s,东西方向的放行时间(绿灯亮)为 20s。当在东西(或南北)方向的绿灯灭时,该方向的黄灯与南北(或东西)方向的红灯一起以 10Hz 的频率闪烁 5s,以提醒司机和行人注意。闪烁 5s 之后,立即开始另一个方向的放行。要求只用一只控制开关对系统进行启停控制。

下面介绍用时序图设计法编程的思路。

① 分析 PLC 的输入和输出信号,以作为选择 PLC 机型的依据之一。在满足控制要求的前提下,应尽量减少占用 PLC 的 I/O 点。由上述控制要求可见,由控制开关输入的启、停信号是输入信号。由 PLC 的输出信号控制各指示灯的亮、灭。南北方向的三色灯共 6 盏,同颜色的灯在同一时间亮、灭,所以可将同色灯两两并联,用一个输出信号控制。同理,东西方向的三色灯也照此办理,只占 6 个输出点。

② 为了弄清各灯之间亮、灭的时间关系,根据控制要求,可以先画出各方向三色灯的工作时序图。本例的时序图如图 8-23 所示。

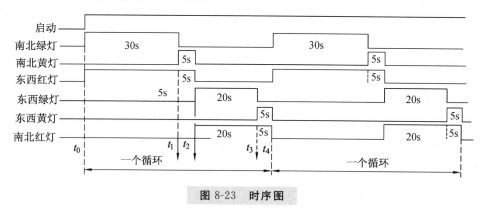

图 8-23 时序图

③ 由时序图分析各输出信号之间的时间关系。图中,南北方向放行时间可分为两个时间区段:南北方向的绿灯和东西方向的红灯亮,指示方向换行前东西方向的红灯与南北方向的黄灯一起闪烁。东西方向放行时间也分为两个时间区段:东西方向的绿灯和南北方向的红灯亮,指示方向换行前南北方向的红灯与东西方向的黄灯一起闪烁。一个循环内分为 4 个时间区段,这 4 个时间区段对应着 5 个分界点 t_0、t_1、t_2、t_3、t_4。在这 5 个分界点处信号灯的状态将发生变化。

④ 4 个时间区段必须用 4 个定时器来控制。为了明确各定时器的职责,以便理顺各色灯状态转换的准确时间,最好列出定时器的功能明细表,如下表所示:

定时器	t_0	t_1	t_2	t_3	t_4
T0 定时 30s	开始定时南北绿灯、东西红灯亮	定时到,输出 ON 且保持。南北绿灯灭;南北黄灯、东西红灯开始闪烁	ON	ON	开始下一个循环

续表

定时器	t_0	t_1	t_2	t_3	t_4
T1 定时 35s	开始定时	继续定时	定时到，输出ON且保持。南北黄灯、东西红灯灭，南北红灯、东西绿灯开始亮		开始下一个循环
T2 定时 55s	开始定时	继续定时	继续定时	定时到，输出ON且保持。东西绿灯灭，南北黄灯、南北红灯开始闪烁	开始下一个循环
T3 定时 60s	开始定时	继续定时	继续定时	继续定时	定时到，输出ON，随即自动复位且开始下一个循环的定时

⑥ 根据定时器功能明细表和 I/O 分配，画出的梯形图如图 8-24 所示。

作出 I/O 点分配，如下表所示：

输 入	输 出					
SA 启动开关	南北绿灯	南北黄灯	南北红灯	东西绿灯	东西黄灯	东西红灯
X000	Y000	Y001	Y002	Y003	Y004	Y005

对图的设计意图及功能简要分析如下：

● 程序用开关按钮 X000 控制系统启停，当 X000 为 ON 时程序执行，否则不执行。

● 程序启动后 4 个定时器同时开始定时，Y000 为 ON，使南北绿灯、东西红灯亮。

● 当 T0 定时时间到，若 Y000 为 OFF，南北绿灯灭；若 Y001 为 ON，南北黄灯通过 M8012 以 10Hz 的频率闪烁，东西红灯也以相同频率闪烁。

● 当 T1 定时时间到，若 Y001 为 OFF，南北黄灯、东西红灯灭；若 Y003 为 ON，东西绿灯、南北红灯亮。

● 当 T2 定时时间到，若 Y003 为 OFF，东西绿灯灭；若 Y004 为 ON，东西黄灯、南北红灯闪烁。

● T3 记录一个循环的时间。当 T3 定时时间到，若 Y004 为 OFF，东西黄灯、南北红灯灭；若 T0～T3 全部复位，则开始下一个循环的定时。由于 T0 为 OFF，所以南北绿灯亮、东西红灯亮，并重复上述过程。

下面把时序图设计法归纳如下：

● 详细分析控制要求，明确备输入/输出信号个数，合理选择机型。

● 明确各输入和输出信号之间的时序关系，画出各输入和输出信号的工作时序图。

● 把时序图划分成若干个时间区段，确定各区段的时间长短，找出各区段的分界点，弄清分界点处各输出信号状态的转换关系和转换条件。

● 根据时间区段的个数确定需要几个定时器,分配定时器号,确定各定时器的设定值,明确各定时器开始定时和定时时间到这两个关键时刻对各输出信号状态的影响。

● 对 PLC 进行 I/O 分配。

● 根据定时器的功能明细表、时序图和 I/O 分配表设计出梯形图。

● 作模拟运行实验,检查程序是否符合控制要求,进一步修改程序。

对一个复杂的控制系统,若某个环节属于这类控制,就可以用这个方法去处理。

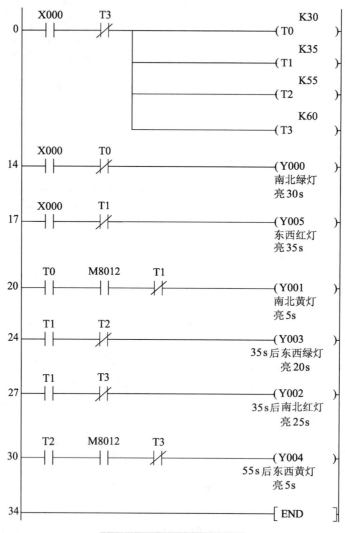

图 8-24 交通灯梯形图

4. 顺序控制设计方法

PLC 除了梯形图以外,还采用了 SFC(Sequential Function Chart)顺序功能图语言,用于编制复杂的顺序控制程序。利用这种编程方法能够较容易地编写出复杂的顺序控制程序,从而提高了工作效率,对于程序调试也极为方便。

顺序控制是指按照生产工艺预先规定的顺序,在各个输入信号的作用下,根据内部状态和时间的顺序,使各个执行机构自动有序地进行操作。

(1) 顺序功能图

顺序功能图是指描述控制系统的控制过程、功能和特性的一种图形,主要由步、有向连线、转换、转换条件和动作(或命令)组成。它具有简单、直观等特点,是设计 PLC 顺序控制程序的一种有力工具。

顺序功能图设计法是指用转换条件控制代表各步的编程元件,让它们的状态按一定的顺序变化,然后用代表各步的编程元件去控制 PLC 的各输出继电器。

① 步。将系统的一个周期划分为若干个顺序相连的阶段,这些阶段称为步。"步"是控制过程中的一个特定状态。步又分为初始步和工作步,在每一步中要完成一个或多个特定的动作。初始步表示一个控制系统的初始状态,一个控制系统必须有一个初始步,初始步可以没有具体要完成的动作。

② 转换条件。步与步之间用"有向连线"连接,在有向连线上用一个或多个小短线表示一个或多个转换条件。当条件得到满足时,转换得以实现。即上一步的动作结束而下一步的动作开始,因此不会出现步的动作重叠。当系统正处于某一步时,把该步称为"活动步"。为了确保严格地按照顺序执行,步与步之间必须要有转换条件分隔。

状态继电器是构成功能图的重要元件。三菱系列 PLC 的状态继电器元件有 900 点(S0～S899)。其中 S0～S9 为初始状态继电器,用于功能图的初始步。

以图 8-25 为例说明功能图。

步用方框表示,方框内是步的元件号或步的名称,步与步之间要用有向线段连接。其中从上到下和从左到右的箭头可以省去不画,有向线段上的垂直短线和它旁边的圆圈或方框是该步期间的输出信号,如需要也可以对输出元件进行置位或复位。当步 S030 有效时,输出 Y010、Y011 接

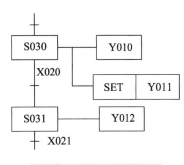

图 8-25 顺序功能图

通(在这里 Y010 是用 OUT 指令驱动,Y011 是用 SET 指令置位,未复位前 Y011 一直保持接通),程序等待转换条件 X020 动作。当 X020 满足时,步就由 S030 转到 S031,这时 Y010 断开,Y012 接通,Y011 仍保持接通。

转换条件是指与转换相关的逻辑命令,可用文字语言、布尔代数表达式或图形符号在短划线旁边标注,使用最多的是布尔代数表达式。

绘制顺序功能图时应注意:

● 两个步绝对不能直接相连,必须用一个转换将它们隔开。
● 两个转换绝对不能直接相连,必须用一个步将它们隔开。
● 初始步必不可少,否则无法表示初始状态,系统也无法返回停止状态。
● 自动控制系统应能多次重复执行同一工艺过程,应组成闭环,即最后一步返回初始步(单周期)或下一周期开始运行的第一步(连续循环)。
● 只有当前一步是活动步,该步才可能变成活动步。一般采用无断电保持功能的编程元件代表各步,进入 RUN 工作方式时,它们均处于断开状态,系统无法工作。必须使用初始化脉冲 M8002 的常开作为转换条件,将初始步预置为活动步。

③ 功能图的结构。根据步与步之间进展的不同情况,功能图有三种结构:

● 单序列。反映按顺序排列的步相继激活这样一种基本的进展情况,如图 8-26 所示。

● 选择序列。一个活动步之后,紧接着有几个后续步可供选择的结构形式,称为选择序列。如图 8-26 所示,选择序列的各个分支都有各自的转换条件。

● 并行序列。当转换条件满足导致几个分支同时被激活时,采用并行序列。其有向连线的水平部分用双线表示,如图 8-26 所示。

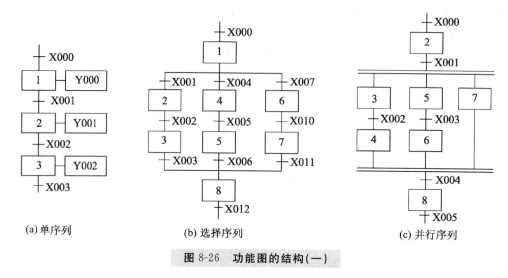

图 8-26 功能图的结构(一)

④ 跳步、重复和循环序列。在实际系统中经常使用跳步、重复和循环序列。这些序列实际上都是选择序列的特殊形式。

如图 8-27(a)所示为跳步序列。当步 3 为活动步时,若转换条件 X005 成立,则跳过步 4 和步 5,直接进入步 6。

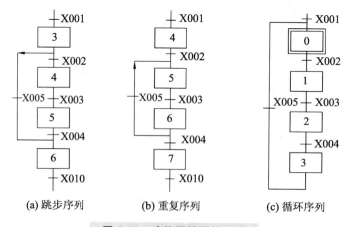

图 8-27 功能图的结构(二)

图 8-27(b)所示为重复序列。当步 6 为活动步时,若转换条件 X004 不成立而 X005 成立,则重新返回步 5,重复执行步 5 和步 6。直至转换条件 X004 成立,重复结束,转入步 7。

图 8-27(c)所示为循环序列,即在序列结束后,用重复的方式直接返回初始步 0,形成序列的循环。

(2) 三菱 FX 系列 PLC 步进指令介绍及编程设计

FX2N 系列 PLC 除了基本指令之外,还有两条简单的步进指令,同时还有大量的状态继电器,这样就可以用类似于 SFC 语言的功能图方式编程。

步进指令又称 STL 指令。在 FX 系列 PLC 中还有一条使 STL 复位的 RET 指令。利用这两条指令就可以很方便地对顺序控制系统的功能图进行编程。步进指令 STL 只有与状态继电器 S 配合时,才具有步进功能。使用 STL 指令的状态继电器常开触点,称为 STL 触点,没有常闭的 STL 触点。从图 8-28 中可以看出功能图和梯形图之间的关系,用状态继电器代表功能图的各步,每一步都具有三种功能:负载的驱动处理、指定转换条件和指定转换目标。

步进指令的执行过程如图 8-28 所示,当步 S20 为活动步时,S20 的 STL 触点接通的负载 Y000 接通。当转换条件 X001 成立时,下一步的 S21 将被置位,同时 PLC 自动将 S20 断开(复位),Y000 也断开。

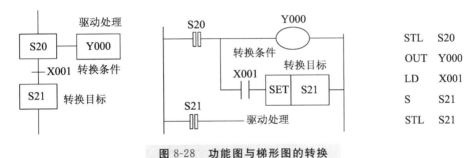

图 8-28 功能图与梯形图的转换

STL 触点是与左母线相连的常开触点,类似于主控触点,并且同一状态继电器的 STL 触点只能使用一次(并行序列的合并除外)。

与 STL 触点相连的触点应使用 LD 或 LDI 指令,使用过 STL 指令后,应用 RET 指令使 LD 点返回左母线。

梯形图中同一元件的线圈可以被不同的 STL 触点驱动,即使用 STL 指令时,允许双线圈输出。STL 触点之后不能使用 MC/MCR 指令。

例 8-4 运料小车控制设计。

设小车停在左侧限位 X2 处,按下启动按钮 X0 后,先打开料斗 Y2,开始装料,T0 计时 10s 后关闭 Y2,小车开始右行 Y0,碰 X1 停,卸料 Y3 开始工作,T1 计时 5s 后,小车开始左行 Y1,碰 X2,返回初始状态,停止运行。程序设计如图 8-29 所示。

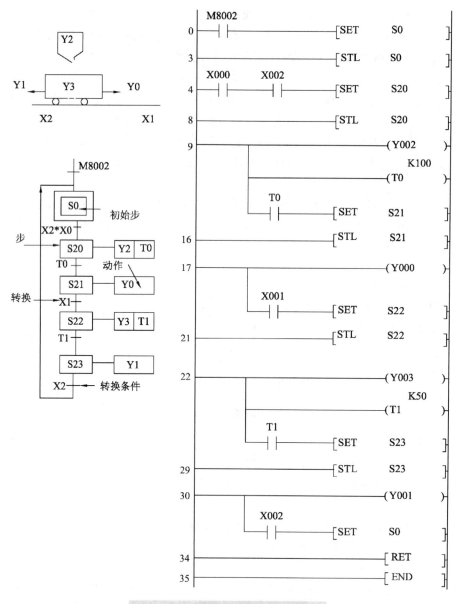

图 8-29 三菱 PLC 小车运料控制

(3) 西门子 S7-200 系列 PLC 顺控指令介绍及编程设计

S7-200 中的顺序控制继电器 S 专门用于顺序控制程序。顺序控制程序被顺序控制继电器指令 SCR 划分为 LSCR 与 SCRE 指令之间的若干个 SCR 段,一个 SCR 段对应于顺序功能图中的一步,装载顺序控制继电器指令 LSCR n 用来表示一个 SCR 段即顺序功能图中的步的开始。指令中的操作数 n 为顺序控制继电器 S(BOOL 型)地址,顺序控制继电器为 1 状态时,对应的 SCR 段中程序被执行,反之则不被执行。

顺序控制继电器结束指令 SCRE 用来表示 SCR 段的结束。

顺序控制继电器转换指令 SCRT n 用来表示 SCR 段之间的转换,即步的活动状态的转换。当 SCRT 线圈"得电"时,SCRT 中指定的顺序功能图中的后续步对应的顺序控制继电器 n 变为 1 状态,同时当前活动步对应的顺序控制继电器变为 0 状态,当前步变为不活动步。

LSCR 指令中的 n 指定的顺序控制继电器(S)被放入 SCR 堆栈的栈顶,SCR 堆栈中 S 位的状态决定对应的 SCR 段是否执行。由于逻辑堆栈栈顶的值装入了 S 位的值,所以能将 SCR 指令和它后面的线圈直接连接到左侧母线上。

使用 SCR 时有如下限制:不能在不同的程序中使用相同的 S 位;不能在 SCR 段中使用 JMP 及 LBL 指令,即不允许用跳转的方法跳入或跳出 SCR 段;不能在 SCR 段中使用 FOR、NEXT 和 END 指令。

图 8-30 为小车运动的示意图和顺序功能图。设小车在初始位置时停在左边,限位开关 I0.2 为 1 状态,当按下启动按钮 I0.0 后,小车向右运行,运动到位压下限位开关 I0.1 后,停

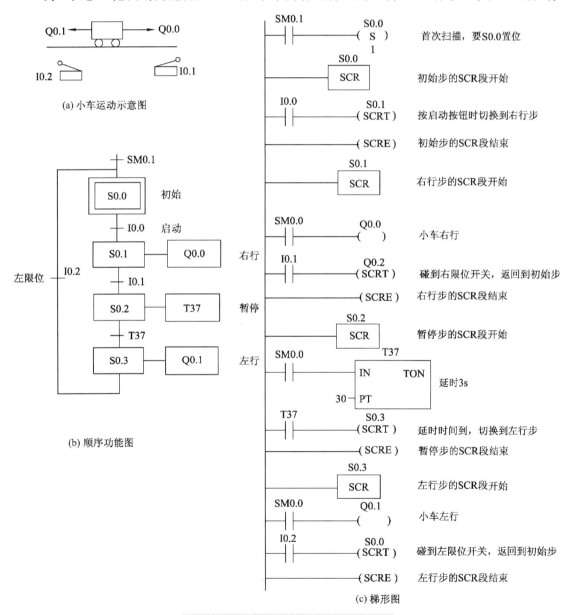

图 8-30 西门子 PLC 小车运料控制

在该处,3s后开始左行,左行到位压下限位开关I0.2后,返回初始步,停止运行。根据Q0.0和Q0.1状态的变化,显然一个工作周期可以分为左行、暂停和右行三步。另外,还应设置等待启动的初始步,并分别用S0.0～S0.3来代表这四步。启动按钮I0.0和限位开关的常开触点、T37延时接通的常开触点是各步之间的转换条件。

首次扫描时SM0.1的常开触点接通一个扫描周期,使顺序控制继电器S0.0置位,初始步变为活动步。按下启动按钮I0.0,SCRT S0.1指令的线圈得电,使S0.1变为1状态,S0.0变为0状态,系统从初始步转换到右行步,转为执行S0.1对应的SCR段。在该段中,因为SM0.0一直为1状态,其常开触点闭合,Q0.0的线圈得电,小车右行,当压下限位开关时,I0.1的常开触点闭合,将实现右行步S0.1到暂停步的转换。定时器T37用来使暂停步持续到3s,延时时间到,T37的常开触点接通,使系统由暂停步转换到左行步S0.3,直到返回初始步。

在设计梯形图时,用LSCR和SCRE指令作为SCR段的开始和结束指令。在SCR段中用SM0.0的常开触点来驱动在该步中应为1状态的输出点(Q)的线圈,并用转换条件对应的触点或电路来驱动转到后续步的SCRT指令。

5. 综合应用程序设计

例 8-5 PLC在数控加工中心刀库控制中的应用。

如图8-31所示为转盘式刀库工作台模拟装置,上面设有8把刀,每把刀均有相应的刀号地址,分别为1,2,…,8。刀库由小型直流电动机带动低速转动,转动时,将由霍尔开关检测信号刀位输出,反映刀号位置。

采用三菱PLC系列进行程序设计。

在转盘式控制刀库工作台模拟装置中,分别有控制直流电动机旋转的正转(CW)、反转(CCW)信号输入端,有刀库到位输入指示信号(L)输入端,有检测刀库位置开关的刀位输出(SQ)信号端,SB作为送数按钮,SA作为启动开关。

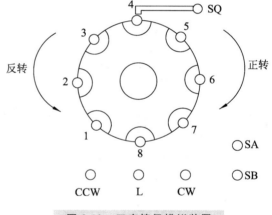

图 8-31 刀库捷径模拟装置

根据换刀要求,设当前刀号在8号位置,即8号刀在刀号测量位置上。所取新刀(希望下次取的刀号位置)假设为2,当启动信号发出后,该刀库中心圆盘应从8转向2,以逆时针方向转动,转动到位后,电动机停转。

捷径处理:刀号和所希望取的刀号分别用BCD码拨码开关、传送指令或从CNC数控系统送到数据寄存器D0、D1中,经比较后,若两数相等,则比较输出到位信号,说明希望刀号与当前刀号相等;若两数不等,则需对数据进行处理,使电动机进行正转或反转。当D0>D1时,进行D0—D1→D10处理;当D0<D1时,进行(D0+8)→D2,(D2—D1)→D10的处理。然后再判断它们处理的结果D10是否大于等于4,若大于等于4则反转;若小于4,则正转(正转为顺时针,反转为逆时针)。每转动一个刀号,由SQ测试端输出一个脉冲信号给PLC,PLC将进行一次加1或减1操作,然后再判断D0是否与D1相等,若不等,再继续下去;若相等,则电动机停转。

用 PLC 控制刀库转动方向的流程图如图 8-32 所示。

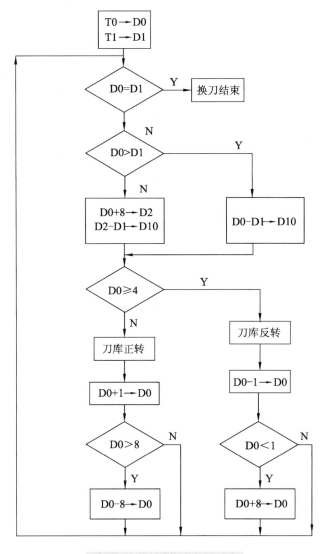

图 8-32 刀库控制流程图

PLC 控制梯形图程序如图 8-33 所示。进行实验时,程序中的 D0、D1 数据可以进行假设(本例 D0=8,D1=2),采用传送指令执行。下面作出 I/O 点分配,如下表所示。

输入			输出		
文字符号	PLC 地址号	说明	文字符号	PLC 地址号	说明
SA	X000	送数按钮	L	Y000	刀在主轴
SB	X001	启动开关	CW	Y001	电机正转
SQ	X002	刀号检测计数开关	CCW	Y002	电机反转

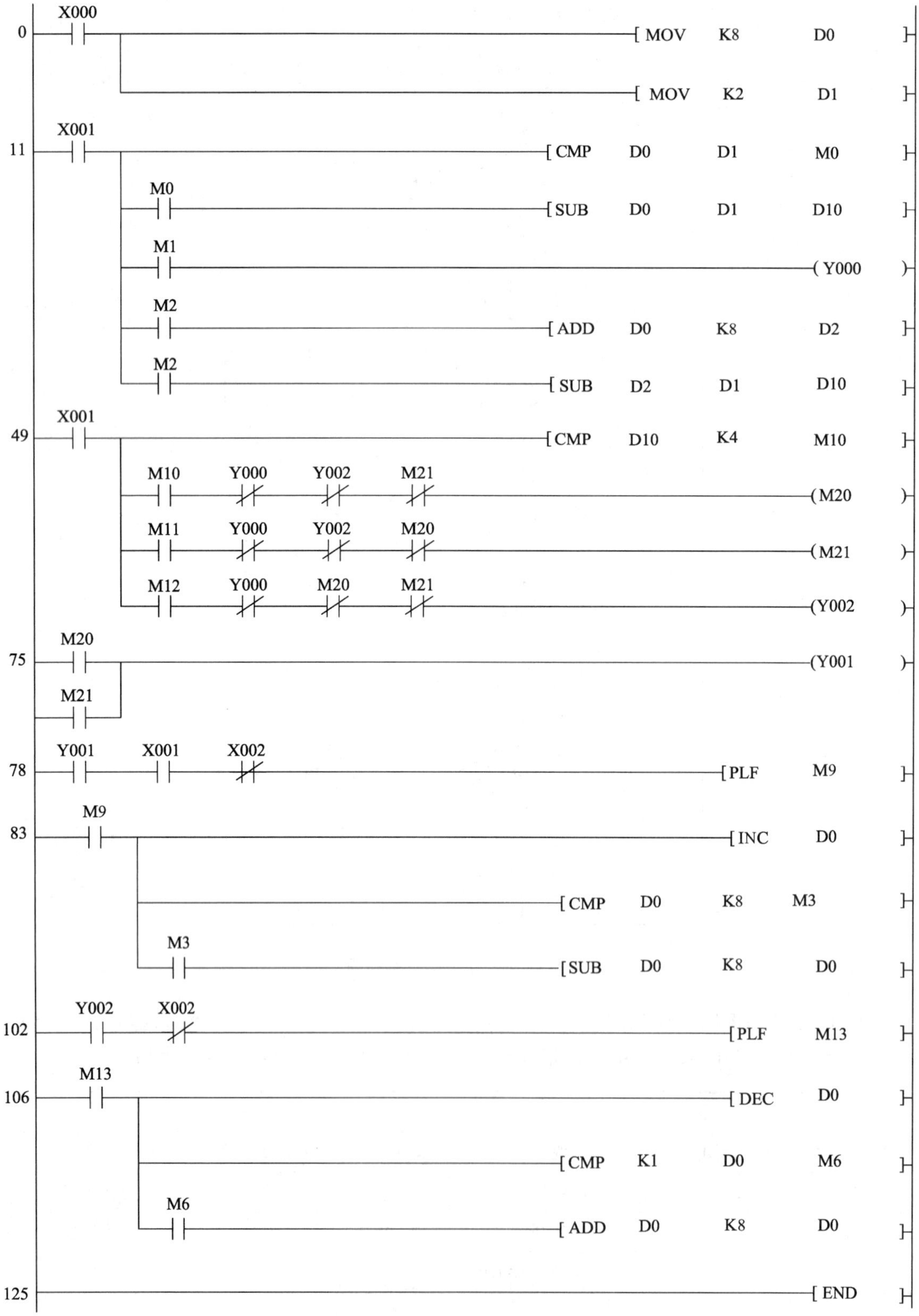

```
         X000
 0       ─┤├──┬─────────────────────────────[ MOV    K8    D0  ]
              │
              └─────────────────────────────[ MOV    K2    D1  ]

         X001
11       ─┤├──┬─────────────────────────[ CMP    D0    D1    M0 ]
              │   M0
              ├──┤├────────────────────[ SUB    D0    D1    D10 ]
              │   M1
              ├──┤├──────────────────────────────────────────( Y000 )
              │   M2
              ├──┤├────────────────────[ ADD    D0    K8    D2  ]
              │   M2
              └──┤├────────────────────[ SUB    D2    D1    D10 ]

         X001
49       ─┤├──┬─────────────────────────[ CMP    D10   K4    M10 ]
              │  M10   Y000  Y002  M21
              ├──┤├───┤/├──┤/├──┤/├──────────────────────( M20 )
              │  M11   Y000  Y002  M20
              ├──┤├───┤/├──┤/├──┤/├──────────────────────( M21 )
              │  M12   Y000  M20   M21
              └──┤├───┤/├──┤/├──┤/├──────────────────────( Y002 )

         M20
75       ─┤├──┬────────────────────────────────────────────( Y001 )
         M21  │
         ─┤├──┘

         Y001  X001  X002
78       ─┤├───┤├───┤/├─────────────────────────────[ PLF    M9 ]

         M9
83       ─┤├──┬─────────────────────────────────[ INC    D0  ]
              │
              ├─────────────────────────────[ CMP    D0    K8    M3 ]
              │   M3
              └──┤├────────────────────────[ SUB    D0    K8    D0 ]

         Y002  X002
102      ─┤├───┤/├──────────────────────────────────[ PLF    M13 ]

         M13
106      ─┤├──┬─────────────────────────────────[ DEC    D0  ]
              │
              ├─────────────────────────────[ CMP    K1    D0    M6 ]
              │   M6
              └──┤├────────────────────────[ ADD    D0    K8    D0 ]

125      ────────────────────────────────────────────────[ END ]
```

图 8-33 刀库控制梯形图

例 8-6 具有多种工作方式的系统的编程方法。

不少系统需要具备多种工作方式,如既能自动地循环运行一个过程,也能进行手动操作运行一个工作步等。常见的工作方式有连续、单周期、单步和手动。所谓连续方式,是指系统启动后连续地、周期性地运行一个过程;所谓单周期方式,是指启动一次只运行一个工作周期;所谓单步方式,是指启动一次只能运行一个工作步;手动方式与点动控制相似。

对一个设备来说,几种工作方式不能同时运行。所以在设计这类程序时,可以对几种工作方式的程序分别进行处理,最后综合起来,这样可以简化程序的设计。下面通过一个例子说明多种工作方式的程序设计问题。在本例中,还提出了编写误操作禁止程序的实际问题。

采用液压控制的搬运机械手,其任务是把左工位的工件搬运到右工位,图 8-34 是其动作示意图。机械手的工作方式分为手动、单步、单周期和连续四种。图 8-35 为机械手操作盘示意图。

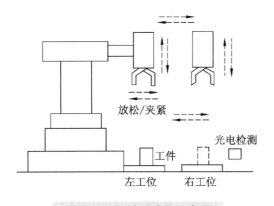

图 8-34　机械手动作示意图　　　　　图 8-35　操作盘示意图

① 机械手各种工作方式的动作过程及控制要求如下所述。

a. 机械手的工作方式。

● 单周期方式。

机械手在原位压左限位开关和上限位开关。按一次操作按钮,机械手开始下降,下降到左工位压动下限位开关后自停;接着机械手夹紧工件后开始上升,上升到原位压动上限位开关后自停;接着机械手开始右行,直至压动右限位开关后自停;接着机械手下降,下降到右工位压动下限位开关(两个工位用一个下限位开关)后自停;接着机械手放松工件后开始上升,直至压动上限位开关后自停(两个工位用一个上限位开关);接着机械手开始左行,直至压动左限位开关后自停。至此一个周期的动作结束,再按一次操作按钮,则开始下一个周期的运行。

● 连续方式。

启动后机械手反复运行上述每个周期的动作过程,即周期性连续运行。

● 单步方式。

每按一次操作按钮,机械手完成一个工作步。例如,按一次操作按钮,机械手开始下降,下到左工位压动下限位开关自停,欲使之运行下一个工作步,必须再一次操作按钮等。

以上三种工作方式属于自动控制方式。

● 手动方式。

按下按钮,则机械手开始一个动作;松开按钮,则停止该动作。

b. 对机械手每个工作步的控制要求。

● 上升和下降。

机械手上升或下降的动作都要到位,否则不能进行下一个工作步。本例使用上、下限位开关进行控制。上升/下降的动作用一个双线圈的电磁阀控制。

● 夹紧和放松。

机械手夹紧和放松的动作必须在两个下工位处进行,且夹紧和放松的动作都要到位。

为了确保夹紧和放松动作的可靠性,本例对夹紧和放松动作进行定时,并设置夹紧和放松指示。夹紧和放松动作由单线圈的电磁阀控制。

● 左行和右行。

自动方式时,机械手的左、右运动必须在压动上限位开关后才能进行;机械手的左、右运动都必须到位,以确保在左工位取到工件并在右工位放下工件。本例利用上限位开关、左限位开关和右限位开关进行控制。左/右行的动作由双线圈的电磁阀控制。

c. 自动方式下误操作的禁止。

自动方式(连续、单周期、单步)下,按一次操作按钮,自动运行方式开始后,再按操作按钮属错误操作,程序对错误操作不予响应。

另外,当机械手到达有工位上方时,下一个工作步就是下降。为了确保在右工位没有工件时才能开始下降,应在右工位设置有无工件检测装置。本例使用的是光电检测装置。

② 西门子 S7-200 PLC 程序设计

控制要求:机械手要求按一定的顺序动作。启动时,机械手从原点开始按顺序动作。停止时,机械手停止在现行工步上。重新启动时,机械手按停止前的动作继续进行。为了保证安全,机械手右移后,必须在右工位上无工件时才能下降。若上一次搬到右工位上的工件尚未移走,机械手应自动暂停等待。为此设置了一只光电开关,以检测有无工件信号。

为满足生产要求,机械手设置手动工作方式和自动工作方式两种,而自动工作方式又分为单步、单周期和连续工作方式。

● 手动工作方式。利用按钮对机械手每一步动作单独进行控制。例如,按"上升"按钮,机械手上升;按"下降"按钮,机械手下降,此种工作方式可使机械手置原位。

● 单步工作方式。从原点开始,按自动工作循环的工序,每按一下启动按钮,机械手完成一步的动作后自动停止。

● 单周期工作方式。按下启动按钮,从原点开始,机械手按工序自动完成单个周期的动作后停在原位。

● 连续工作方式。机构在原位时,按下启动按钮,机构自动连续地执行周期动作。当按下停止按钮时,机械手保持当前状态。重新恢复后机械手按停止前的动作继续进行工作。

a. PLC 选型及 I/O 接线图

根据控制要求,PLC 控制系统选用 SIEMENS 公司 S7-200 系列 CPU 214 和 EM221,其输入/输出端子电气接线图如图 8-36 所示。

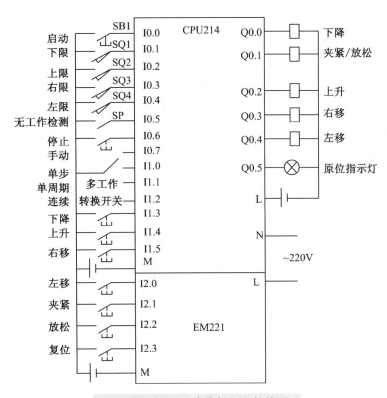

图 8-36 控制系统外部 I/O 接线图

b. 作出 PLC I/O 点的分配,依据控制要求,需要 18 个输入点、6 个输出点,如下表所示。

输 入 点						输出点	
符号	功能	符号	功能	符号	功能	符号	功能
I0.0	启动	I1.0	单步	I2.0	左移	Q0.0	下降
I0.1	下限	I1.1	单周期	I2.1	夹紧	Q0.1	夹紧/放松
I0.2	上限	I1.2	连续	I2.2	放松	Q0.2	上升
I0.3	右限	I1.3	下降	I2.3	复位	Q0.3	右移
I0.4	左限	I1.4	上升			Q0.4	左移
I0.5	有/无工件	I1.5	右移			Q0.5	原位显示
I0.6	停止						
I0.7	手动						

c. PLC 控制系统程序设计

● 整体设计。为使编程结构简洁明了,把手动程序和自动程序分别编成相对独立的子程序模块,通过调用指令进行功能选择。当工作方式选择开关选择手动工作方式时,I0.7 接通,执行手动工作程序;当工作方式选择开关选择自动方式(单步、单周、连续)时,I1.0、I1.1、I1.2 分别接通,执行自动控制程序。整体设计的梯形图(主程序)如图 8-37 所示。

● 手动控制程序。手动操作不需要按工序顺序动作,可以按普通继电接触器控制系统来设计。手动控制程序梯形图见子程序 0。手动按钮 I1.3、I1.4、I1.5、I2.0、I2.1、I2.2 分别控制下降、上升、右移、左移、夹紧、放松各个动作。为了保持系统安全运行,设置了一些必要的连锁保护,其中在左右移动的控制环节中加入了 I0.2 作上限连锁。因为机械手只有处于上限位置(I0.2=1)时,才允许左右移动。

由于夹紧、放松动作选用单线圈双位电磁阀控制,故在梯形图中用"置位""复位"指令来控制 Q0.1,该指令具有保持功能,而且也设置了机械连锁。只有当机械手处于下限(I1.1=1)时,才能进行夹紧和放松动作。手动控制的程序如图 8-38 所示。

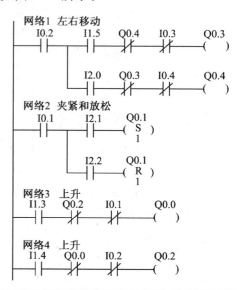

图 8-37　主程序梯形图　　　　图 8-38　手动控制程序梯形图(子程序 0)

● 自动操作程序。由于自动操作的动作较复杂,对于顺序控制可用多种方法进行编程,用移位寄存器也很容易实现这种控制功能,转换的条件由各行程开关及定时器的状态来决定。自动操作梯形图如图 8-39 所示。

机械手的夹紧和放松动作的控制原则,可以采用压力检测、位置检测或按照时间的原则进行控制。本应用实例是用 T37 控制夹紧时间,T38 控制放松时间。其工作过程分析如下:

◇ 机构处于原位,上限位和左限位行程开关闭合,I0.2、I0.4 接通,移位寄存器首位 M1.0 接通,Q0.5 输出原位显示,机构当前处于原位。

◇ 按下启动按钮,I0.0 接通,产生移位信号,使移位寄存器右移一位,M1.1 接通(同时 M1.0 断开,M1.1 得电,Q0.0 输出下降信号。

◇ 下降至下限位,下限位开关受压,I0.1 接通,移位寄存器右移一位,移位结果使 M1.2 接通(其余为断开),Q0.1 接通,夹紧动作开始,同时 T37 触点接通,定时器开始计时。

◇ 经延时(与设定 K 值有关)T37 触点接通,移位寄存器又右移一位,使 M1.3 接通(其余断开),Q0.2 接通,机构上升。由于 M1.2 为接通状态,所以夹紧动作继续进行。

◇ 上升至上限位,上限位开关受压,I0.2 接通,寄存器再右移一位,M1.4 接通(其余断开),Q0.3 接通,机构右行。

◇ 右行至右限位,I0.3 接通,将寄存器中的 M1.5 接通,Q0.0 通电,机构再次下降。

◇ 下降至下限位,下限位开关受压,移位寄存器又右移一位,使 M1.6 接通(其余断开),Q0.1 复位,机构放松,放下搬运零件,同时接通 T38 定时器,定时器开始计时。

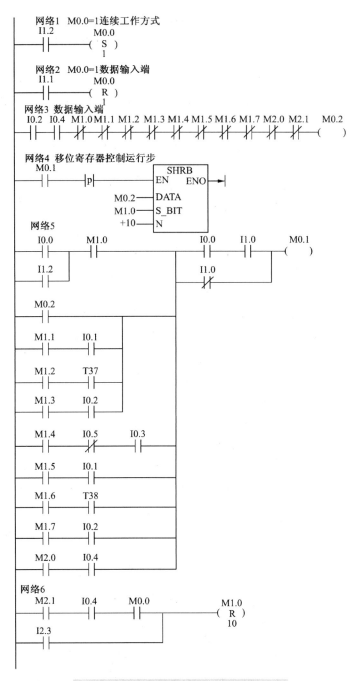

图 8-39 自动操作梯形图(子程序 1)

◇ 延时时间到,T38 常开触点闭合,移位寄存器右移一位,M1.7 接通(其余断开),Q0.2 再次通电上升。

◇ 上升至上限位,上限位开关受压,I0.2 闭合,移位寄存器右移一位,M2.0 接通(其余断开),Q0.4 接通,机构左行。

◇ 左行至原位后,左限位开关受压,I0.4 接通,寄存器仍右移一位,M2.1 接通(其余断开),一个自动循环结束。

自动操作程序中包含了单周期或连续运动。程序执行单周期或连续运动取决于工作方式选择开关。当选择连续方式时，I1.2 使 M0.0 接通。当机构回到原位时，移位寄存器自动复位，并使 M1.0 接通。同时 I1.2 闭合，又获得一个移位信号，机构按顺序反复执行。当选择单周期操作方式时，I1.1 使 M0.0 断开，当机构回到原位时，按下启动按钮，机构自动动作一个运动周期后停止在原位，自动操作的梯形图程序如图 8-39 所示。

单步动作时每按一次启动按钮，机构按动作顺序向前步进一步。控制逻辑与自动操作基本一致。所以只需在自动操作梯形图上添加步进控制逻辑。在图 8-39 中，移位寄存器的使能控制用 M0.1 来控制，M0.1 的控制线路串接有一个梯形图块，该块的逻辑为 I0.0·I1.0＋$\overline{I1.0}$。当处于单步状态、I1.0 接通时，移位寄存器能否移位，取决于上一步是否完成和启动按钮是否按下。

● 输出显示。程序机械手的运动主要包括上升、下降、左行、右行、夹紧、放松，在控制程序中 M1.1、M1.5 分别控制左、右下降，M1.2 控制夹紧，M1.6 控制放松。M1.3、M1.7 分别控制左、右上升，M1.4、M2.0 分别控制右、左运行，M1.0 原位显示。据此可设计出输出梯形图，如图 8-40 所示。

③ 三菱 PLC 系列程序设计。

图 8-41(a)所示是工件传送控制机构，通过机械手将工件从 A 点传送到 B 点。图 8-41(b)是机械手的操作面板，面板上操作可分为手动和自动两种。

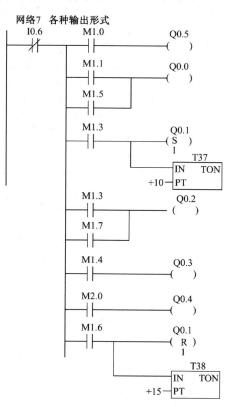

图 8-40　输出显示梯形图

　　a. 手动

● 单个操作：用单个按钮接通或切断各负载的模式。
● 原点复归：按下原点复归按钮时，使机械自动复归原点的模式。

　　b. 自动

● 单步操作：每次按下启动按钮，前进一个工序。
● 一次循环操作：在原点位置按下启动按钮时，进行一次循环，自动运行到原点停止。途中按停止按钮，工作停止，若再按启动按钮，则在原位置继续运行至原点自动停止。
● 循环运转：在原点位置上按下启动按钮，开始连续反复运转。若按停止按钮，运转至原点位置后停止。

图 8-41(c)是工件传送机构控制原理图。左上为原点，按①下降→②夹紧→③上升→④右行→⑤下降→⑥松开→⑦上升→⑧左行的顺序传送。

下降/上升、左行/右行使用的是双电磁阀（驱动/非驱动两个输入），夹紧使用的是单电磁阀（只在通电中动作）。

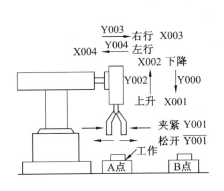
(a) 工件传送机构输入/输出控制

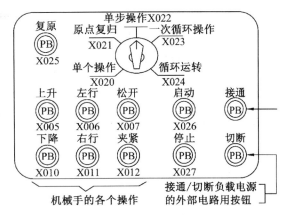
(b) 工件传送机构操作面板

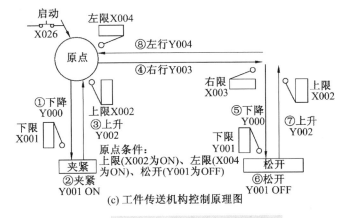
(c) 工件传送机构控制原理图

图 8-41 工件传送控制机构

根据操作面板模式分配的输入接点地址号如下：

X020：单个操作　　　X021：原点复归

X022：单步操作　　　X023：一次循环操作

X024：循环运转　　　X025：复原

X026：启动　　　　　X027：停止

可以编写出步进状态初始化、单个操作、原点复归、自动运行(包括单步操作、循环一次、连续运行)四部分梯形图程序，如图 8-42 所示。

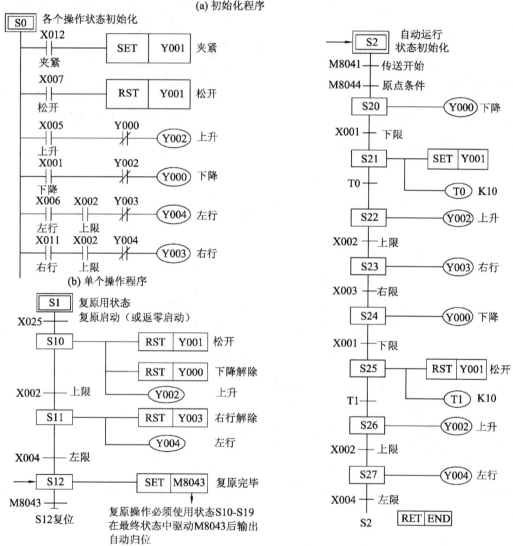

图 8-42 工件传送机构状态初始化、单个操作、原点复位、自动运行梯形图

8.5 PLC 基本控制系统设计与调试

8.5.1 抢答器与 LED 显示控制

1. 考核内容
- 根据以下要求设计 PLC 程序,画出梯形图,写出语句表。
- 上机调试自己设计的程序。

2. 编程要求

有 1、3、5、7 四组抢答,任一组抢先按下,八段码显示该组编号,其余各组按下无效,主持人有复位按钮,按下后方可重新抢答。

I 通道编号: O 通道编号:

梯形图:

程序语句表:

3. 评分标准(评分标准由指导教师填写)

表 8-1 评分标准

评分项目	配分	评分标准	扣分	得分	评分人
程序设计及梯形图	40	1. 程序设计有错误,每处扣 5 分			
		2. 梯形图中符号有错,每处扣 2 分			
		3. 梯形图中标注有错,每处扣 1 分			
语句表的描述	15	1. 语句表述有误,每处扣 3 分			
		2. 语句表述有遗漏,每处扣 2 分			
上机调试	35	1. 第一次调试不成功,扣 10 分			
		2. 第二次调试不成功,再扣 15 分			
		3. 调试接线有错,每处扣 3 分			
安全文明生产	10	不遵守安全文明生产规定,扣 5~10 分			
考核定时	90min	每超 5min 扣 5 分,不足 5min 按 5 分计			
备注		每个项目扣分以扣完为止,不再加扣分		总得分	

8.5.2 四台电动机顺序启动逆序停车控制

1. 考核内容
- 根据要求设计 PLC 程序，画出梯形图，写出语句表。
- 根据自己设计的程序上机调试。

2. 编程要求

电动机控制：按下启动按钮，四台电动机依次间隔 5s 启动（M1→M4），待 M4 启动 5s 后，四台电动机自行依次间隔 5s 后停止（M4→M1）。按下停止按钮，任何状态均可停止。

I 通道编号：　　　　　　O 通道编号：

梯形图：

程序语句表：

3. 评分标准

评分标准见表 8-1。

8.5.3 多种液体自动混合控制

1. 考核内容
- 根据要求设计 PLC 程序，画出梯形图，写出语句表。
- 根据自己设计的程序上机调试。

2. 编程要求

多种液体混合控制：按下启动按钮，电磁阀 Y1 打开，注入液体 A 至 L2 后停，电磁阀 Y2 打开，注入液体 B 至 L1 后停，此时启动搅拌电动机 M，5s 后停，电磁阀 Y4 打开，放出液体至 L3 后，再经过 5s 后放空，Y4 停。按下停止按钮，任一状态均停止（图 8-43）。

I 通道编号：

O 通道编号：

梯形图：

程序语句表：

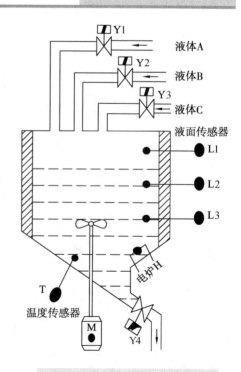

图 8-43　多种液体混合示意图

3. 评分标准

评分标准见表 8-1。

8.5.4 十字路口交通信号灯控制

1. 考核内容
- 根据要求设计 PLC 程序,画出梯形图,写出语句表。
- 根据自己设计的程序上机调试。

2. 编程要求

交通灯控制:按下启动按钮,南北方向绿灯亮 4s 闪两次(东西方向红灯亮 4s 闪两次)后,南北方向黄灯闪两次(东西方向黄灯闪两次),然后南北方向红灯亮 4s 闪两次(东西方向绿灯亮 4s 闪两次),依次循环。

I 通道编号: O 通道编号:

梯形图:

程序语句表:

3. 评分标准

评分标准见表 8-1。

8.5.5 自动下料系统控制

1. 考核内容
- 根据要求设计 PLC 程序,画出梯形图,写出语句表。
- 根据自己设计的程序上机调试。

2. 编程要求

自动下料控制:按下启动按钮,三台电动机依次间隔 5s 启动(M3→M1),待 M1 启动 5s 后,K2 打开下料,待 S2 信号到,K2 关闭,2s 后三台电动机依次间隔 5s 后停止(M1→M3)。按下停止按钮,任一状态均停止(图 8-44)。

I 通道编号: O 通道编号:

梯形图:

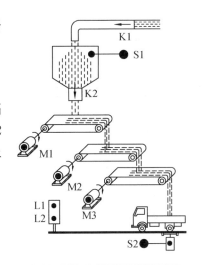

图 8-44 启动下料示意图

程序语句表：

3. 评分标准

评分标准见表 8-1。

8.5.6 自动运料系统控制

1. 考核内容
- 根据要求设计 PLC 程序，画出梯形图，写出语句表。
- 上机调试自己设计的程序。

2. 编程要求

运料车控制：有一小车，按下按钮后，从原点 O 驶向 A，到 A 后停下 $5s$ 卸料后自动返回 O，到 O 后停下 $5s$ 装料，接着从原点 O 驶向 B，到 B 后停下 $5s$ 卸料后自动返回 O，到 O 后停下 $5s$ 装料，接着从原点 O 驶向 A，如此反复循环（图 8-45）。

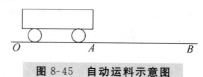

图 8-45 自动运料示意图

I 通道编号：　　　　　　O 通道编号：

梯形图：

程序语句表：

3. 评分标准

评分标准见表 8-1。

8.5.7 三层电梯的控制

1. 考核内容
- 根据要求设计 PLC 程序，画出梯形图，写出语句表。
- 上机调试自己设计的程序。

2. 编程要求

按表 8-2 的要求编写程序。

表 8-2　控制要求

序号	输　　入		输　　出	
	原停层	呼叫层	运行方向	运行结果
1	1	3	升	升 3 层停,过 2 层不停
2	2	3	升	升 3 层停
3	3	3	降	呼叫无效
4	1	2	升	升 2 层停
5	2	2	停	呼叫无效
6	3	2	降	下降到 2 层停
7	1	1	停	呼叫无效
8	2	1	降	下降到 1 层停
9	3	1	降	下降到 1 层停,过 2 层不停
10	1	2、3	升	升 2 层暂停 3s,再升 3 层停
11	2	1、3	降	不响应 3 层呼叫信号,下降到 1 层停
12	2	3、1	升	不响应 1 层呼叫信号,升 3 层停
13	3	2、1	降	降 2 层暂停 2s,再降 1 层停
14	任意	任意	任意	各层运行小于 10s,否则自停

I 通道编号：　　　　　　O 通道编号：

梯形图：

程序语句表：

3. 评分标准

评分标准见表 8-1。

第 9 章 变频器使用简介

9.1 变频器简介

变频器内部的控制电路框图如图 9-1 所示。

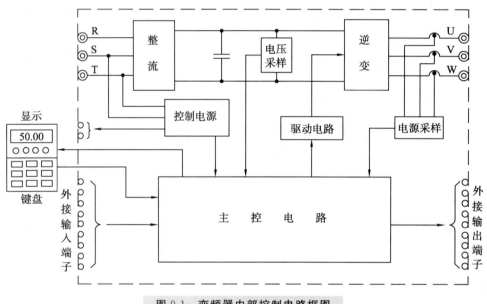

图 9-1 变频器内部控制电路框图

1. 主控电路

（1）主控电路的基本任务

● 接受各种信号。

◇ 在功能预置阶段，接受对各功能的预置信号。

◇ 接受从键盘或外接输入端子输入的给定信号。

◇ 接受从外接输入端子输入的控制信号。

◇ 接受从电压、电流采样电路以及其他传感器输入的状态信号。

● 进行基本运算。最主要的运算包括：

◇ 进行矢量控制运算或其他必要的运算。

◇ 实时地计算出 SPWM 波形各切换点的时刻。

● 输出计算结果。

◇ 输出至含逆变管模块的驱动电路，使逆变管按给定信号及预置要求输出 SPWM 电压波。
  ◇ 输出给显示器，显示当前的各种状态。
  ◇ 输出给外接输出端子。
  （2）主控电路的其他任务

● 实现各项控制功能。接受从键盘和外接输入端子输入的各种控制信号，对 SPWM 信号进行启动、停止、升速、降速、点动等的控制。

● 实施各项保护功能。接受从电压、电流采样电路以及其他传感器（如温度传感器）的信号，结合功能中预置的限值，进行比较和判断，如认为已经出现故障，则执行以下操作：
  ◇ 停止发出 SPWM 信号，使变频器中止输出。
  ◇ 向输出控制端输出报警信号。
  ◇ 向显示器输出故障原因信号。

2. 控制电源

控制电源为以下各部分提供稳压电源：
（1）主控电路。主控电路以微机电路为主体，要求提供稳定性非常高的 $0\sim+5V$ 电源。
（2）外控电路。
● 为给定电位器提供电源，通常为 $0\sim+5V$ 或 $0\sim+10V$。
● 为外接传感器提供电源，通常为 $0\sim+24V$。

3. 采样电路

采样电路的作用主要是提供控制用数据和保护采样。
（1）提供控制用数据。在进行矢量控制时，必须测定足够的数据，提供给微机进行矢量控制运算。
（2）提供保护采样。将采样值提供给各保护电路（在主控电路内），在保护电路内与有关的极限值进行比较，必要时采取跳闸等保护措施。

4. 驱动电路

用于驱动各逆变管。如逆变管为 GTR，则驱动电路还包括以隔离变压器为主体的专用驱动电源。现在大多数中、小容量变频器的逆变管都采用 IGBT 管，逆变管的控制极和集电极、发射极之间是隔离的，不再需要隔离变压器，故驱动电路常常和主控电路在一起。

9.2 基本控制系统的设计与调试

9.2.1 变频器的安装

1. 变频器对安装环境的要求

变频器是一台全晶体管设备，所以对周围环境的要求和其他晶体管设备大致相同。
（1）环境温度

变频器工作时的环境温度一般规定为 $-10°C\sim+40°C$，测试环境温度的点应在距变频器约 5cm 处。在环境温度大于 $+40°C$ 的情况下，每增加 $5°C$，其运行功率应下降 30%。

(2) 环境湿度

相对湿度应不超过90%,无结露现象。

(3) 其他条件

变频器安装的位置应无直射阳光、无腐蚀性气体及易燃气体、尘埃少、海拔低于1000m等。

2. 变频器安装时的散热处理

(1) 变频器的发热与散热

和任何设备一样,变频器在运行过程中的功率损耗也会转换成热能,并使自身的温度升高。粗略地说,每1kW的变频器容量,其损耗功率约为40~50W。

为了不使变频器的温度升高,在安装变频器时必须考虑如何把变频器所产生的热量充分地散发出去,通常采用的办法是利用冷却风扇。大体上说,每散发1kW热量所需的风量约为0.1m³/s。

(2) 壁挂式安装的散热处理

由于变频器本身具有较好的外壳,故一般情况下,允许直接靠墙安装,称为壁挂式。

为了保证良好的通风,所有变频器都必须垂直安装,且变频器与周围阻挡物之间的距离应符合如图9-2(a)所示的要求,即两侧距离应≥10cm,上下方距离应≥15cm。为了防止异物掉在变频器的出风口而阻塞风道,最好在变频器出风口的上方加装保护网罩。

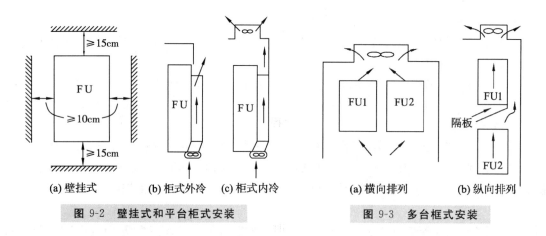

图 9-2 壁挂式和平台柜式安装　　图 9-3 多台柜式安装

(3) 单台柜式安装的散热处理

当周围的尘埃较多,或和变频器配用的其他控制电器较多,且需要和变频器安装在一起时,可采用柜式安装。

如周围环境比较洁净、尘埃较少时,应尽量采用柜式外冷方式,如图9-2(b)所示;如必须采用柜式内冷方式时,则应在柜顶加装抽风式冷却风扇,冷却风扇的位置应尽量在变频器的正上方,如图9-2(c)所示。

(4) 多台柜式安装的散热处理

当一个控制柜内装有两台或两台以上变频器时,应尽量并排安装(横向排列),如图9-3(a)所示。

如必须采用纵向方式排列时,则应在两台变频器之间加一隔板,以避免下面变频器排出的热风进入上面的变频器中去,如图 9-3(b)所示。

(5) 户外安装的散热处理

一般来说,变频调速控制柜应安装在室内。当必须安装在户外时(例如,油田的抽油机用变频器),控制柜必须采用双层结构方式。

所用控制柜必须既能防止太阳的直接照射,又能防止雨水的浸入。如有可能,在隔层之间最好能采用强制风冷方式。

除此以外,户外安装时,还必须注意当地的冬季最低温度。如果温度低于10℃,应在柜内安装加热装置,并且应能进行温度的自动控制。

9.2.2 变频调速系统的调试

1. 通电和功能预置

(1) 通电

变频器通电后,须注意观察以下状况:

● 显示。变频器一旦通电,显示屏必将开始显示。显示内容及变化情形因变频器的品牌而异,应对照说明书,观察其通电后的显示过程是否正常。

● 内部风机的工况。变频器内部都有冷却风机向外鼓风,应注意观察:一是听,即听其声音是否正常;二是用手在出风口试探其风量。有的变频器的风机在内部达到一定温度后才启动,应注意阅读说明书。

● 测量电压。主要测量三相进线电压是否正常。如有条件,也可测量直流电压。

(2) 熟悉键盘

各种变频器的键盘配置差异较大,应熟悉键盘。

● 了解各键的功能。

● 可以对照说明书进行一些简单的操作,如启动、升速、降速、停止、点动等。

(3) 熟悉显示内容的切换

对各种变频器,用户都可以通过切换显示内容来了解变频器的工作情况,如运行频率、电压、电流等。用户应掌握其基本操作,并通过各项显示内容来检查变频器的状况。

(4) 进行功能预置

这是十分重要的一步。每台变频器在使用前,都必须根据生产机械的具体要求,调整变频器内各功能的设定(称为功能预置)。否则,往往不能使变频调速系统在最佳状态下运行。

● 对照说明书,了解并熟悉进行功能预置的步骤。

● 针对生产机械的具体情况进行功能预置。进行功能预置时,最好能和机械工程师以及工艺工程师或操作人员协同进行,使变频调速系统能够最大限度地满足生产工艺的要求,提高产品的质量和产量。

2. 电动机的空载试验

将变频器的输出端与电动机相接,电动机脱开负载。

(1) 进行基本的运行观察

例如,旋转方向是否正确,升、降速时间是否与预置的时间相符,电动机的运行是否正常等。

(2) 电动机参数的自动检测

具有矢量控制功能的变频器都需要通过电动机的空转来自动测定电动机的参数。新系列变频器也可在静止状态下进行部分参数的自动检测(一般来说,静止状态只能测量静态参数,如电阻、电抗等;而如空载电流等动态参数,则必须通过空转来测定)。

(3) 进一步熟悉变频器的基本操作

如启动、停止、升速、降速、点动等。

3. 带载试验

将电动机与负载连接起来进行试车。这时,须特别注意观察以下几个方面:

(1) 电动机的启动

● 将频率缓慢上升至一个较低的数值,观察机械的运行状况是否正常,同时注意观察电动机的转速是否从一开始就随频率的上升而上升。如果在频率很低时,电动机不能很快旋转起来,说明启动困难,应适当增大 U/f,或增大启动频率。

● 将显示内容切换至电流显示,将频率调至最大值,使电动机按预置的升速时间启动到最高转速。观察在启动过程中的电流变化。如因电流过大而跳闸,应适当延长升速时间;如机械对启动时间并无要求,则最好将启动电流限制在电动机的额定电流以内。

● 观察整个启动过程是否平稳。对于惯性较大的负载,应考虑是否需要预置S形升速方式,或在低速时是否需要预置暂停升速功能。

● 对于风机,应注意观察在停机状态下风叶是否因自然风而反转。如有反转现象,则应预置启动前的直流制动功能。

(2) 停机试验

在停机试验过程中,应把显示内容切换至直流电压显示,并注意观察以下内容:

● 观察在降速过程中直流电压是否过高。如因电压过高而跳闸,应适当延长降速时间;如降速时间不宜延长,则应考虑接入制动电阻和制动单元。

● 观察当频率降至零时机械是否有"蠕动"现象,并了解该机械是否允许蠕动。如需要制止蠕动时,应考虑预置直流制动功能。

(3) 带载能力试验

● 在负载所要求的最低转速时带额定负载,并长时间运行,观察电动机的发热情况。如发热严重,应考虑增加电动机的外部通风问题。

● 如在负载所要求的最高转速下,变频器的工作频率超过额定频率,则应进行负载试验,观察电动机能否带动该转速下的额定负载。

如果上述高、低频运行状况不够理想,还可考虑适当增大传动比,以减轻电动机的负担。

9.2.3 变频器的维护

1. 变频器维护的一般注意事项

(1) 周围环境

周围环境应满足对安装环境的要求。

(2) 电源状况

● 电源电压。观察变频器所在车间的电压波动是否在允许范围内,如波动范围过大,应设法稳压。

● 变电所。向变频器供电的变压器容量与变频器容量之比和变频器输入电流的波形有关,应该了解清楚,以决定变频器的输入端是否必须接交流电抗器。

此外,还应了解变电所是否有补偿电容,补偿电容的接入和退出是否频繁。因为补偿电容在接入和退出时,容易对变频器形成干扰,使变频器跳闸。

(3) 周围设备

● 由同一台变压器供电的设备中,应注意是否有大电动机,该大电动机的启动状况如何,以及变压器的容量大小如何。应注意当大电动机启动时电源电压的波动状况。

● 注意附近是否有较大的晶闸管控制设备,因大型晶闸管控制设备可能使电源电压的波形发生畸变,并对变频器形成干扰。

2. 注意变频器的易损件

变频器内主要的易损件有电解电容器和冷却风扇。

(1) 电解电容器

变频器内的电解电容器有两类:高压滤波电容器和控制板上的低压滤波电容器。它们的寿命与环境温度有关,图9-4是电解电容器的寿命与温度的关系图。控制板上低压电解电容器的寿命比高压滤波电容器的寿命要长一些。

一般来说,高压滤波电容器每隔五年应更换一次,控制板上的电解电容器每隔七年应更换一次。

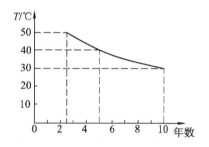

图9-4 电解电容器的寿命与温度的关系图

此外,电解电容器如长期不用,也容易损坏。因此,对于长期不用的变频器,也应定期地(如每隔一年)通电一定时间。

(2) 冷却风扇

变频器内部冷却风扇的轴承寿命通常为 $1 \sim 1.35 \times 10^5$ h。在一般情况下,大约每隔三年应更换一次。

9.2.4 变频调速控制系统的基本要求

1. 变频调速控制系统的设计步骤

无论生产工艺提出的动态、静态指标要求如何,其变频调速控制系统的设计过程基本相同,设计步骤如下:

● 了解生产工艺对转速变化的要求,分析影响转速变化的因素,根据自动控制系统的形成理论,建立调速控制系统的原理框图。

● 了解生产工艺的操作过程,根据电气控制电路的设计方法,建立调速控制系统的电气控制电路原理框图。

● 根据负载情况和生产工艺的要求选择电动机、变频器及其外围设备。如果是闭环控制,最好选用能够四象限运行的通用变频器。

● 根据实际设备,绘制调速控制系统的电气控制电路原理图,编制控制系统的程序参数,修改调速控制系统的原理框图。

2. 变频控制电路的安装和调试

（1）布线

● 模拟量控制线。模拟量控制线主要包括输入侧的给定信号线和反馈信号线、输出侧的频率信号线和电流信号线。

模拟量信号的抗干扰能力较低，因此，必须使用屏蔽线。屏蔽线靠近变频器的一端，应接控制电路的公共端（COM），但不要接到变频器的地端（E）或大地，如图 9-5 所示；屏蔽线的另一端应该悬空。

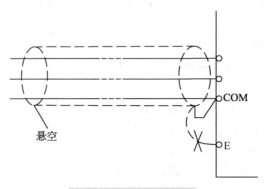

图 9-5　屏蔽线接法

● 开关量控制线。开关量的抗干扰能力较强，故在距离不是很远时，允许不使用屏蔽线，但同一信号的两根线必须互相绞在一起。

● 大电感线圈的浪涌电压吸收电路。接触器、电磁继电器的线圈等都具有很大的电感，在接通和切断电源的瞬间，由于电流的突变，它们会产生很高的感应电动势，因而在电路内会形成峰值很高的浪涌电压，导致内部控制电路的误动作。所以，在所有电感线圈的两端，必须接入浪涌电压吸收电路。在大多数情况下，可采用阻容吸收电路；在直流电路的电感线圈中，也可以只用一个二极管。

（2）变频器的通电和预置

一台新的变频器在通电时，输出端可先不接负载，而是首先熟悉它，在熟悉的基础上进行各种功能的预置。

● 熟悉键盘，即了解键盘上各键的功能，进行试操作，并检查显示的变化情况等。

● 按说明书的要求进行启动和停止等基本操作，观察变频器的工作情况是否正常，同时进一步熟悉键盘的操作。

● 进行功能预置，并就几个较易观察的项目，如升速和降速时间、点动频率、多挡变速时的各挡频率等，检查变频器的执行情况是否与预置的内容相符合。

● 将外接输入控制线接好，逐项检查各外接信号对控制功能的执行情况，检查三相输出电压是否平衡。

（3）变频器空载试验

将变频器的输出端接上电动机，但电动机与负载断开，进行通电试验，观察变频器配上电动机后的工作情况，顺便校准电动机的旋转方向。试验步骤如下：

● 先将频率设置于零位，接通电源后，微微提升工作频率，观察电动机的启转情况以及旋转方向是否正确,如方向相反,则予以纠正。

● 将频率上升至额定频率,让电动机运行一段时间,如一切正常,再选若干个常用的工作频率,也使电动机运行一段时间。

● 将给定频率信号突降至0(或按"停止"键),观察电动机的制动情况。

(4) 变频器负载试验

将电动机的输出轴与机械装置的传动轴相接,进行试验。

● 启转试验。使工作频率从零开始微微增加,观察拖动系统能否启转、在多大频率下启转,如启转比较困难,应设法加大启动转矩。具体方法有:加大启动频率,加大 U/f 比,采用矢量控制等。

● 启动试验。将给定信号调至最大,按"启动"键,观察启动电流的变化及整个拖动系统在升速过程中运行是否平稳。如因启动电流过大而跳闸,则应适当延长升速时间;如在某一速度段启动电流偏大,则设法通过改变启动方式(S 曲线)来解决。

● 停机试验。将运行频率调至最高工作频率,按"停止"键,观察拖动系统的停机过程中是否出现因过电压或过电流而跳闸,有则应适当延长降速时间;当输出频率为零时,观察拖动系统是否有爬行现象,如有则应适当加强直流制动。

(5) 操作要点提示

● 安装环境应满足在 -10℃$\sim+15$℃ 环境温度范围内,且通风良好,周围无腐蚀性、爆炸性气体,安装在无振动机体上。

● 变频器的电源应通过低压断路器引入。

● 变频器和电动机之间不能安装相位超前补偿器和电涌抑制器。

● 严格按照主回路图和控制回路图接线。

● 控制线路导线用屏蔽线。

● 保证变频器接地良好。

(6) 布线时应遵守的原则

● 尽量远离主电路 100mm 以上。

● 尽量不和主电路交叉,若必须交叉,应采取垂直交叉的方式。

● 正确选用变频器接地方式,所有变频器都专门有一个接地端子"E",用户应将此端子与大地相接;当变频器和其他设备或有多台变频器一起接地时,每台设备都必须分别和地线相接,不允许将一台设备的接地端和另一台设备的接地端相接后再接地。变频器接地方式如图 9-6 所示。

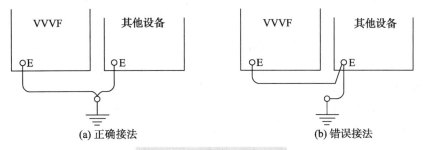

图 9-6 变频器接地方式

(7) 运转前检查
● 运转前重点检查导线是否接错,特别要检查主输入、输出回路。
● 输出部分及时序电路方面是否发生短路或接地障碍。
(8) 试运转
变频器出厂时已预先设定操作面板控制的运行方式,故试运转时,要在操作面板上进行,将频率置于 5Hz。

9.3 常见变频器基本控制系统设计与调试

9.3.1 三菱系列变频器

1. FR-E700 系列变频器简介

三菱 FR-E700 系列变频器的外观和型号的定义如图 9-7 所示。

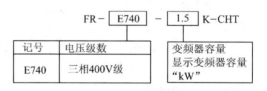

(a) FR-E700系列变频器的外观   (b) FR-E700系列变频器的型号定义

图 9-7 FR-E700 系列变频器

FR-E700 系列变频器是 FR-E500 系列变频器的升级产品,它是一种小型、高性能的变频器。以下内容所涉及的是使用通用变频器所必须掌握的基本知识和技能,着重于变频器的接线、操作和常用参数的设置等方面。

(1) FR-E700 系列变频器主电路的通用接线

FR-E700 系列变频器主电路的通用接线如图 9-8 所示。

图中有关说明如下:

① 端子 P1、P/+之间用以连接直流电抗器,无须连接时,两端子间短路。

② P/+与 PR 之间用以连接制动电阻器,P/+与 N/-之间用以连接制动单元选件。

③ 交流接触器 MC 用于变频器的安全保护,注意不要通过此交流接触器来启动或停止变频器,否则可能降低变频器的寿命。

④ 进行主电路接线时,应确保输入、输出端不能接错,即电源线必须连接至 R/L1、S/L2、T/L3,绝对不能接 U、V、W,否则会损坏变频器。

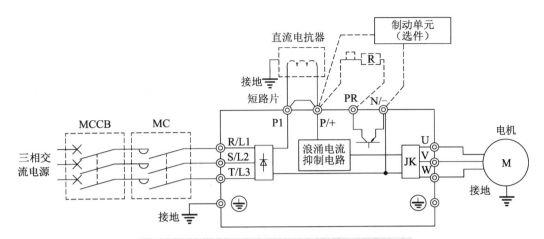

图 9-8　FR-E700 系列变频器主电路的通用接线

（2）FR-E700 系列变频器控制电路的接线端子分布

FR-E700 系列变频器控制电路的接线端子分布如图 9-9 所示。

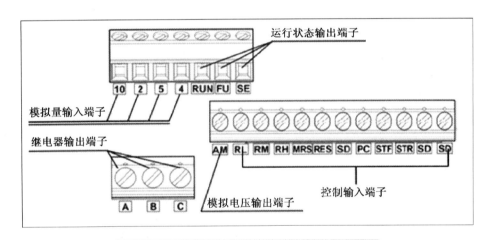

图 9-9　FR-E700 系列变频器控制端子分布图

（3）FR-E700 系列变频器控制电路的接线

FR-E700 系列变频器控制电路的接线如图 9-10 所示。

在图 9-10 中，控制电路端子分为控制输入、频率设定（模拟量输入）、继电器输出（异常输出）、集电极开路输出（运行状态）和模拟电压输出五部分区域，各端子的功能可通过调整相关参数的值进行变更，在出厂初始值的情况下，各控制电路端子的功能说明如表 9-1、表 9-2 和表 9-3 所示。

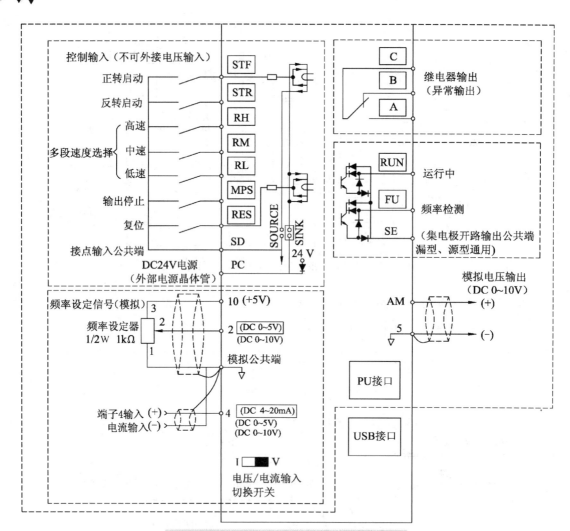

图 9-10 FR-E700 变频器控制电路接线图

表 9-1 控制电路接点输出端子的功能说明一

种类	端子编号	端子名称	端子功能说明	
接点输入	STF	正转启动	STF 信号为 ON 时表示正转指令，为 OFF 时表示停止指令	STF、STR 信号同时为 ON 时表示停止指令
	STR	反转启动	STR 信号为 ON 时表示反转指令，为 OFF 时表示停止指令	
	RH RM RL	多段速度选择	用 RH、RM 和 RL 信号的组合可以选择多段速度	
	MRS	输出停止	MRS 信号为 ON(20ms 或以上)时，变频器输出停止；用电磁制动器使电机停止时，用于断开变频器的输出	
	RES	复位	用于解除保护电路动作时的报警输出，使 RES 信号处于 ON 状态 0.1s 或以上，然后断开。初始设定为始终可进行复位。但进行了 Pr.75 的设定后，仅在变频器报警发生时可进行复位。复位时间约为 1s	

续表

种类	端子编号	端子名称	端子功能说明
接点输入	SD	接点输入公共端（漏型，初始设定）	接点输入端子（漏型逻辑）的公共端子
		外部晶体管公共端（源型）	源型逻辑时，当连接晶体管输出（即集电极开路输出，如PLC）时，将晶体管输出用的外部电源公共端接到该端子，可以防止因漏电引起的误动作
		DC 24V 电源公共端	DC 24V、0.1A 电源（端子 PC）的公共输出端子，与端子 5 及端子 SE 绝缘
	PC	外部晶体管公共端（漏型，初始设定）	漏型逻辑时，当连接晶体管输出（即集电极开路输出）时，将晶体管输出用的外部电源公共端接到该端子，可以防止因漏电引起的误动作
		接点输入公共端（源型）	接点输入端子（源型逻辑）的公共端子
		DC 24V 电源	可作为 DC 24V、0.1A 的电源使用
频率设定	10	频率设定用电源	作为外接频率设定（速度设定）用电位器时的电源使用。按照 Pr.73 模拟量输入选择
	2	频率设定（电压）	如果输入 DC 0～5V（或 0～10V），在 5V（10V）时为最大输出频率，输入与输出成正比。通过 Pr.73 进行 DC 0～5V（初始设定）和 DC 0～10V 输入的切换操作
	4	频率设定（电流）	若输入 DC 4～20mA，在 20mA 时为最大输出频率，输入与输出成正比。只有 AU 信号为 ON 时，端子 4 的输入信号才会有效（端子 2 的输入将无效）。通过 Pr.267 进行 4～20mA（初始设定）和 DC 0～5V、DC 0～10V 输入的切换操作。电压输入为 0～5V/0～10V 时，将电压/电流输入切换开关切换至"V"
	5	频率设定公共端	频率设定信号（端子 2 或 4）及端子 AM 的公共端子。请勿接大地

表 9-2 控制电路接点输出端子的功能说明二

种类	端子编号	端子名称	端子功能说明	
继电器	A、B、C	继电器输出（异常输出）	变频器因保护功能动作时，可以通过选择此输出端子连接到外部信号显示。异常时 B—C 间不导通（A—C 间导通），正常时 B—C 间导通（A—C 间不导通）	
集电极开路	RUN	变频器正在运行	变频器输出频率大于或等于启动频率（初始值 0.5Hz）时为低电平，已停止或正在直流制动时为高电平	
	FU	频率检测	输出频率大于或等于任意设定的检测频率时为低电平，未达到时为高电平	
	SE	集电极开路输出公共端	端子 RUN、FU 的公共端子	
模拟	AM	模拟电压输出	可以从多种监示项目中选择一种作为输出。变频器复位中不能输出。输出信号与监示项目的大小成比例	输出项目：输出频率（初始设定）

表 9-3 控制电路网络接口的功能说明

种类	端子记号	端子名称	端子功能说明
RS-485	—	PU 接口	通过 PU 接口,可进行 RS-485 通信。 ● 标准规格:EIA-485（RS-485）。 ● 传输方式:多站点通信。 ● 通信速率:4800～38400bps。 ● 总长距离:500m。
USB	—	USB 接口	与个人计算机通过 USB 连接后,可以实现 FR 三菱变频器设置软件的操作。 ● 接口:USB1.1 标准。 ● 传输速度:12Mbps。 ● 连接器:USB 迷你-B 连接器(插座:迷你-B 型)。

2. 变频器操作面板的训练

(1) FR-E700 系列变频器的操作面板

使用变频器之前,首先要熟悉它的面板显示和键盘操作单元(或称控制单元),并且按使用现场的要求合理设置参数。FR-E700 系列变频器的参数设置,通常利用固定在其上的操作面板(不能拆下)实现,也可以使用连接到变频器 PU 接口的参数单元(FR-PU07)实现。使用操作面板可以进行运行方式、频率的设定,运行指令监视,参数设定,错误表示等。其操作面板如图 9-11 所示,其上半部为面板显示器,下半部为 M 旋钮和各种按键。它们的具体功能分别如表 9-4 和表 9-5 所示。

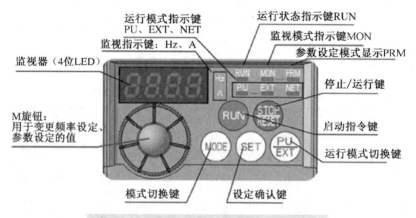

图 9-11 FR-E700 系列变频器的操作面板

表 9-4 旋钮和按键功能

旋钮和按键	功　能
M 旋钮(三菱变频器旋钮)	旋动该旋钮用于变更频率设定、参数设定的值。按下该旋钮可显示以下内容: ● 监视模式时的设定频率; ● 校正时的当前设定值; ● 报警历史模式时的顺序

续表

旋钮和按键	功 能
模式切换键 MODE	用于切换各设定模式。和运行模式切换键同时按下,也可以用来切换运行模式。长按此键(2s),可以锁定操作
设定确认键 SET	各设定的确定。此外,当运行中按此键,则监视器出现以下显示: 运行频率 → 输出电流 → 输出电压
运行模式切换键 PU/EXT	用于切换 PU/EXT 模式。 使用外部运行模式(通过外接的频率设定电位器和启动信号启动)时请按此键,使表示运行模式的 EXT 处于亮灯状态;切换至组合模式时,可同时按 MODE 键 0.5s,或者变更参数 Pr.79
启动指令键 RUN	在 PU 模式下,按此键启动运行。通过 Pr.40 的设定,可以选择旋转方向
停止/运行键 STOP/RESET	在 PU 模式下,按此键停止运转。 保护功能(严重故障)生效时,也可以进行报警复位

表 9-5 运行状态显示

显 示	功 能
运行模式显示	PU:PU 运行模式时亮灯。EXT:外部运行模式时亮灯。NET:网络运行模式时亮灯
监视器(4 位 LED)监视数据单位	显示频率、参数编号等。 Hz:显示频率时亮灯。A:显示电流时亮灯。 (显示电压时熄灯,显示设定频率监视时闪烁)
运行状态显示 RUN	当变频器动作时亮灯或者闪烁。亮灯—正转运行中;缓慢闪烁(1.4s 循环)—反转运行中。 下列情况下出现快速闪烁(0.2s 循环): ● 按键或输入启动指令都无法运行时; ● 有启动指令,但频率低于启动频率值时; ● 输入了 MRS 信号时
参数设定模式显示 PRM	参数设定模式时亮灯
监视器显示 MON	监视模式时亮灯

(2) 变频器的运行模式

由表 9-4 和表 9-5 可见,在变频器不同的运行模式下,各种按键、M 旋钮的功能各异。所谓运行模式,是指对输入变频器的启动指令和设定频率的命令来源的指定。

一般来说,使用控制电路端子、在外部设置电位器和开关来进行操作的是"外部运行模式",使用操作面板或参数单元输入启动指令、设定频率的是"PU 运行模式",通过 PU 接口进行 RS-485 通信或使用通信选件的是"网络运行模式(NET 运行模式)"。在进行变频器操作以前,必须了解其各种运行模式,才能进行各项操作。

FR-E700 系列变频器通过参数 Pr.79 的值来指定变频器的运行模式,设定值范围为 0,1,2,3,4,6,7,这七种运行模式的内容以及相关 LED 指示灯的状态如表 9-6 所示。

表 9-6　运行模式选择(Pr.79)

设定值	内　容	LED 显示状态（■：灭灯　□：亮灯）
0	外部/PU 切换模式，通过 PU/EXT 键可切换 PU 与外部运行模式 注意：接通电源时为外部运行模式	外部运行模式：[EXT] PU 运行模式：[PU]
1	固定为 PU 运行模式	[PU]
2	固定为外部运行模式	外部运行模式：[EXT]
3	外部/PU 组合运行模式 1 频率指令：用操作面板设定或用参数单元设定，或外部信号输入（多段速设定，端子 4—5 间 AU 信号为 ON 时有效） 启动指令：外部信号输入（端子 STF、STR）	[PU　EXT]
4	外部/PU 组合运行模式 2 频率指令：外部信号输入（端子 2、4、JOG、多段速选择等） 启动指令：通过操作面板的 RUN 键，或通过参数单元的 FWD、REV 键来输入	
6	切换模式 可以在保持运行状态的同时，进行 PU 运行模式、外部运行模式、网络运行模式的切换	PU 运行模式：[PU] 外部运行模式：[EXT] 网络运行模式：[NET]
7	外部运行模式（PU 运行互锁） 当 X12 信号为 ON 时，可切换到 PU 运行模式（外部运行中输出停止）；当 X12 信号为 OFF 时，禁止切换到 PU 运行模式	PU 运行模式：[PU] 外部运行模式：[EXT]

变频器出厂时，参数 Pr.79 设定值为 0。当停止运行时，用户可以根据实际需要修改其设定值。

修改 Pr.79 设定值的一种方法是，同时按住 MODE 键和 PU/EXT 键 0.5s，然后旋动

M 旋钮,选择合适的 Pr.79 参数值,再用 SET 键确定之。图 9-12 是把 Pr.79 设定为 4(组合模式 2)的例子。

(3) 设定参数的操作方法

变频器在出厂时其参数被设置为可完成简单的变速运行。如需按照负载和操作要求设定参数,则应进入参数设定模式,先选定参数号,然后设置其参数值。设定参数分两种情况:一种是在停机 STOP 方式下重新设定参数,这时可设定所有参数;另一种是在运行时设定,这时只允许设定部分参数,但是可以核对所有参数号及参数。图 9-13 是参数设定过程的一个例子,所完成的操作是把参数 Pr.1(上限频率)从出厂设定值 120.0Hz 变更为 50.0Hz,假定当前运行模式为外部/PU 切换模式(Pr.79=0)。

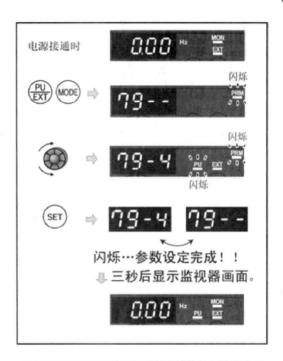

图 9-12 修改变频器的运行模式参数示例

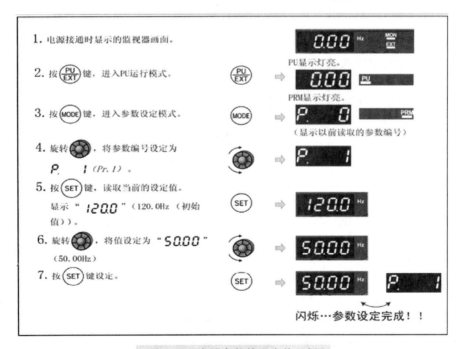

图 9-13 变更参数的设定值示例

3. 常用参数设置

FR-E700 系列变频器有几百个参数,实际使用时,只需根据使用现场的要求设定部分参数,其余按出厂设定值即可。一些常用参数,如变频器的运行环境,驱动电机的规格、运行的限制,参数的初始化,电机的启动、运行、调速、制动等命令的来源,频率的设置等方面,则应该熟悉。

下面介绍一些常用参数的设定。关于参数设定更详细的说明请参阅 FR-E700 使用手册。

(1) 输出频率的限制(Pr.1、Pr.2、Pr.18)

为了限制电机的速度,应对变频器的输出频率加以限制。用 Pr.1"上限频率"和 Pr.2"下限频率"来设定,可将输出频率的上、下限钳位。

当在 120Hz 以上运行时,用参数 Pr.18"高速上限频率"设定高速输出频率的上限。

Pr.1 与 Pr.2 出厂设定范围为 0～120Hz,出厂设定值分别为 120Hz 和 0Hz。Pr.18 出厂设定范围为 120～400Hz。输出频率和设定值的关系如图 9-14 所示。

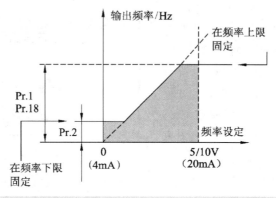

图 9-14 输出频率与设定频率的关系(电压或电流取决于输入信号性质)

(2) 加减速时间的设定(Pr.7、Pr.8、Pr.20、Pr.21)

各参数的意义及设定范围如表 9-7 所示。

表 9-7 加减速时间相关参数的意义及设定范围

参数号	参数意义	出厂设定	设定范围	备 注
Pr.7	加速时间	5s	0～3600/360s	根据 Pr.21 加减速时间单位的设定值进行设定。初始值的设定范围为 0～3600s,设定单位为 0.1s
Pr.8	减速时间	5s	0～3600/360s	
Pr.20	加/减速基准频率	50Hz	1～400Hz	
Pr.21	加/减速时间单位	0	0/1	0:表示设置范围为 0～3600s,单位为 0.1s 1:表示设置范围为 0～360s,单位为 0.01s

设定说明:

① Pr.20 为加/减速的基准频率,我国选为 50Hz。

② Pr.7 加速时间用于设定从停止到 Pr.20 加减速基准频率的加速时间。

③ Pr.8 减速时间用于设定从 Pr.20 加减速基准频率到停止的减速时间。

(3) 直流制动(Pr.10～Pr.12)

若工作任务要求减速时间不能太小,且在工件高速移动下准确定位停车,这时常常需要使用直流制动方式。

直流制动是通过向电机施加直流电压来使电机轴不转动的。其参数包括:(1) 动作频率的设定(Pr.10);(2) 动作时间的设定(Pr.11);(3) 动作电压(转矩)的设定(Pr.12)。各参数的意义及设定范围如表9-8所示。

表9-8 直流制动参数的意义及设定范围

参数编号	名　称	初始值	设定范围	内　容
Pr.10	直流制动动作频率	3Hz	0~120Hz	直流制动的动作频率
Pr.11	直流制动动作时间	0.5s	0	无直流制动
			0.1~10s	直流制动的动作时间
Pr.12	直流制动动作电压	0.4~7.5kV　4%	0~30%	直流制动电压(转矩)(设定为"0"时,无直流制动)

(4) 多段速运行模式的操作

在外部操作模式或组合操作模式2下,变频器可以通过外接的开关器件的组合通断改变输入端子的状态来实现调速。这种控制频率的方式称为多段速控制功能。

FR-E740变频器的速度控制端子是RH、RM和RL。通过这些开关的组合可以实现3段、7段的控制。

转速的切换:由于转速的各挡是按二进制的顺序排列的,故三个输入端可以组合成3挡至7挡(0状态不计)转速。其中,3段速由RH、RM、RL单个通断来实现,7段速由RH、RM、RL通断的组合来实现。

7段速的各自运行频率则由参数Pr.4~Pr.6(设置前3段速的频率)、Pr.24~Pr.27(设置第4段速至第7段速的频率)设置。对应的控制端状态及参数关系如图9-15所示。

参数编号	初始值	设定范围	备　注
4	50Hz	0~400Hz	高速
5	30Hz	0~400Hz	中速
6	10Hz	0~400Hz	低速
24~27	9999	0~400Hz,9999	9999　未选择

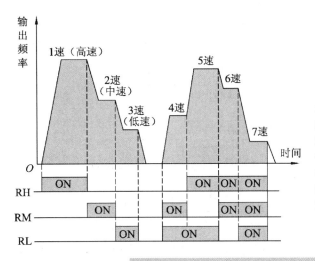

1速:RH单独接通,Pr.4设定频率
2速:RM单独接通,Pr.5设定频率
3速:RL单独接通,Pr.6设定频率
4速:RM、RL同时接通,Pr.24设定频率
5速:RH、RL同时接通,Pr.25设定频率
6速:RH、RM同时接通,Pr.26设定频率
7速:RH、RM、RL全接通,Pr.27设定频率

图9-15 多段速控制对应的控制端状态及参数关系

多段速度设定在 PU 运行和外部运行中都可以进行。运行期间参数值也能被改变。

在 3 速设定的场合，2 速以上同时被选择时，低速信号的设定频率优先。

最后指出，如果把参数 Pr.183 设置为 8，将 MRS 端子的功能转换成多段速度控制端 REX，就可以用 RH、RM、RL 和 REX 通断的组合来实现 15 段速。详细的说明请参阅 FR-E700 使用手册。

（5）通过模拟量输入（端子 2、4）设定频率

变频器的频率设定，除了用 PLC 输出端子控制多段速度设定外，也有连续设定频率的需求。例如，在变频器安装和接线完成后，进行运行试验时，常常用调速电位器连接到变频器的模拟量输入信号端，进行连续调速试验。此外，在触摸屏上指定变频器的频率，则此频率也应该是连续可调的。需要注意的是，如果要用模拟量输入（端子 2、4）设定频率，则 RH、RM、RL 端子应断开，否则多段速度设定优先。

① 模拟量输入信号端子的选择。

FR-E700 系列变频器提供两个模拟量输入信号端子（端子 2、4）用作连续变化的频率设定。在出厂设定情况下，只能使用端子 2，端子 4 无效。要使端子 4 有效，需要在各接点输入端子 STF、STR……RES 中选择一个，将其功能定义为 AU 信号输入。则当这个端子与 SD 端短接时，AU 信号为 ON，端子 4 变为有效，端子 2 变为无效。

例如，选择 RES 端子用作 AU 信号输入，则设置参数 Pr.184=4，在 RES 端子与 SD 端之间连接一个开关，当此开关断开时，AU 信号为 OFF，端子 2 有效；反之，当此开关接通时，AU 信号为 ON，端子 4 有效。

② 模拟量信号的输入规格。

如果使用端子 2，模拟量信号可为 0～5V 或 0～10V 的电压信号，用参数 Pr.73 指定，其出厂设定值为 1，指定为 0～5V 的输入规格，并且不能可逆运行。参数 Pr.73 参数的取值范围为 0、1、10、11，具体内容如表 9-9 所示。

如果使用端子 4，模拟量信号可为电压输入（0～5V、0～10V）或电流输入（4～20mA 初始值），用参数 Pr.267 和电压/电流输入切换开关设定，并且要输入与设定相符的模拟量信号。Pr.267 取值范围为 0、1、2，具体内容如表 9-9 所示。

表 9-9 模拟量输入选择（Pr.73、Pr.267）

参数编号	名称	初始值	设定范围	内容	
Pr.73	模拟量输入选择	1	0	端子 2 输入 0～10V	无可逆运行
			1	端子 2 输入 0～5V	
			10	端子 2 输入 0～10V	有可逆运行
			11	端子 2 输入 0～5V	
Pr.267	端子 4 输入选择	0	0		端子 4 输入 4～20mA
			1		端子 4 输入 0～5V
			2		端子 4 输入 0～10V

注：输入电压时，输入电阻为 (10±1)kΩ，最大容许电压为 DC20V；输入电流时，输入电阻为 (233±5)Ω，最大容许电流为 30mA。

必须注意的是，若发生切换开关与输入信号不匹配的错误（例如，开关设定为电流输入

信号 I,但端子输入为电压信号 V;或反之),会导致外部输入设备或变频器故障。

对于频率设定信号(DC 0~5V、0~10V 或 4~20mA)的相应输出频率的大小可用参数 Pr.125(对端子 2)或 Pr.126(对端子 4)设定,用于确定输入增益(最大)的频率。它们的出厂设定值均为 50Hz,设定范围为 0~400Hz。

(6) 参数清除

如果用户在参数调试过程中遇到问题,并且希望重新开始调试,可清除参数。即在 PU 运行模式下,设定 Pr.CL(参数清除)、RLLC(参数全部清除)均为"1",可使参数恢复为初始值(但如果设定 Pr.77 参数写入选择为"1",则无法清除)。参数清除操作,需要在参数设定模式下,用 M 旋钮选择参数编号为 Pr.CL 和 RLLC,把它们的值均置为"1",操作步骤如图 9-16 所示。

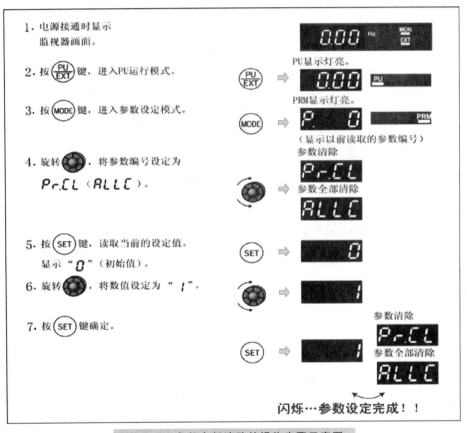

图 9-16 参数全部清除的操作步骤示意图

9.3.2 西门子系列变频器

1. 西门子变频器简介

西门子 MM420(MICROMASTER 420)是用于控制三相交流电动机速度的变频器系列。该系列有多种型号,从单相电源电压、额定功率 120W,到三相电源电压、额定功率 11kW,可供用户选用。现以一款小型 MM420 为例说明,其额定参数如下:

电源电压:380~480V,三相交流。

额定输出功率：0.75kW。

额定输入电流：2.4A。

额定输出电流：2.1A。

外形尺寸：A型。

操作面板：基本操作板（BOP）。

变频器安装在模块盒中，变频器的电源端头、电动机端头、主要的输入/输出端头都引出到模块面板的安全导线插孔上，以确保实训接线操作时的安全。在模块面板上还安装了调速电位器，用来调节变频器输出电压的频率。变频器模块面板如图9-17所示。

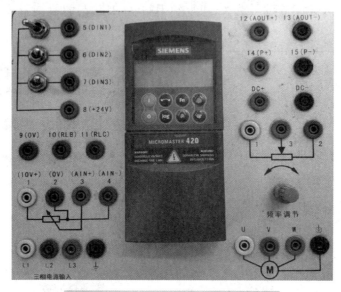

图9-17　西门子MM420变频器模块

2．MM420变频器电路方框图

如图9-18所示，进行主电路接线时，变频器模块面板上的L1、L2、L3插孔接三相电源，接地插孔接保护地线；三个电动机插孔U、V、W连接到三相电动机（千万不能接错电源，否则会损坏变频器）。

MM420变频器模块面板上引出了MM420的数字输入点：DIN1（端子5）、DIN2（端子6）、DIN3（端子7）、内部电源+24V（端子8）、内部电源0V（端子9）。数字输入量端子可连接到PLC的输出点（端子8接一个输出公共端，如2L）。当变频器命令参数P0700=2（外部端子控制）时，可由PLC控制变频器的启动/停止以及变速运行等。

在模块面板上还引出了MM420的模拟输入点：AIN+（端子3）、内部电源+10V（端子1）、内部电源0V（端子2）。同时，面板上还安装了一个用作频率调节的电位器，它的引出线为[1]、[2]、[3]端。如果需要在变频器上直接操作控制三相电动机的运行，可在面板上用安全插接线把电位器[1]端与内部电源+10V（端子1）相连，电位器[3]端与内部电源0V（端子2）相连，电位器[2]端与AIN+（端子3）相连。连接主电路后，拨动DIN1端旁的钮子开关即可启动/停止变频器，旋动电位器即可改变频率，实现电机速度的调整。

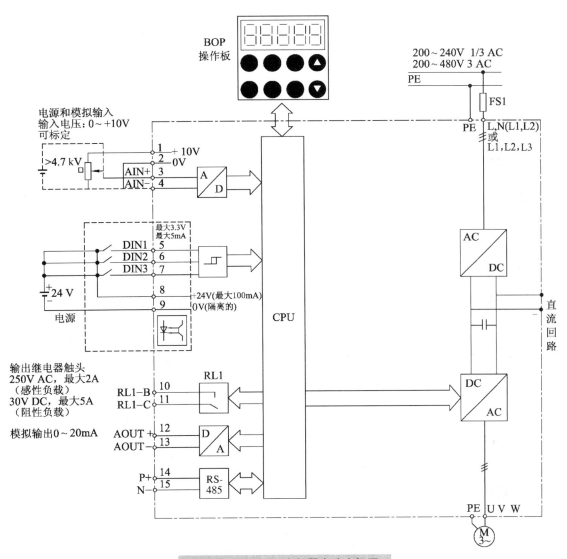

图 9-18 MM420 变频器电路方框图

3. 基本操作面板（BOP）的功能概述

图 9-19 是基本操作面板（BOP）的外形。利用 BOP 可以改变变频器的各个参数。

BOP 具有 7 段显示的五位数字，可以显示参数的序号和数值、报警和故障信息以及设定值和实际值。参数的信息不能用 BOP 存储。基本操作面板（BOP）上的按钮及其功能如表 9-10 所示。

图 9-19 BOP 操作面板

表 9-10　基本操作面板(BOP)上的按钮及其功能

显示/按钮	功 能	功能的说明
r0000	状态显示	LCD 显示变频器当前的设定值
I	启动变频器	按此键启动变频器。缺省值运行时此键是被封锁的。为了使此键的操作有效,应设定 P0700＝1。
O	停止变频器	OFF1:按此键,变频器将按选定的斜坡下降速率减速停车,缺省值运行时此键被封锁;为了允许此键操作,应设定 P0700＝1 OFF2:按此键两次(或一次,但时间较长),电动机将在惯性作用下自由停车。此功能总是"使能"的
↻	改变电动机的转动方向	按此键可以改变电动机的转动方向,电动机反向时,用负号表示或用闪烁的小数点表示。缺省值运行时此键是被封锁的,为了使此键的操作有效,应设定 P0700＝1
jog	电动机点动	在变频器无输出的情况下按此键,将使电动机启动,并按预设的点动频率运行。释放此键时,变频器停车。如果变频器/电动机正在运行,按此键将不起作用
Fn	功能	此键用于浏览辅助信息。 变频器运行过程中,在显示任何一个参数时按下此键并保持不动 2s,将显示以下参数值(变频器运行时从任何一个参数开始): (1) 直流回路电压(用 d 表示,单位为 V); (2) 输出电流(A); (3) 输出频率(Hz); (4) 输出电压(用 o 表示,单位为 V); (5) 由 P0005 选定的数值[如果 P0005 选择显示上述参数中的任何一个(3、4 或 5),这里将不再显示]。 连续多次按下此键,将轮流显示以上参数。 跳转功能:在显示任何一个参数(rXXXX 或 PXXXX)时短时间按下此键,将立即跳转到 r0000,如果需要的话,可以接着修改其他参数。跳转到 r0000 后,按此键,将返回原来的显示点
P	访问参数	按此键,即可访问参数
▲	增加数值	按此键,可增加面板上显示的参数数值
▼	减少数值	按此键,可减少面板上显示的参数数值

4．MM420 变频器的参数设置

(1) 参数号和参数名称

参数号是指该参数的编号。参数号用 0000～9999 的 4 位数字表示。在参数号的前面冠以一个小写字母"r"时,表示该参数是"只读"的参数。其他所有参数号的前面都冠以一个大写字母"P"。这些参数的设定值可以直接在标题栏的"最小值"和"最大值"范围内进行修改。

[下标] 表示该参数是一个带下标的参数,并且指定了下标的有效序号。

(2) 更改参数的数值的例子

用 BOP 可以修改和设定系统参数,使变频器具有期望的特性。例如,斜坡时间、最小和最大频率等。选择的参数号和设定的参数值在五位数字的 LCD 上显示。

更改参数的数值的步骤可大致归纳如下：① 查找所选定的参数号；② 进入参数值访问级,修改参数值；③ 确认并存储修改好的参数值。

参数 P0004（参数过滤器）的作用是根据所选定的一组功能,对参数进行过滤（或筛选）,并集中对过滤出的一组参数进行访问,从而可以更方便地进行调试。P0004 可能的设定值如表 9-11 所示,缺省的设定值为 0。

表 9-11 参数 P0004 的设定值

设定值	所指定参数组意义	设定值	所指定参数组意义
0	全部参数	12	驱动装置的特征
2	变频器参数	13	电动机的控制
3	电动机参数	20	通信
7	命令,二进制 I/O	21	报警/警告/监控
8	模-数转换和数-模转换	22	工艺参量控制器（如 PID）
10	设定值通道/ RFG（斜坡函数发生器）		

假设参数 P0004 设定值为 0,需要把设定值改变为 3。改变设定值的步骤如表 9-12 所示。

表 9-12 改变参数 P0004 设定值的步骤

步骤号	操作内容	显示结果
1	按 P 访问参数	r0000
2	按 ▲ 直到显示出 P0004	P0004
3	按 P 进入参数数值访问级	0

续表

步骤号	操作内容	显示结果
4	按 ▲ 或 ▼ 达到所需的数值	3
5	按 P 确认并存储参数的数值	P0004
6	使用者只能看到命令参数	

表 9-12 说明了如何改变参数 P0004 的数值。按照表中说明的类似方法，可以用"BOP"设定常用的参数。

（3）常用参数的设定

表 9-13 给出了常用的变频器参数设定值，如果希望设定更多的参数，请参考 MM420 用户手册。

表 9-13　常用变频器参数设置值

参数号	设置值	说　　明
P0010	30	工厂的缺省设定值
P0970	1	恢复出厂值
P0003	3	专家级
P0004	0	全部参数
P0010	1	快速调试
P0100	0	地区选择：0＝欧洲，功率单位为 kW，频率为 50Hz
P0304	380	电动机的额定电压 V
P0305	0.17	电动机的额定电流 A
P0307	0.03	电动机的额定功率 kW
P0310	50	电动机的额定频率 Hz
P0311	1500	电动机的额定速度 r/min
P0700	2	选择命令源
P1000	1	选择频率设定值
P1080	0	电动机最小频率
P1082	50.00	电动机最大频率
P1120	2	斜坡上升时间
P1121	2	斜坡下降时间
P3900	1	结束快速调试
P0003	3	专家级
P1040	10	频率面板设定值

（4）部分常用参数设置说明（更详细的参数设置说明请参考 MM420 用户手册）
● 参数 P0003 用于定义用户访问参数组的等级，设定范围为 0～4。

1　标准级：可以访问最常用的参数。
2　扩展级：允许扩展访问参数的范围，如变频器的 I/O 功能。
3　专家级：只供专家使用。
4　维修级：只供授权的维修人员使用，具有密码保护功能。

该参数缺省设置为等级 1（标准级），预设置为等级 3（专家级），目的是允许用户可访问 1、2 级的参数及参数范围，定义用户参数，并对复杂的功能进行编程。用户可以修改设定值，但建议不要设置为等级 4（维修级）。

● 参数 P0010 用于对与调试相关的参数进行过滤，只筛选出那些与特定功能组有关的参数。P0010 的可能设定值为：0（准备），1（快速调试），2（变频器），29（下载），30（工厂的缺省设定值），缺省设定值为 0。

当选择 P0010=1 时，进行快速调试；当选择 P0010=30 时，则把所有参数复位为工厂的缺省设定值。应注意的是，在变频器投入运行之前应将本参数复位为 0。

● 将变频器复位为工厂的缺省设定值的步骤：为了把变频器的全部参数复位为工厂的缺省设定值，应按照下面的数值设定参数：a. P0010=30；b. P0970=1。这时便开始参数的复位。变频器将自动地把它的所有参数都复位为它们各自缺省设定值。

如果用户在参数调试过程中遇到问题，并且希望重新开始调试，实践证明这种复位操作方法是非常有用的。复位为工厂缺省设置值的时间大约要 60s。

例 9-1　用 BOP 进行变频器的"快速调试"。

快速调试包括电动机参数和斜坡函数的参数设定。电动机参数的修改，仅当快速调试时有效。在进行快速调试以前，必须完成变频器的机械和电气安装。当选择 P0010=1 时，进行快速调试。

快速调试的进行与参数 P3900 的设定有关，当其被设定为 1 时，快速调试结束，变频器已做好了运行准备。

例 9-2　将变频器复位为工厂的缺省设定值。

如果用户在参数调试过程中遇到问题，并且希望重新开始调试，通常采用首先把变频器的全部参数复位为工厂的缺省设定值，再重新调试的方法。为此，应按照下面的数值设定参数：① P0010=30；② P0970=1。按下 P 键，便开始参数的复位。变频器将自动地把它的所有参数都复位为它们各自的缺省设定值。复位为工厂缺省设定值的时间大约要 60s。

5．常用参数设置举例

（1）命令信号源的选择（P0700）和频率设定值的选择（P1000）

● P0700：这一参数用于指定命令源，可能的设定值如表 9-14 所示，缺省值为 2。

表 9-14　P0700 的设定值

设定值	所指定参数值意义	设定值	所指定参数值意义
0	工厂的缺省设置	4	通过 BOP 链路的 USS 设置
1	BOP（键盘）设置	5	通过 COM 链路的 USS 设置
2	由端子排输入	6	通过 COM 链路的通信板（CB）设置

注意：当改变这一参数时，同时也使所选项目的全部设置值复位为工厂的缺省设置值。

例如,把它的设定值由 1 改为 2 时,所有的数字输入都将复位为缺省的设置值。

● P1000:这一参数用于选择频率设定值的信号源。其设定值范围为 0~66,缺省的设定值为 2。实际上,当设定值≥10 时,频率设定值将来源于两个信号源的叠加。其中,主设定值由最低一位数字(个位数)来选择(即 0~6),而附加设定值由最高一位数字(十位数)来选择(即 x0~x6,其中,x=1~6)。下面只说明常用主设定值信号源的意义。

0:无主设定值。

1:MOP(电动电位差计)设定值。取此值时,选择基本操作板(BOP)的按键指定输出频率。

2:模拟设定值:输出频率由端子 3、4 两端的模拟电压(0~10V)设定。

3:固定频率:输出频率由数字输入端子 DIN1~DIN3 的状态指定。用于多段速控制。

5:通过 COM 链路的 USS 设定。即按 USS 协议的串行通信线路,通过相关指令设定输出频率。

例 9-3 电机速度的连续调整。

变频器的参数在出厂缺省值时,命令源参数 P0700=2,指定命令源为"外部 I/O";频率设定值信号源 P1000=2,指定频率设定信号源为"模拟量输入"。这时,只须在 AIN+(端子 3)与 AIN−(端子 4)间加上模拟电压(DC0~10V 可调);并使数字输入 DIN1 信号为 ON,即可启动电动机,实现电机速度连续调整。

例 9-4 模拟电压信号从变频器内部 DC 10V 电源获得。

按图 9-18 的接线,用一个 4.7kΩ 电位器连接内部电源+10V 端(端子 1)和 0V 端(端子 2),中间抽头与 AIN+(端子 3)相连。连接主电路后接通电源,使 DIN1 端子的开关短接,即可启动/停止变频器,旋动电位器,即可改变频率,实现电机速度的连续调整。

电机速度调整范围:上述电机速度的调整操作中,电动机的最低速度取决于参数 P1080(最低频率),最高速度取决于参数 P2000(基准频率)。

参数 P1080 属于"设定值通道/RFG(斜波函数发生器)"参数组(P0004=10),缺省值为 0.00Hz。

参数 P2000 是串行链路,模拟 I/O 和 PID 控制器采用的满刻度频率设定值,属于"通信"参数组(P0004=20),缺省值为 50.00Hz。

如果缺省值不满足电机速度调整的要求范围,就需要调整这两个参数。另外,需要指出的是,如果要求最高速度高于 50.00Hz,则设定与最高速度相关的参数时,除了设定参数 P2000 外,尚须设置参数 P1082(最高频率)。

参数 P1082 也属于"设定值通道/RFG(斜波函数发生器)"参数组(P0004=10),缺省值为 50.00Hz。即参数 P1082 限制了电动机运行的最高频率。因此,在要求最高速度高于 50.00Hz 的情况下,需要修改 P1082 参数。

电动机运行的加、减速度的快慢,可用斜坡上升和下降时间表征,分别由参数 P1120、P1121 设定。这两个参数均属于"设定值通道"参数组,并且可在快速调试时设定。

P1120 是斜坡上升时间,即电动机从静止状态加速到最高频率(P1082)所用的时间。设定范围为 0~650s,缺省值为 10s。

P1121 是斜坡下降时间,即电动机从最高频率(P1082)减速到静止停车所用的时间。设定范围为 0~650s,缺省值为 10s。

注意:如果设定的斜坡上升时间太短,有可能导致变频器过电流跳闸;同样地,如果设定的斜坡下降时间太短,有可能导致变频器过电流或过电压跳闸。

例 9-5 模拟电压信号由外部给定,电动机可正反转。

为此,参数 P0700(命令源选择)、P1000(频率设定值选择)应为缺省设置,即 P0700=2(由端子排输入),P1000=2(模拟输入)。从模拟输入端 3(AIN+)和 4(AIN-)输入来自外部的 0~10V 直流电压(如从 PLC 的 D/A 模块获得),即可连续调节输出频率的大小。

用数字输入端口 DIN1 和 DIN2 控制电动机的正反转方向时,可通过设置参数 P0701、P0702 实现。例如,使 P0701=1,DIN1 ON 接通正转,OFF 停止;P0702=2,DIN2 ON 接通反转,OFF 停止。

(2) 多段速控制

当变频器的命令源参数 P0700=2(外部 I/O),选择频率设置的信号源参数 P1000=3(固定频率),并设置数字输入端子 DIN1、DIN2、DIN3 等相应的功能后,就可以通过外接的开关器件的组合通断改变输入端子的状态,实现电机速度的有级调整。这种控制频率的方式称为多段速控制功能。

选择数字输入 1(DIN1)功能的参数为 P0701,缺省值为 1。

选择数字输入 2(DIN2)功能的参数为 P0702,缺省值为 12。

选择数字输入 3(DIN3)功能的参数为 P0703,缺省值为 9。

为了实现多段速控制功能,应该修改这三个参数,给 DIN1、DIN2、DIN3 端子赋予相应的功能。

参数 P0701、P0702、P0703 均属于"命令,二进制 I/O"参数组(P0004=7),可能的设定值如表 9-15 所示。

表 9-15 参数 P0701、P0702、P0703 可能的设定值

设定值	所指定参数值意义	设定值	所指定参数值意义
0	禁止数字输入	14	MOP 降速(减少频率)
1	接通正转/停车命令 1	15	固定频率设定值(直接选择)
2	接通反转/停车命令 1	16	固定频率设定值(直接选择+ON 命令)
3	按惯性自由停车	17	固定频率设定值[二进制编码的十进制数(BCD 码)选择+ON 命令]
4	按斜坡函数曲线快速降速停车	21	机旁/远程控制
9	故障确认	25	直流注入制动
10	正向点动	29	由外部信号触发跳闸
11	反向点动	33	禁止附加频率设定值
12	反转	99	使能 BICO 参数化
13	MOP(电动电位计)升速(增加频率)		

由表 9-15 可见,参数 P0701、P0702、P0703 设定值取值为 15、16、17 时,选择固定频率的方式确定输出频率(FF 方式)。这三种选择说明如下:

● 直接选择(P0701~P0703=15)。

在这种操作方式下,一个数字输入端子信号选择一个固定频率。如果有几个固定频率输入同时被激活,选定的频率是它们的总和,即 FF1+FF2+FF3。在这种方式下,还需要一个 ON 命令才能使变频器投入运行。

- 直接选择+ON命令(P0701～P0703=16)。

选择固定频率时,既有选定的固定频率,又带有ON命令,把它们组合在一起。在这种操作方式下,一个数字输入端子信号选择一个固定频率。如果有几个固定频率输入同时被激活,选定的频率是它们的总和,即FF1+FF2+FF3。

- 二进制编码的十进制数(BCD码)选择+ON命令(P0701～P0703=17),使用这种方法最多可以选择7个固定频率。各个固定频率的数值如表9-16所示。

表9-16 固定频率的数值选择

参数号	代码	DIN3	DIN2	DIN1
	OFF	不激活	不激活	不激活
P1001	FF1	不激活	不激活	激活
P1002	FF2	不激活	激活	不激活
P1003	FF3	不激活	激活	激活
P1004	FF4	激活	不激活	不激活
P1005	FF5	激活	不激活	激活
P1006	FF6	激活	激活	不激活
P1007	FF7	激活	激活	激活

综上所述,为实现多段速控制的参数设置步骤如下:

- 设置P0004=7,选择"外部I/O"参数组,然后设置P0700=2;指定命令源为"由端子排输入"。
- 设置P0701、P0702、P0703=15～17,确定数字输入DIN1、DIN2、DIN3的功能。
- 设置P0004=10,选择"设定值通道"参数组,然后设置P1000=3,将信号源频率设置为固定频率。
- 设定相应的固定频率值,即设置参数P1001～P1007有关对应项。

例9-6 要求电动机能实现正反转和高、中、低三种转速的调整,高速时运行频率为40Hz,中速时运行频率为25Hz,低速时运行频率为15Hz。则变频器参数调整的步骤如表9-17所示。

表9-17 变频器参数调整的步骤

步骤号	参数号	出厂值	设定值	说明
1	P0003	1	1	设用户访问级为标准级
2	P0004	0	7	设用户访问级为标准级,命令组为"命令和数字I/O"
3	P0700	2	2	命令源选择"由端子排输入信号"
4	P0003	1	2	设用户访问级为扩展级
5	P0701	1	16	DIN1功能设置为固定频率设定值(直接选择+ON)
6	P0702	12	16	DIN2功能设置为固定频率设定值(直接选择+ON)
7	P0703	9	12	DIN3功能设置为接通时反转
8	P0004	0	10	命令组为设定值通道和斜坡函数发生器
9	P1000	2	3	频率给定输入方式设置为固定频率设定值
10	P1001	0	25	固定频率1
11	P1002	5	15	固定频率2

设置上述参数后,将 DIN1 置为高电平,DIN2 置为低电平,变频器输出 25Hz(中速);将 DIN1 置为低电平,DIN2 置为高电平,变频器输出 15Hz(低速);将 DIN1 置为高电平,DIN2 置为高电平,变频器输出 40Hz(高速);将 DIN3 置为高电平,电动机反转。

9.3.3 综合设计及考核试题

假定某电动机速度控制如图 9-20 所示,试采用 PLC 控制变频器进行速度切换,假定以 10s 时间间隔做速度切换信号,此外,还应有正转、反转选择及停止功能。

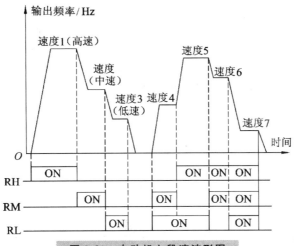

图 9-20 电动机七段速波形图

(1) 采用三菱系列 PLC 及变频器设计

接线图如图 9-21 所示,变频器参数表如表 9-18 所示。

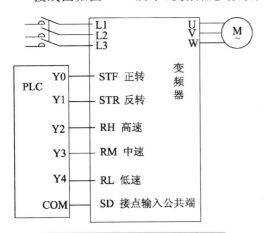

图 9-21 PLC 及变频器接线图

表 9-18 变频器参数表

速度段	频率	接　点	参数号
1	50	RH	Pr.4
2	30	RM	Pr.5
3	15	RL	Pr.6
4	25	RM、RL	Pr.24
5	40	RH、RL	Pr.25
6	35	RH、RM	Pr.26
7	10	RH、RM、RL	Pr.27

其他基本参数,请读者自行编写。

梯形图如图 9-22(a)、(b)所示。

(a)

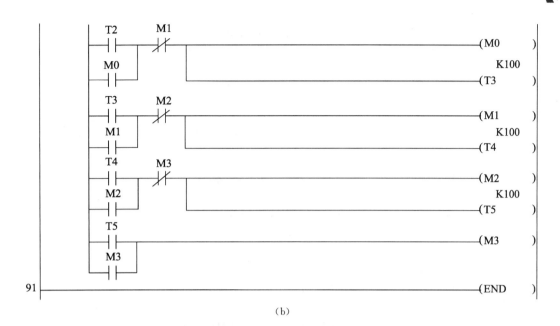

图 9-22 三菱 PLC 梯形图

(2) 采用西门子系列 PLC 及变频器设计

接线图如图 9-23 所示，变频器参数表如表 9-19 所示。

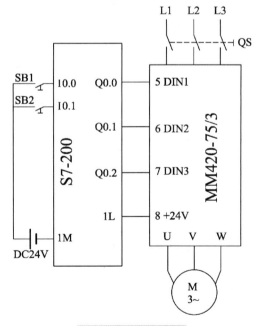

图 9-23 接线图

表 9-19 变频器参数表

步骤号	参数号	出厂值	设定值	说　明
1	P0003	1	1	设用户访问级为标准级
2	P0004	0	7	设用户访问级为标准级,7 表示命令组为命令和数字,二进制 I/O
3	P0700	2	2	命令源选择,2 表示"由端子排输入"
4	P0003	1	2	设用户访问级为扩展级
5	P0701	1	17	DIN1 功能设定为二进制编码选择+ON 命令
6	P0702	12	17	DIN2 功能设定为二进制编码选择+ON 命令
7	P0703	9	17	DIN3 功能设定为二进制编码选择+ON 命令
8	P0004	0	10	命令组为设定值通道和斜坡函数发生器
9	P1000	2	3	频率给定输入方式设定为固定频率设定值
10	P1001	0	50	固定频率 1＜FF1＞DIN3 DIN2 DIN1＝001
11	P1002	5	30	固定频率 2＜FF2＞DIN3 DIN2 DIN1＝010
12	P1003	10	15	固定频率 3＜FF3＞DIN3 DIN2 DIN1＝011
13	P1004	15	25	固定频率 4＜FF4＞DIN3 DIN2 DIN1＝100
14	P1005	20	40	固定频率 5＜FF5＞DIN3 DIN2 DIN1＝101
15	P1006	25	35	固定频率 6＜FF6＞DIN3 DIN2 DIN1＝110
16	P1007	30	10	固定频率 7＜FF7＞DIN3 DIN2 DIN1＝111

梯形图如图 9-24(a)、(b)所示。

由于西门子 MM420 变频器仅有 3 个数字输入端子,本例仅设计正转启动+7 段速控制。

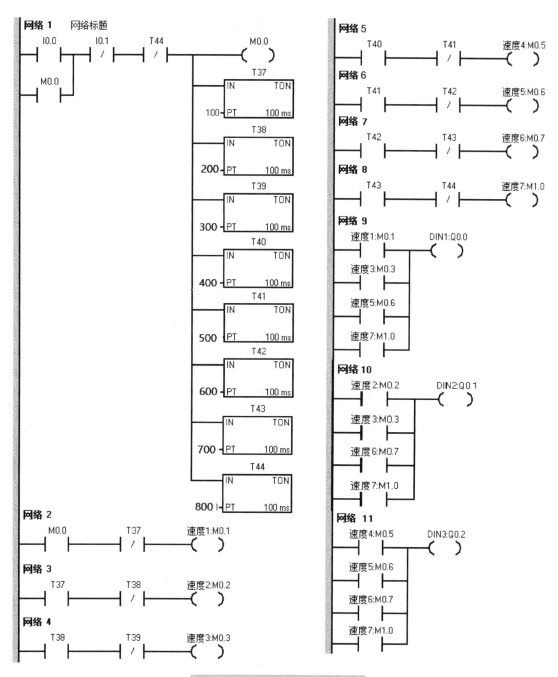

图 9-24 西门子 PLC 梯形图

考 核 试 题

试题一 用变频器改造三相异步电动机正反转两地控制线路,并进行安装和调试。

① 根据电气控制电路的设计方法,建立变频控制系统的电气控制电路图。因为变频器外部端子控制模式有多种,所以在设计时,应先确定变频器外部端子控制模式中的一种。本例选用两线式,电路图如图 9-25 所示。

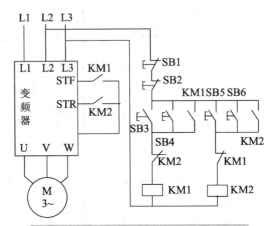

图 9-25 变频器正反转两地控制电路

② 安装元器件和线路。元器件布局要整齐、匀称、合理;确定电气元器件安装位置时,应做到既便于布线,又便于检修;安装元器件时,螺钉要先对角固定,不能一次拧紧,固定时用力不要过猛,避免损坏元器件;布线一般从控制电路开始,先确定导线走向,然后截取适当的长度进行安装,并对线路进行检查。

③ 能正确地设置变频器参数;按照被控设备的动作要求进行模拟操作调试,以达到控制要求。

④ 将负载电动机接上,通电试车。

⑤ 考核评分表如表 9-20 所示。

试题二 三相交流异步电动机变频器控制装调。

某刨床工作台电动机由变频器拖动,按图 9-26 所示速度实现程序控制,以实现刨床工作台的多段速控制。其加速时间为 2s,减速时间为 1s。

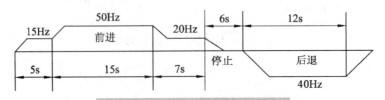

图 9-26 工作台程序控制速度图

① 电路绘制:根据任务,设计 PLC 控制变频器电路图。

② 安装与接线。

a. 将空气开关、熔断器、PLC、继电器、变频器、按钮等装在一块配线板上。

b. 按接线图在模拟配线板上正确安装电路,元件在配线板上布置要合理,安装要准确、紧固,配线导线要紧固、美观,导线要垂直进入线槽,导线要有端子标号,引出端要用接线端头。

c. 能正确地设置变频器参数;按照被控设备的动作要求进行模拟操作调试,以达到控制要求。

d. 通电试验:通电前正确使用电工工具及多用表,进行仔细检查。

③ 考核评分表如表 9-20 所示。

表 9-20 考核评分表

主要内容	配分	考核要求	评分标准	扣分	得分	评分人
设计	25	根据给定电路图,按国家电气绘图规范及标准绘制电路图,写出变频器需要设定的参数	1. 设计电路图时,错 1 处扣 2 分。 2. 绘制电路图不规范及不标准,每 1 处扣 2 分。 3. 列出变频器的设定参数,缺 1 项或错 1 项扣 2 分			
元器件安装	20	元器件在配电板上布置要合理,安装要准确、紧固、美观	1. 元器件布置不整齐、不匀称、不合理,每只扣 1 分。 2. 元器件安装不牢固、安装元器件时漏装螺钉,每只扣 1 分。 3. 损坏元器件,每只扣 2 分			
接线	20	配线要求紧固、美观,导线要进入行线槽。按钮要固定在配电板上,电源和电动机配线、按钮接线要接到端子排上,进出线槽导线要有端子标号,引入端子要用别径压接端子	1. 布线不进入行线槽,不美观,每根扣 0.5 分。 2. 接点松动、露铜过长、压绝缘层、标记线号不清、遗漏或误标、导线引入没有压接相应接线端子,每处扣 0.5 分。 3. 损伤绝缘导线或线芯,每根扣 0.5 分			
调试	30	熟练操作设定变频器参数的键盘,并能正确输入参数;按照被控制设备要求,进行正确的调试	1. 在操作键盘中设置变频器参数时不熟练,扣 3 分。 2. 调试时,没有严格按照被控制设备的要求进行,达不到设计要求,每缺少 1 项功能扣 5 分			
其他	5	违反安全文明生产规定,扣 5 分				
规定时间	2h	每超 5min,扣 5 分,不足 5min 按 5min 计				
备注		每个项目扣分以扣完为止,不再加扣分		总得分		

第 10 章 交流伺服电机控制技术

10.1 交流伺服电机简介

1. 永磁交流伺服系统概述

现代高性能的伺服系统大多数采用永磁交流伺服系统,其包括永磁同步交流伺服电动机和全数字交流永磁同步伺服驱动器两部分。

(1) 交流伺服电机的工作原理

伺服电机内部的转子是永久磁铁,驱动器控制的 U/V/W 三相电形成电磁场,转子在此磁场的作用下转动,同时电机自带的编码器反馈信号给驱动器,驱动器将反馈值与目标值进行比较,调整转子转动的角度。伺服电机的精度取决于编码器的精度(线数)。

伺服驱动器控制交流永磁伺服电机(PMSM)时,可分别工作在电流(转矩)、速度、位置控制方式下。系统的控制结构框图如图 10-1 所示。系统基于测量电机的两相电流反馈值 (I_a、I_b) 和电机位置信息,经坐标变化(从 a、b、c 坐标系转换到转子 d、q 坐标系),得到 I_d、I_q 分量,分别进入各自的电流调节器。电流调节器的输出经过反向坐标变化(从 d、q 坐标系转换到 a、b、c 坐标系),得到三相电压指令。控制芯片通过这三相电压指令,经过反向、延时后,得到 6 路 PWM 波输出到功率器件,控制电机运行。

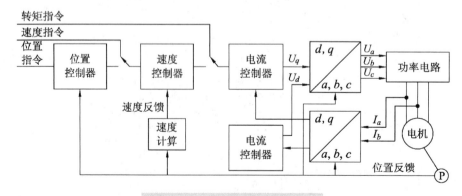

图 10-1 系统的控制结构框图

伺服驱动器均采用数字信号处理器(DSP)作为控制核心,其优点是可以实现比较复杂的控制算法,实现数字化、网络化和智能化。功率器件普遍采用以智能功率模块(IPM)为核心设计的驱动电路,IPM内部集成了驱动电路,同时具有过电压、过电流、过热、欠压等故障检测保护电路,在主回路中还加入软启动电路,以减小启动过程对驱动器的冲击。

智能功率模块(IPM)的主要拓扑结构采用了三相桥式电路,其原理图如图10-2所示。利用脉宽调制技术即PWM(Pulse Width Modulation),通过改变功率晶体管交替导通的时间来改变逆变器输出波形的频率,改变每半周期内晶体管的通断时间比,也就是说,通过改变脉冲宽度来改变逆变器输出电压幅值的大小,以达到调节功率的目的。

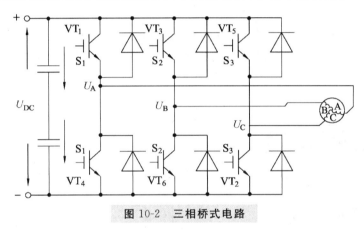

图10-2 三相桥式电路

关于矢量控制原理,此处不予讨论。这里着重指出的是,伺服系统用作定位控制时,位置指令输入位置控制器,速度控制器输入端前面的电子开关切换到位置控制器输出端,同样地,电流控制器输入端前面的电子开关切换到速度控制器输出端。因此,位置控制模式下的伺服系统是一个三闭环控制系统,两个内环分别是电流环和速度环。

由自动控制理论可知,这样的系统结构提高了系统的快速性、稳定性和抗干扰能力。在足够高的开环增益下,系统的稳态误差接近为零。这就是说,在稳态时,伺服电机以指令脉冲和反馈脉冲近似相等时的速度运行。反之,在达到稳态前,系统将在偏差信号作用下驱动电机加速或减速。若指令脉冲突然消失(例如,紧急停车时,PLC立即停止向伺服驱动器发出驱动脉冲),伺服电机仍会运行到反馈脉冲数等于指令脉冲消失前的脉冲数才停止。

(2)位置控制模式下电子齿轮

在位置控制模式下,等效的单闭环位置控制系统方框图如图10-3所示。

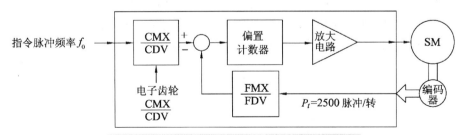

图10-3 等效的单闭环位置控制系统方框图

图 10-3 中指令脉冲信号和电机编码器反馈脉冲信号进入驱动器后,均通过电子齿轮变换才进行偏差计算。电子齿轮实际是一个分-倍频器,合理搭配它们的分-倍频值,可以灵活地设置指令脉冲的行程。

例如,松下 MINAS A4 系列 AC 伺服电机驱动器,电机编码器反馈脉冲为 2500 脉冲/转。缺省情况下,驱动器反馈脉冲电子齿轮分-倍频值为 4 倍频。如果希望指令脉冲为 6000 脉冲/转,那么就应把指令脉冲电子齿轮的分-倍频值设置为 10000/6000,从而实现 PLC 每输出 6000 个脉冲,伺服电机旋转一周,驱动机械手恰好移动 60mm。

2. 松下 AC 伺服电机驱动器 MINAS A5 系列的接线和参数设置简介

AC 伺服电机驱动器 MINAS A5 系列对 A4 系列进行了飞跃性的性能升级,其设定和调整极其简单;所配套的电机,采用 20 位增量式编码器,实现了低齿槽转矩化;提高了在低刚性机器上的稳定性,且可在高刚性机器上进行高速高精度运转。伺服电机结构如图 10-4 所示。

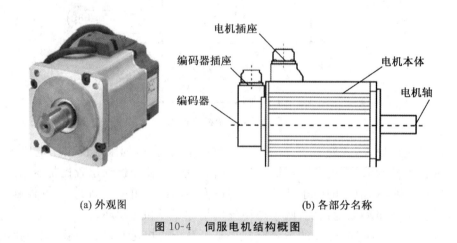

(a) 外观图　　　　　　(b) 各部分名称

图 10-4　伺服电机结构概图

下面介绍松下 MHMD022G1U 永磁同步交流伺服电机及 MADHT1507E 全数字交流永磁同步伺服驱动装置。

● MHMD022G1U:MHMD 表示电机类型为大惯量;02 表示电机的额定功率为 200W;2 表示电压规格为 200V;G 表示编码器为增量式编码器,脉冲数为 20 位,分辨率为 1048576,输出信号线数为 5 根线。

● MADHT1507E:MADH 表示松下 A5 系列 A 型驱动器;T1 表示最大额定电流为 10A;5 表示电源电压规格为单相/三相 200V;07 表示电流监测器额定电流为 7.5A;E 表示可以采用前面或背面安装方式。驱动器的外观和面板如图 10-5 所示。

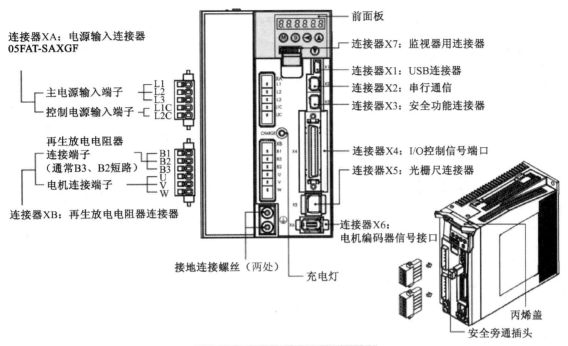

图 10-5 驱动器的外观和面板

3. 接线方式

MADHT1507E 伺服驱动器面板上有多个接线端口,下面介绍常用的几个端口。

● XA:电源输入接口,AC220V 电源连接到 L1、L3 主电源端子,同时连接到控制电源端子 L1C、L2C 上。

● XB:电机接口和外置再生放电电阻器接口。U、V、W 端子用于连接电机。必须注意,电源电压务必按照驱动器铭牌上的指示,电机接线端子(U、V、W)不可以接地或短路,交流伺服电机的旋转方向不像感应电动机可以通过交换三相相序来改变,必须保证驱动器上的 U、V、W、E 接线端子与电机主回路接线端子按规定的次序一一对应,否则可能造成驱动器的损坏。电机的接线端子、驱动器的接地端子以及滤波器的接地端子必须保证可靠地连接到同一个接地点上。机身也必须接地。B1、B2、B3 端子是外接放电电阻。

● X1:USB 连接器。可在上位机上通过相关软件进行参数的设定、变更和监视。

● X2:串行通信。在与上位控制器连接时使用,提供 RS232 及 RS985 的接口。

● X3:安全功能连接器。此为标配,一般情况下请勿拔下。

● X4:I/O 控制信号端口,其部分引脚信号定义与选择的控制模式有关,不同模式下的接线请参考《松下 A5 系列伺服电机手册》。如果伺服电机用于定位控制,选用位置控制模式,采用简化接线方式。

● X5:光栅尺连接器。

● X6:电机编码器信号接口,连接电缆应选用带有屏蔽层的双绞电缆,屏蔽层应接到电机侧的接地端子上,并且应确保将编码器电缆屏蔽层连接到插头的外壳(FG)上。

采用西门子 S7-200 系列 PLC 和三菱 FX 系列 PLC 接线,如图 10-6、图 10-7 所示。

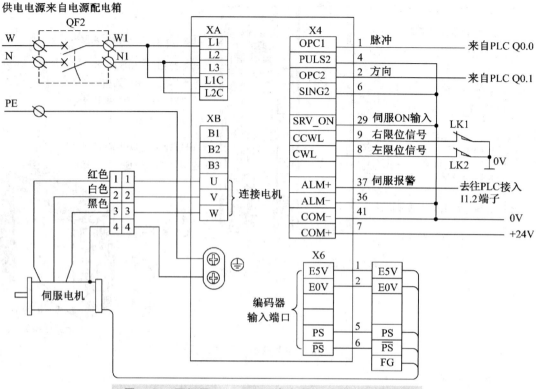

图 10-6 西门子 S7-200 PLC 与伺服驱动器电气接线图

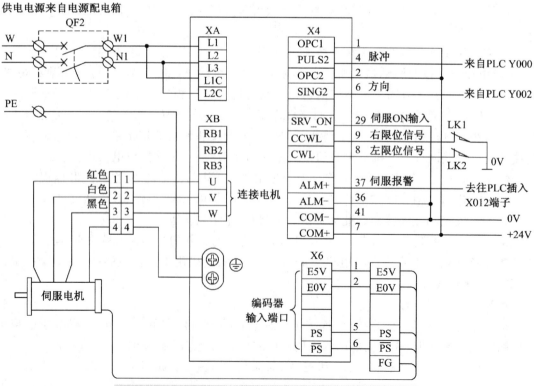

图 10-7 三菱 FX 系列 PLC 与伺服驱动器电气接线图

4．伺服驱动器的参数设置与调整

松下伺服驱动器有七种控制方式，即位置控制、速度控制、转矩控制、位置/速度控制、位置/转矩控制、速度/转矩控制、全闭环控制。位置控制方式就是输入脉冲串来使电机定位运行，电机转速与脉冲串频率相关，电机转动的角度与脉冲个数相关。速度控制方式有两种：一是通过输入直流－10～＋10V 指令电压调速，二是选用驱动器内设置的内部速度来调速。转矩控制方式是通过输入直流－10～＋10V 指令电压调节电机的输出转矩，在这种方式下运行必须要进行速度限制，这种控制方式有两种：一是设置驱动器内的参数来限制，二是输入模拟量电压限速。

（1）参数设置方式操作说明

伺服驱动器的参数可以通过与 PC 连接后在专门的调试软件上进行设置，也可以在驱动器的面板上进行设置。在 PC 上安装伺服驱动器设置软件 Panaterm，通过与伺服驱动器建立起通信，就可将伺服驱动器的参数状态读出或写入，非常方便，如图 10-8 所示。当现场条件不允许，或修改少量参数时，也可通过驱动器上操作面板来完成。操作面板如图 10-9 所示。

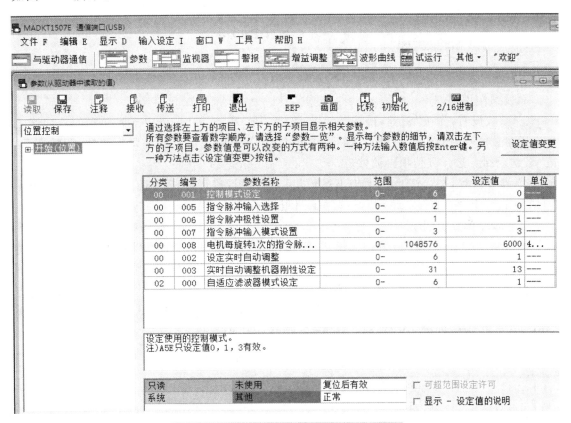

图 10-8　驱动器参数设置软件 Panaterm

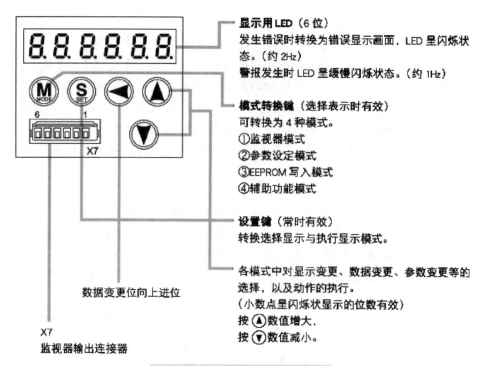

图 10-9 驱动器参数设置面板

面板操作说明如下：

① 参数设置，先按"S"键，再按"M"键，选择"Pr00"后，按向上、向下或向左的方向键选择通用参数的项目，按"S"键进入。然后按向上、向下或向左的方向键调整参数，调整完后，按"S"键返回。选择其他项再调整。

② 参数保存，按"M"键，选择"EE-SET"后，按"S"键确认，出现"EEP－"，然后按向上键3秒钟，出现"FINISH"或"reset"，然后重新上电即保存。

（2）部分参数说明

伺服驱动装置工作于位置控制模式，S7-226 的 Q0.0 输出脉冲作为伺服驱动器的位置指令。脉冲的数量决定伺服电机的旋转位移，即机械手的直线位移；脉冲的频率决定了伺服电机的旋转速度，即机械手的运动速度。S7-226 的 Q0.1 输出脉冲作为伺服驱动器的方向指令。在控制要求较为简单时，伺服驱动器可采用自动增益调整模式。根据上述要求，伺服驱动器参数设置如表 10-1 所示。

表 10-1 伺服驱动器参数设置

序号	参数编号	参数名称	设置数值	功能和含义
1	Pr5.28	LED 初始状态	1	显示电机转速
2	Pr0.01	控制模式	0	位置控制（相关代码 P）
3	Pr5.04	驱动禁止输入设定	2	当左或右限位开关有动作信号，则会发出行程限位禁止输入信号出错报警，显示 Err38。设置此参数值必须在控制电源断电重启之后才能修改、写入成功

续表

序号	参数编号	参数名称	设置数值	功能和含义
4	Pr0.04	惯量比	250	
5	Pr0.02	实时自动增益设置	1	实时自动调整为标准模式,运行时负载惯量的变化情况很小
6	Pr0.03	实时自动增益的机械刚性选择	13	此参数值设得越大,响应越快
7	Pr0.06	指令脉冲旋转方向设置	1	
8	Pr0.07	指令脉冲输入方式	3	
9	Pr0.08	电机每旋转一转的脉冲数	6000	

注:其他参数的说明及设置请参看松下 Ninas A5 系列伺服电机、驱动器使用说明书。

10.2 三菱 PLC 位置控制指令简介

10.2.1 三菱 PLC 的脉冲输出功能及位控编程

晶体管输出的 FX1N 系列 PLC CPU 单元支持高速脉冲输出功能,但仅限于 Y000 和 Y001 点。输出脉冲的频率最高可达 100kHz。

使用脉冲输出指令 FNC57(PLSY)和带加减速的脉冲输出指令 FNC59(PLSR)就可以实现对输送单元伺服电机(或步进电机)的控制。但 PLSY 和 PLSR 两指令均未考虑旋转方向,为了使电机实现正反转,必须另外指定方向输出。并且,两指令仅用特殊寄存器(Y000:[D8141,D8140],Y001:[D8143,D8142])保存输出的脉冲总数,不能反映当前的位置信息。因此它们并不具备真正的定位控制功能。

对伺服电机的控制主要是定位控制。可以使用 FX1N 的简易定位控制指令实现。简易定位控制指令包括原点回归指令 FNC156(ZRN)、相对位置控制指令 FNC158(DRVI)、绝对位置控制指令 FNC159(DRVA)、脉冲输出指令 FNC57(PLSY)和可变速脉冲输出指令 FNC157(PLSV)等。现分别介绍如下。

1. 原点回归指令 FNC156(ZRN)

原点回归指令主要用于上电时和初始运行时搜索和记录原点位置信息。该指令要求提供一个近原点的信号,原点回归动作必须从近点信号的前端开始,以指定的原点回归速度开始移动;当近点信号由 OFF 变为 ON 时,减速至爬行速度;最后,当近点信号由 ON 变为 OFF 时,在停止脉冲输出的同时,使当前值寄存器(Y000:[D8141,D8140],Y001:[D8143,D8142])清零。动作过程示意图如图 10-10 所示。

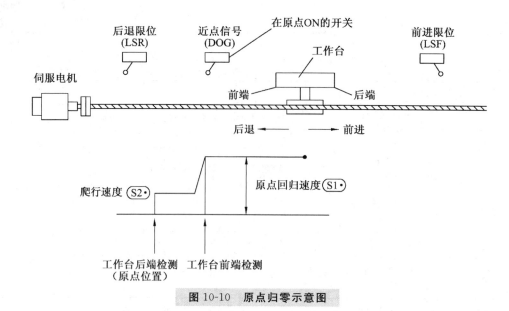

图 10-10 原点归零示意图

由此可见,原点回归指令要求提供 3 个源操作数和 1 个目标操作数。源操作数为:原点回归开始的速度、爬行速度、近点输入信号。目标操作数为指定脉冲输出的 Y 编号(仅限于 Y000 或 Y001)。原点回归指令格式如图 10-11 所示。

图 10-11 ZRN 指令格式

使用原点回归指令编程时应注意:

① 回归动作必须从近点信号的前端开始,因此当前值寄存器(Y000:[D8141,D8140],Y001:[D8143,D8142])数值将向减少方向动作。

② 原点回归速度,对于 16 位指令,源操作数的范围为 10～32767Hz;对于 32 位指令,源操作数的范围为 10～100kHz。

③ 近点输入信号宜指定输入继电器(X),否则由于会受到可编程控制器运算周期的影响,引起原点位置的偏移增大。

④ 在原点回归过程中,指令驱动接点变 OFF 状态时,将不减速而停止(立即停止)。并且在"脉冲输出中"标志(Y000:M8147,Y001:M8148)处于 ON 时,将不接受指令的再次驱动。仅当回归过程完成,执行"完成"标志(M8029)动作的同时,"脉冲输出中"标志才变为 OFF。

例 10-1 如图 10-12 所示,在当前位置 A 处,驱动条件 X001 接通,则开始执行原点回归。

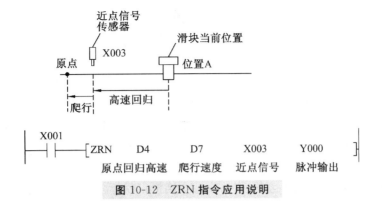

图 10-12 ZRN 指令应用说明

在原点回归过程中,还未感应到近点信号 X003 时,滑块以 D4 的速度高速回归。

在感应到近点信号 X003 后,滑块减速到 D7(爬行速度),开始低速运行。

当滑块脱离近点信号 X003 后,滑块停止运行,原点确定,原点回归结束。

注:若在原点回归过程中,驱动条件 X001 断开,则滑块将不减速而停止(立即停止)。

当原点回归结束后,在停止脉冲输出的同时,向当前值寄存器(Y000:D8141,D8140),(Y001:D8143,D8142)写入 0。

因此,ZRN 指令中,D4(第一个数据)表示指定原点回归时的高速运行速度;D7(第二个数据)表示指定原点回归时的低速运行速度;X003(近点信号)表示指定原点回归接近时的传感器信号;Y000 表示脉冲输出地址。

2. 脉冲输出指令 FNC57(PLSY)和可变速脉冲输出指令 FNC157(PLSV)

(1)脉冲输出指令 FNC57(PLSY)

如图 10-13 所示程序中,当 X001 接通,PLSY 指令开始通过 Y000 输出脉冲。其中,D0 为脉冲输出频率(Hz),也即控制步进电机的转速;D2 为脉冲输出量,也即控制步进电机的转动行程;Y000 为脉冲输出地址(晶体管输出类型,仅限 Y000 及 Y001)。

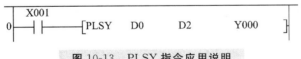

图 10-13 PLSY 指令应用说明

整个程序的作用是:当 X001 接通,则 PLSY 指令让 Y000 发出 D2 中所示数值的脉冲,Y000 的脉冲频率为 D0 中所示数值。

(2)可变速脉冲输出指令 FNC157(PLSV)

如图 10-14 所示程序中,当 X001 接通,PLSV 指令开始通过 D0 中的值输出脉冲。其中,D0 为脉冲输出频率(Hz),单位为脉冲/秒,可以通过脉冲频率控制步进电机的转速;Y000 为脉冲输出地址(晶体管输出类型,仅限 Y000 及 Y001);Y004 为脉冲方向信号。

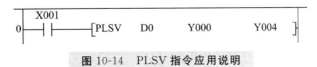

图 10-14 PLSV 指令应用说明

如果 D0 为正数,则 Y004 变为 ON;如果 D0 为负数,则 Y004 变为 OFF;即使在脉冲输出状态中,仍能够自由改变脉冲频率。

由于在启动/停止时不执行加减速,如果有必要进行缓冲开始/停止时,请利用 RAMP 等指令改变脉冲频率的数值。

此指令驱动条件变为 OFF(断开)后,脉冲输出标志 M8148 处于 ON 时,将不接受指令的再次驱动,因此有必要对其进行复位操作。

若在脉冲输出过程中,指令驱动的接点 X001 变为 OFF,将不进行减速而直接停止。

3. 相对位置控制指令 FNC158(DRVI)和绝对位置控制指令 FNC159(DRVA)

进行定位控制时,目标位置的指定可以用两种方式。一种是指定当前位置到目标位置的位移量(以带符号的脉冲数表示),另一种是直接指定目标位置相对于原点的坐标值(以带符号的脉冲数表示)。前者为相对驱动方式,用相对位置控制指令 FNC158(DRVI)实现;后者为绝对驱动方式,用绝对位置控制指令 FNC159(DRVA)实现。相对位置控制指令和绝对位置控制指令的指令格式分别如图 10-15 和图 10-16 所示。

图 10-15　相对位置控制指令 DRVI 指令格式　　图 10-16　绝对位置控制指令 DRVA 指令格式

可见,这两个指令均须提供 2 个源操作数和 2 个目标操作数。

● 源操作数(S1·)给出目标位置信息,但相对方式和绝对方式有不同含义。

对于相对位置控制指令,此操作数指定从当前位置到目标位置所需输出的脉冲数(带符号)。

对于绝对位置控制指令,指定目标位置相对于原点的坐标值(带符号的脉冲数),执行指令时,输出的脉冲数是输出目标设定值与当前值之差。

对于 16 位指令,操作数的范围为 $-32768 \sim +32767$;对于 32 位指令,操作数的范围为 $-999999 \sim +999999$。

● (S2·)指定输出脉冲频率,对于 16 位指令,操作数的范围为 $10 \sim 32767$Hz;对于 32 位指令,操作数的范围为 $10 \sim 100$kHz。

● (D1·)指定脉冲输出地址,指令仅能用于 Y000、Y001。

● (D2·)指定旋转方向信号输出地址。当输出的脉冲数为正时,输出为 ON;当输出的脉冲数为负时,输出 OFF。

(1) 使用指令 DRVI 和 DRVA 编程时的注意点

① 指令执行过程中,Y000 输出的当前值寄存器为[D8141(高位),D8140(低位)](32 位);Y001 输出的当前值寄存器为[D8143(高位),D8142(低位)](32 位)。

对于相对位置控制,当前值寄存器存放增量方式的输出脉冲数;对于绝对位置控制,当前值寄存器存放当前绝对位置。正转时,当前值寄存器的数值增加;反转时,当前值寄存器的数值减小。

② 在指令执行过程中,即使改变操作数的内容,也无法在当前运行中表现出来,只在下一次指令执行时才有效。

③ 若在指令执行过程中,当指令驱动的接点变为 OFF 时,将减速停止。此时执行完成

标志 M8029 不动作。

指令驱动接点变为 OFF 后,当脉冲输出中标志(Y000:[M8147],Y001:[M8148])处于 ON 时,将不接受指令的再次驱动。

④ 执行 DRVI 或 DRVA 指令时,需要如下一些基本参数信息,请在 PLC 上电时(M8002ON),写入相应的特殊寄存器中。

● 指定的输出脉冲频率必须小于指令执行时的最高速度,设定范围为 10~100kHz,存放于[D8147,D8146]中。

● 指令执行时的基底速度存放于[D8145]中。设定范围为最高速度(D8147,D8146)的 1/10 以下,超过该范围时,自动降为最高速度的 1/10 数值运行。

● 指令执行时的加减速时间。加减速时间表示到达最高速度(D8147,D8146)所需时间。因此,当输出脉冲频率低于最高速度时,实际加减速时间会缩短。设定范围为 50~5000ms。

⑤ 使用指令 DRVI 或指令 DRVA 编程时须注意各操作数的相互配合。

● 加减速时的变速级数固定在 10 级,故一次变速量是最高频率的 1/10。在驱动步进电机情况下,设定最高频率时应考虑在步进电机不失步的范围内。

● 加减速时间不小于 PLC 的扫描时间最大值(D8012 值)的 10 倍,否则加减速各级时间不均等(更具体的设定要求,请参阅 FX1N 编程手册)。

(2)举例

① DRVI 相对位置控制指令。

如图 10-17 所示程序中,当 X001 接通,DRVI 指令开始通过 Y000 输出脉冲。其中,D0 为脉冲输出数量(PLS);D2 为脉冲输出频率(Hz);Y000 为脉冲输出地址(晶体管输出类型,仅限 Y000 及 Y001);Y004 为脉冲方向信号。

如果 D0 为正数,Y004 变为 ON;如果 D0 为负数,则 Y004 变为 OFF。

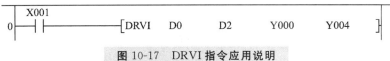

图 10-17 DRVI 指令应用说明

若在指令执行过程中,指令驱动的接点 X001 变为 OFF,将减速停止。此时执行完成标志 M8029 不动作。

所谓相对驱动方式,是指指定附带正/负符号的由当前位置开始的移动距离的方式。

如图 10-18 所示,从 O 点位置开始运动,发送给驱动器+3000 的脉冲后,步进电机向前运行 3000 个脉冲的距离。此时若发送−3000 的脉冲,则步进电机反向运行 3000 个脉冲的距离。

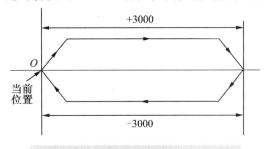

图 10-18 移动距离的方式说明(一)

② DRVA 绝对位置控制指令。所谓绝对驱动方式,是指由原点(O 点)开始距离控制的的方式。

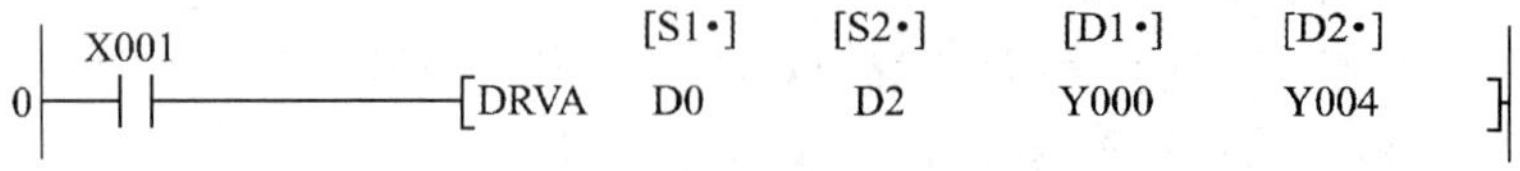

```
       X001              [S1•]   [S2•]   [D1•]   [D2•]
 0 ─────┤├─────────[DRVA  D0      D2      Y000    Y004  ]
```

图 10-19 DRVA 指令应用说明

如图 10-19 所示上述程序中,当 X001 接通,DRVA 指令开始通过 Y000 输出脉冲。
[S1•]:目标位置(绝对指定)。
[16 位指令]:-32768~+32767。　　[32 位指令]:-999999~+999999。
[S2•]:输出脉冲频率。
[16 位指令]:10~32767Hz。　　　[32 位指令]:10~100000(Hz)。
但是输出脉冲频率不能小于输出脉冲的最低频率数。
[D1•]:脉冲输出起始地址,仅能指定 Y000 或 Y001。
[D2•]:旋转方向信号输出起始地址。
根据[S1•]和当前位置的差值,按照以下方式进行动作。
[+(正)]:ON。
[-(负)]:OFF。
目标位置指[S1•],对应下面的当前值寄存器作为绝对位置。
　　向[Y000]输出时→[D8141(高位),D8140(低位)](使用 32 位)
　　向[Y001]输出时→[D8143(高位),D8142(低位)](使用 32 位)
反转时,当前值寄存器的数值减小。
在指令执行过程中,即使改变操作数的内容,也无法在当前运行中表现出来,只在下一次指令执行时才有效。
若在指令执行过程中指令驱动的接点变为 OFF,则电机将减速停止。此时执行完成标志 M8029 不动作。
指令驱动接点变为 OFF 后,在脉冲输出中标志(Y000:[M8147],Y001:[M8148])处于 ON 时,将不接受指令的再次驱动。
设定的脉冲发完后,执行完成标志 M8029 动作。
D8148 为脉冲频率的加减速时间,默认值为 100ms。
如图 10-20 所示,如果 X001 接通,从原点 O 点位置开始运动,发+3000 个脉冲后,步进电机运行+3000 位置的坐标位置,当前值寄存器([D8141,D8140])的数值为+3000;如果随后 X002 接通,当前值寄存器([D8141,D8140])的数值减小至 0 个脉冲后,步进电机返回运行到 O 点位置的坐标。

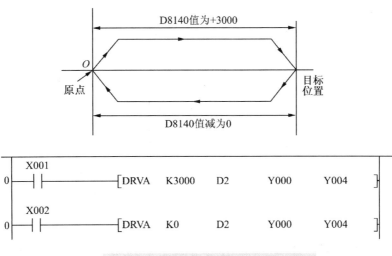

图 10-20 移动距离的方式说明(二)

4. 与脉冲输出功能有关的主要特殊内部存储器

- [D8141,D8140]：输出至 Y000 的脉冲总数。
- [D8143,D8142]：输出至 Y001 的脉冲总数。
- [D8136,D8137]：输出至 Y000 和 Y001 的脉冲总数。
- [M8145]Y000：脉冲输出停止指令(立即停止)。
- [M8146]Y001：脉冲输出停止指令(立即停止)。
- [M8147]Y000：脉冲输出中监控。
- [M8148]Y001：脉冲输出中监控。

各个数据寄存器内容可以利用"(D)MOV K0 D81□□"执行清除(方框内可选择实际值填入)。

10.2.2 步进电机的控制实例分析

1. 步进电机简介

步进电机是将电脉冲信号转换为相应的角位移或直线位移的一种特殊执行电机。每输入一个电脉冲信号，电机就转动一个角度，它的运动形式是步进式的，所以称为步进电机。

Kinco 3S57Q-04056 三相步进电机，它的步距角在整步方式下为 1.8°，在半步方式下为 0.9°。

不同的步进电机的接线有所不同，Kinco 3S57Q-04056 接线图如图 10-21 所示，三个相绕组的六根引出线必须按头尾相连的原则连接成三角形。改变绕组的通电顺序，可改变步进电机的转动方向。

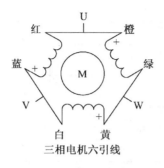

线色	电机信号
红色	U
橙色	U
蓝色	V
白色	V
黄色	W
绿色	W

图 10-21　Kinco 3S57Q-04056 三相步进电机的接线

2．步进电机驱动器简介

与 Kinco 3S57Q-04056 配套的驱动器是 Kinco 3M458 三相步进电机驱动器。图 10-22、图 10-23 是其外观图和典型接线图。图中驱动器可采用直流 24～40V 电源供电。

图 10-22　Kinco 3M458
三相步进电机驱动器外观

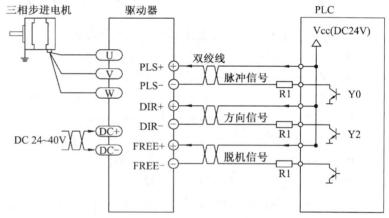

图 10-23　Kinco 3M458 三相步进电机
驱动器的典型接线图

由图可见，步进电机驱动器的功能是接收来自控制器（PLC）的一定数量和频率的脉冲信号以及电机旋转方向的信号，为步进电机输出三相功率脉冲信号。

Kinco 3M458 三相步进电机驱动器具有最高可达 10000 步/转的驱动细分功能，细分可以通过拨动开关设定。细分驱动方式不仅可以减小步进电机的步距角，提高分辨率，而且可以减少或消除低频震动，使电机运行更加平稳均匀。步进驱动器的设置如图 10-24 所示。

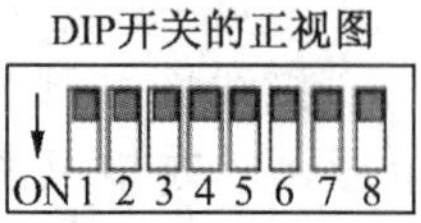

开关序号	ON功能	OFF功能
DIP1～DIP3	细分设置用	细分设置用
DIP4	静态电流全流	静态电流半流
DIP5～DIP8	电流设置用	电流设置用

图 10-24　3M458 三相步进电机驱动器 DIP 开关功能划分说明

在 Kinco 3M458 三相步进电机驱动器的侧面连接端子中间有一个红色的八位 DIP 功能设定开关，可以用来设定驱动器的工作方式和工作参数，包括细分设置、静态电流设置和运行电流设置。图 10-24 是该 DIP 开关功能划分说明,表 10-2(a)和(b)分别为细分设置表和电流设定表。

表 10-2 步进电机驱动器细分设置表和电流设定表

(a) 细分设置表

DIP1	DIP2	DIP3	细分	DIP1	DIP2	DIP3	细分
ON	ON	ON	400 步/转	OFF	ON	ON	2000 步/转
ON	ON	OFF	500 步/转	OFF	ON	OFF	4000 步/转
ON	OFF	ON	600 步/转	OFF	OFF	ON	5000 步/转
ON	OFF	OFF	1000 步/转	OFF	OFF	OFF	10000 步/转

(b) 电流设定表

DIP5	DIP6	DIP7	DIP8	输出电流
OFF	OFF	OFF	OFF	3.0A
OFF	OFF	OFF	ON	4.0A
OFF	OFF	ON	ON	4.6A
OFF	ON	ON	ON	5.2A
ON	ON	ON	ON	5.8A

例 10-2 按下正转按钮,步进马达正转;按下反转按钮,步进马达反转。点动速度为 1 转/秒。

对几个信号做如下规定:
- 正转按钮:X001。
- 反转按钮:X002。
- 脉冲输出点:Y000。
- 脉冲方向:Y002(假设 Y002 断开正转,接通反转)。
- 步进马达驱动器的细分:2000 脉冲/转。

下面计算脉冲频率。

因速度为 1 转/秒,细分为 2000 脉冲/转,设脉冲频率为 x 脉冲/秒,则

$$\frac{x \text{ 脉冲/秒}}{2000 \text{ 脉冲/转}} = 1 \text{ 转/秒}$$

得 $x = 2000$。因此脉冲频率设为 2000 即可。

程序说明如图 10-25 所示。

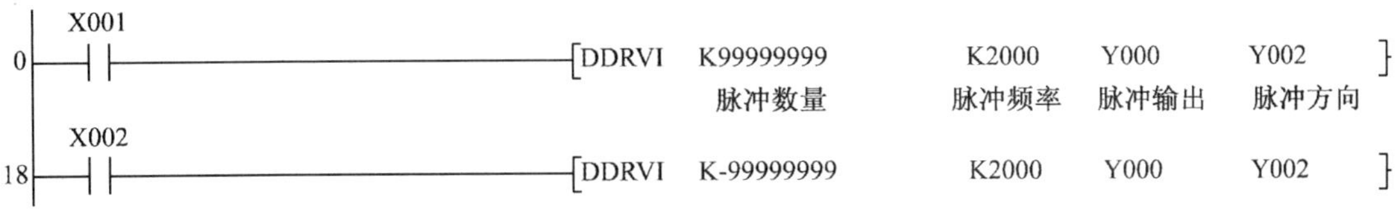

```
     X001
 0 ──┤├──────────────────[DDRVI  K99999999    K2000    Y000    Y002 ]
                                 脉冲数量      脉冲频率  脉冲输出  脉冲方向
     X002
18 ──┤├──────────────────[DDRVI  K-99999999   K2000    Y000    Y002 ]
```

图 10-25 程序举例说明

脉冲数量不一定如上述程序中设为99999999,只要设定的数值足够大就可以了,如果设为0,X001按下就一直运转,松开则停止运行。

因为点动时对脉冲数量不确定,只要按下X001或X002按钮,马达就会转动,若脉冲数量值设定得比较小,则按下按钮后,脉冲走完了,马达就会停止。因此,只要保证脉冲数量足够大,按下X001或X002按钮后,马达就一直会转;松开X001或X002按钮,马达就会停止。

例 10-3 马达的来回控制如图 10-26 所示。

图 10-26 移动距离

步进马达起始点在 A 点,AB 之间是 2000 脉冲的距离,BC 之间是 3500 脉冲的距离,步进马达的控制要求如下:

① 按下启动按钮,步进马达先由 A 点移至 B 点,此过程速度为 1 转/秒。
② 马达到达 B 点后,停 3s,然后由 B 点移至 C 点,此过程速度为 1.5 转/秒。
③ 马达到达 C 点后,停 2s,然后由 C 点移至 A 点,此过程速度为 2 转/秒。

对几个信号做如下规定:

启动按钮:X000。

脉冲输出点:Y000。

脉冲方向:Y002(假设 Y002 断开正转,接通反转)。

本案例采用相对位置控制指令(DRVI)进行控制。

① 首先设定步进驱动的细分数为 2000 脉冲/转。
② 计算脉冲频率:假设脉冲频率为 x,实际运行的转速为 N 转/秒,则对应的关系式如下:

$$x = 2000 \text{ 脉冲/转} \times N \text{ 转/秒} = 2000 \times N \text{ 脉冲/秒}$$

当速度是 1 转/秒时,频率应为 2000 脉冲/秒;当速度是 1.5 转/秒时,频率应为 3000 脉冲/秒;当速度是 2 转/秒时,频率应为 4000 脉冲/秒。PLC 程序梯形图如图 10-27 所示。

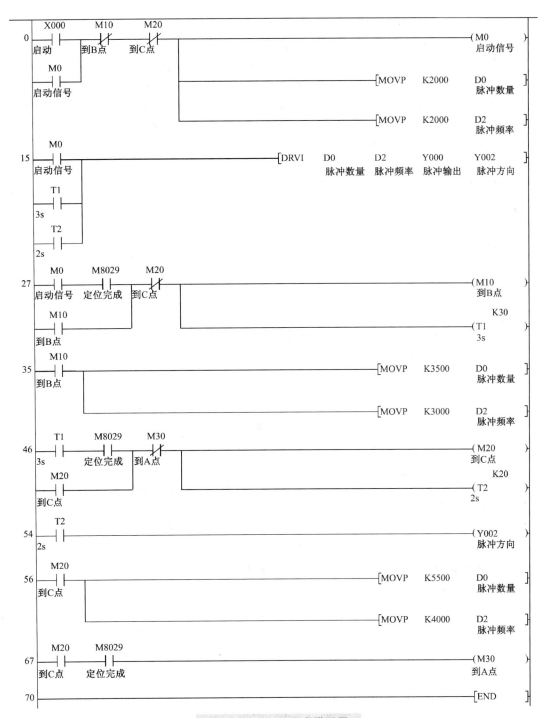

图 10-27　PLC 程序梯形图

10.3 西门子 S7-200 系列 PLC 的脉冲输出功能及位控指令编程简介

S7-200 有两个内置 PTO/PWM 发生器，用以建立高速脉冲串（PTO）或脉宽调节（PWM）信号波形。一个发生器指定给数字输出点 Q0.0，另一个发生器指定给数字输出点 Q0.1。当组态一个输出为 PTO 操作时，生成一个 50% 占空比脉冲串用于步进电机或伺服电机的速度和位置的开环控制。内置 PTO 功能提供了脉冲串输出，脉冲周期和数量可由用户控制。但应用程序必须通过 PLC 内置 I/O 提供方向和限位控制。

为了简化用户应用程序中位控功能的使用，STEP7-Micro/WIN 提供的位控向导可以帮助用户在很短的时间内全部完成 PWM、PTO 或位控模块的组态。向导可以生成位置指令，用户可以用这些指令在其应用程序中为速度和位置提供动态控制。

10.3.1 开环位控用于步进电机或伺服电机的基本信息

借助位控向导组态 PTO 输出时，需要用户提供一些基本信息。

1. 最大速度（MAX_SPEED）和启动/停止速度（SS_SPEED）

最大速度和启动/停止速度参见图 10-28。

MAX_SPEED 是允许的操作速度的最大值，它应在电机力矩能力的范围内。驱动负载所需的力矩由摩擦力、惯性以及加速/减速时间决定。

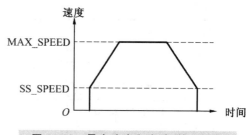

图 10-28 最大速度和启动/停止速度

SS_SPEED 应满足电机在低速时驱动负载的能力，如果 SS_SPEED 的数值过低，电机和负载在运动开始和结束时可能会摇摆或颤动。如果 SS_SPEED 的数值过高，电机会在启动时丢失脉冲，并且负载在试图停止时会使电机超速。通常，SS_SPEED 值是 MAX_SPEED 值的 5%～15%。

2. 加速和减速时间

● 加速时间 ACCEL_TIME：电机从 SS_SPEED 速度加速到 MAX_SPEED 速度所需的时间。

● 减速时间 DECEL_TIME：电机从 MAX_SPEED 速度减速到 SS_SPEED 速度所需要的时间。

加速时间和减速时间的缺省设置都是 1000ms。通常，电机可在小于 1000ms 的时间内工作，如图 10-29 所示。设定这两个值时要以毫秒为单位。

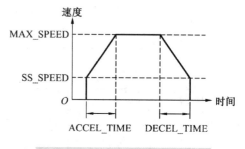

图 10-29 加速和减速时间图

电机的加速和减速时间通常要经过测试来确定。开始时，应输入一个较大的值。逐渐减少这个时间值直至电机开始减速，从而优化应用中的这些设置。

3. 移动包络

一个包络是一个预先定义的移动描述，它包括一个或多个速度，影响着从起点到终点的移动。一个包络由多段组成,每段包含一个达到目标速度的加速/减速过程和以目标速度匀速运行的一串固定数量的脉冲。

位控向导提供移动包络定义界面,应用程序所需的每一个移动包络均可在这里定义。PTO 支持最大 100 个包络。

定义一个包络,包括如下几点:① 选择操作模式;② 为包络的各步定义指标;③ 为包络定义一个符号名。

PTO 支持相对位置和单速连续转动两种模式,如图 10-30 所示。相对位置模式指的是运动的终点位置是从起点侧开始计算的脉冲数量。单速连续转动则不需要提供终点位置,PTO 一直持续输出脉冲,直至有其他命令发出,如到达原点要求停发脉冲。

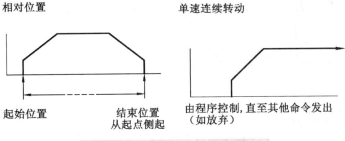

图 10-30　一个包络的操作模式

一个步是工件运动的一个固定距离,包括加速和减速时间内的距离。PTO 最大允许 29 个步。每一步包括目标速度和结束位置或脉冲数目等几个指标。如图 10-31 所示为一步、两步、三步和四步包络。注意一步包络只有一个常速段,两步包络有两个常速段,依次类推。步的数目与包络中常速段的数目一致。

STEP7 V4.0 软件的位控向导能自动处理 PTO 脉冲输出中的单段管线和多段管线、脉宽调制、位置配置和创建包络表等一系列参数。

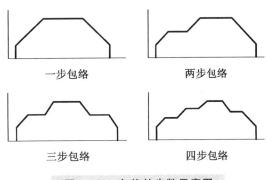

图 10-31　包络的步数示意图

下面给出一个简单工作任务例子,阐述使用位控向导编程的方法和步骤。表 10-3 是该例中实现伺服电机运行所需的运动包络(具体要求见图 10-44、图 10-45 及例 10-4)。

表 10-3　伺服电机运行的运动包络

运动包络	站　点	距离	脉冲量	移动方向
1	供料站→加工站	470mm	85600	—
2	加工站→装配站	286mm	52000	—
3	装配站→分解站	235mm	42700	—
4	分拣站→高速回零前	925mm	168000	DIR(方向信号)
5	低速回零	单速返回		DIR(方向信号)

使用位控向导编程的步骤如下:

① 进行组态内置 PTO 操作。

在 STEP7 V4.0 软件命令菜单中选择"工具"→"位置控制向导",即开始引导位置控制配置。在弹出的第 1 个界面中选择"配置 S7-200 PLC 内置 PTO/PWM"操作。在第 2 个界面中选择"Q0.0"作脉冲输出。接下来的第 3 个界面如图 10-32 所示,请选择"线性脉冲串输出(PTO)",并选中"使用高速计数器 HSC0(模式 12)"复选框,对 PTO 生成的脉冲自动计数。单击"下一步"按钮,开始组态内置 PTO 操作。

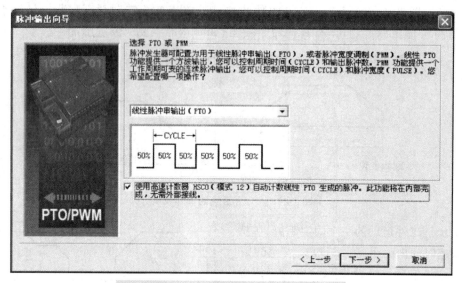

图 10-32 组态内置 PTO 操作选择界面

② 接下来的两个界面,要求设定电机速度参数,包括前面所述的最高电机速度 MAX_SPEED 和电机启动/停止速度 SS_SPEED 以及加速时间 ACCEL_TIME 和减速时间 DECEL_TIME。

在对应的编辑框中输入这些数值。例如,输入最高电机速度"90000",把电机启动/停止速度设定为"600",加速时间 ACCEL_TIME 和减速时间 DECEL_TIME 分别设置为 1000ms 和 200ms,完成给位控向导提供基本信息的工作。单击"下一步"按钮。

③ 图 10-33 即为配置运动包络的界面。该界面要求设定操作模式、1 个步的目标速度、结束位置等步的指标,以及定义这一包络的符号名(从第 0 个包络第 0 步开始)。

在操作模式选项中选择"相对位置"控制,填写"步 0 的目标速度"为"60000","步 0 的结束位置"为"85600",单击"绘制包络"按钮,如图 10-34 所示。注意,这个包络只有 1 步。

包络的符号名按默认定义(Profile0_0)。这样,第 0 个包络的设置,即从供料站至加工站的运动包络就设置完成了。现在可以设置下一个包络,单击"新包络"按钮,按上述方法将表 10-3 中的前 3 个位置数据输入包络中。

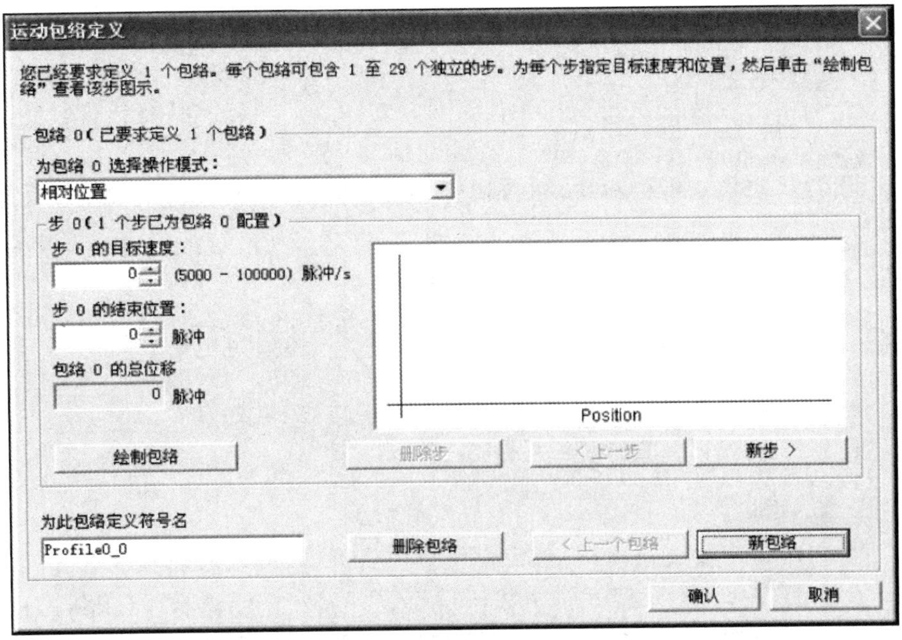

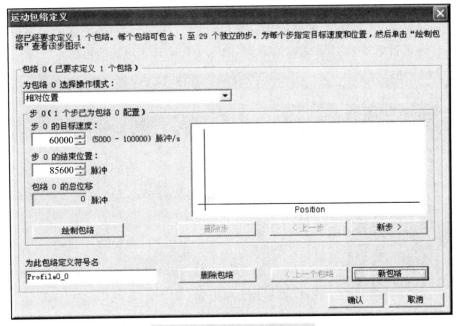

图 10-33 配置运动包络的界面

图 10-34 设置第 0 个包络

表 10-3 中最后一行低速回零,是单速连续转动模式,选择这种模式后,在所出现的界面中(图 10-35)写入目标速度"15000"。界面中还有一个包络停止操作选项,当输入停止信号时再向运动方向按设定的脉冲数走完,直至停止,在本系统中不使用。

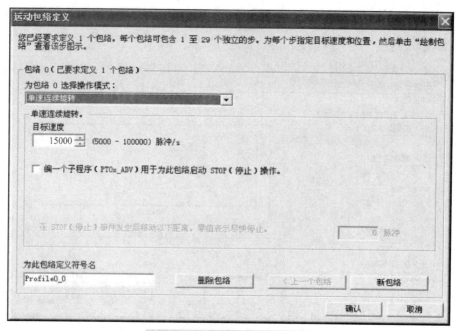

图 10-35　设置第 4 个包络

④ 运动包络编写完成后单击"确认"按钮，向导会要求为运动包络指定 V 存储区地址（建议地址为 VB75～VB300），可默认这一建议，也可自行键入一个合适的地址。图 10-36 是指定 V 存储区首地址为 VB524 时的界面，向导会自动计算地址的范围。

图 10-36　为运动包络指定 V 存储区地址

⑤ 单击"下一步"按钮，如图 10-37 所示，单击"完成"按钮。

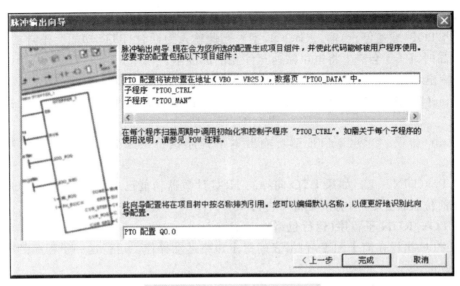

图 10-37　生成项目组件提示

10.3.2　使用位控向导生成项目组件

运动包络组态完成后,向导会为所选的配置生成四个项目组件(子程序),分别是:PTOx_CTRL 子程序(控制)、PTOx_RUN 子程序(运行包络)、PTOx_LDPOS(加载位置)和 PTOx_MAN(手动模式)子程序。一个由向导产生的子程序就可以在程序中被调用,如图 10-38 所示。

它们的功能分述如下:

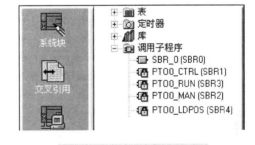

图 10-38　四个项目组件

1. PTOx_CTRL 子程序

(控制)启用和初始化 PTO 输出。在用户程序中只使用一次,并且确定在每次扫描时得到执行。即始终使用 SM0.0 作为 EN 的输入,如图 10-39 所示。

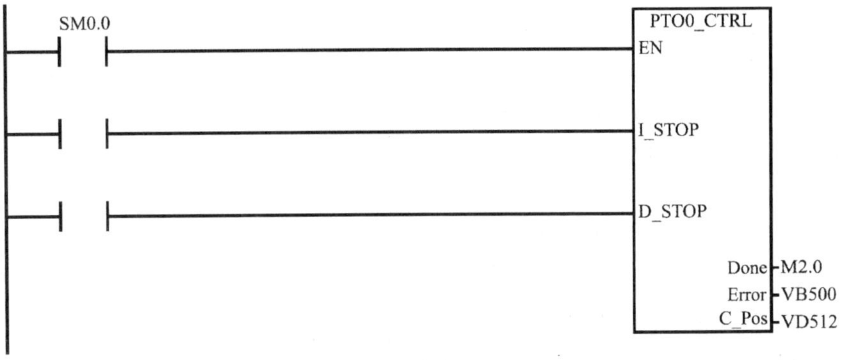

图 10-39　运行 PTOx_CTRL 子程序

(1)输入参数

● I_STOP(立即停止)输入(BOOL 型):当此输入为低时,PTO 功能会正常工作;当此输入变为高时,PTO立即终止脉冲的发出。

● D_STOP(减速停止)输入(BOOL型):当此输入为低时,PTO功能会正常工作;当此输入变为高时,PTO会产生将电机减速至停止的脉冲串。

(2) 输出参数

● Done("完成")输出(BOOL型):当"完成"位被设置为高时,它表明上一个指令也已执行。

● Error(错误)参数(BYTE型):输出本子程序执行结果的错误信息。无错误时输出0。

● C_Pos(DINT型):如果PTO向导的HSC计数器功能已启用,此参数中以脉冲数表示模块当前位置;否则,当前位置将一直为0。

2. PTOx_RUN 子程序(运行包络)

命令PLC执行存储于配置/包络表的指定包络运动操作。运行这一子程序的梯形图如图10-40所示。

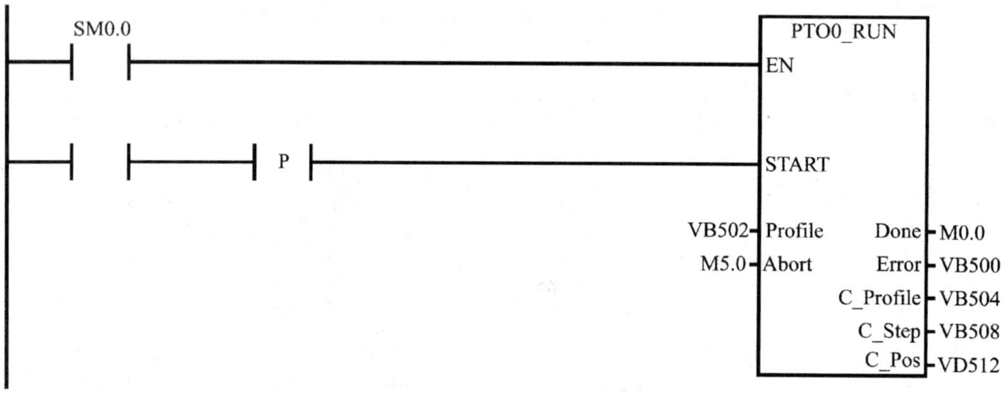

图10-40　运行 PTOx_RUN 子程序

(1) 输入参数

● EN位:子程序的使能位。在"完成"(Done)位发出子程序执行已经完成的信号前,应使EN位保持开启。

● START参数(BOOL型):包络的执行的启动信号。对于START输入端已接通,且PTO当前不活动时,程序每次扫描,此子程序会激活PTO。为了确保仅发送一个命令,一般用上升沿以脉冲方式开启START参数。

● Abort(终止)命令(BOOL型):命令为ON时位控模块停止当前包络,并减速至电机停止。

● Profile(包络)(BYTE型):输入为此运动包络指定的编号或符号名。

(2) 输出参数

● Done(完成)(BOOL型):本子程序执行完成时输出ON。

● Error(错误)(BYTE型):输出本子程序执行的结果的错误信息,无错误时输出0。

● C_Profile(BYTE型):输出位控模块当前执行的包络。

● C_Step(BYTE型):输出目前正在执行的包络步骤。

● C_Pos(DINT型):如果PTO向导的HSC计数器功能已启用,则此参数包含以脉冲数作为模块的当前位置；否则，当前位置将一直为 0。

3．PTOx_LDPOS 指令（加载位置）

改变 PTO 脉冲计数器的当前位置值为一个新值。

可用该指令为任何一个运动命令建立一个新的零位置。图 10-41 是一个使用 PTO0_LDPOS 指令实现返回原点后并实现清"0"功能的梯形图。

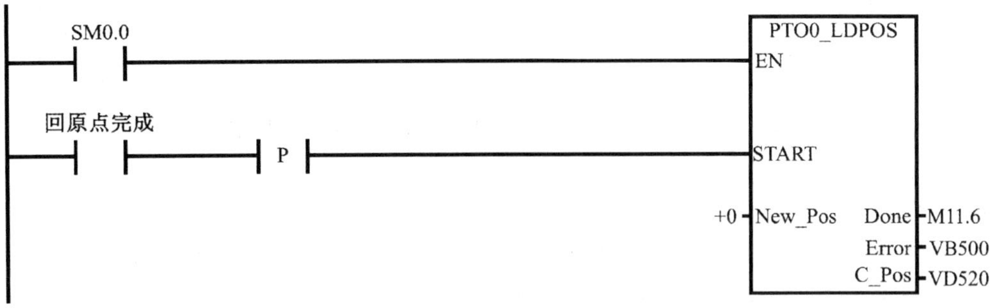

```
      SM0.0                              PTO0_LDPOS
    ├──┤ ├──────────────────────────────┤EN
                                         │
   回原点完成                             │
    ├──┤ ├──────┤ P ├───────────────────┤START
                                         │
                                    +0 ──┤New_Pos   Done├─ M11.6
                                         │         Error├─ VB500
                                         │         C_Pos├─ VD520
```

图 10-41　用 PTO0_LDPOS 指令实现返回原点后清"0"

（1）输入参数

● EN 位：子程序的使能位。在"完成"（Done）位发出子程序执行已经完成的信号前，应使 EN 位保持开启。

● START（BOOL 型）：装载启动。接通此参数，以装载一个新的位置值到 PTO 脉冲计数器。在每一循环周期，只要 START 参数接通且 PTO 当前不忙，该指令装载一个新的位置给 PTO 脉冲计数器。若要保证该命令只发一次，使用边沿检测指令以脉冲触发 START 输入端接通。

● New_Pos 参数（DINT 型）：输入一个新的值替代 C_Pos 报告的当前位置值。位置值用脉冲数表示。

（2）输出参数

● Done（完成）（BOOL 型）：程序执行完成后，参数 Done 为 ON。

● Error（错误）（BYTE 型）：输出本子程序执行结果的错误信息，无错误时输出 0。

● C_Pos（DINT 型）：以脉冲数作为模块的当前位置。

4．PTOx_MAN 子程序（手动模式）

将 PTO 输出置于手动模式。执行这一子程序允许电机启动、停止和按不同的速度运行。但当 PTOx_MAN 子程序已启用时，除 PTOx_CTRL 外任何其他 PTO 子程序都无法执行。运行这一子程序的梯形图如图 10-42 所示。

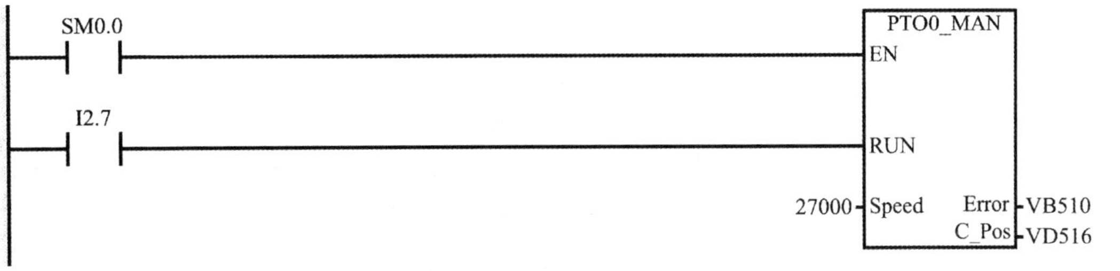

```
      SM0.0                              PTO0_MAN
    ├──┤ ├──────────────────────────────┤EN
                                         │
      I2.7                               │
    ├──┤ ├──────────────────────────────┤RUN
                                         │
                                  27000 ─┤Speed    Error├─ VB510
                                         │         C_Pos├─ VD516
```

图 10-42　运行 PTOx_MAN 子程序

● RUN(运行/停止)参数:命令 PTO 加速至指定速度[Speed(速度)参数],从而允许在电机运行中更改 Speed 参数的数值。停用 RUN 参数,命令 PTO 减速至电机停止。

当 RUN 已启用时,Speed 参数确定速度。速度是一个用每秒脉冲数计算的 DINT(双整数)值。可以在电机运行中更改此参数。

● Error(错误)参数:输出本子程序的执行结果的错误信息,无错误时输出 0。

如果 PTO 向导的 HSC 计数器功能已启用,C_Pos 参数包含用脉冲数目表示的实际位置;否则此数值始终为零。

由上述四个子程序的梯形图可以看出,为了调用这些子程序,编程时应预置一个数据存储区,用于存储子程序执行时间参数,存储区所存储的信息可根据程序的需要调用。

例 10-4 将亚龙 YL-335A 型自动生产线实训考核装备安装在铝合金导轨式实训台上,其由供料单元、加工单元、装配单元、输送单元和分拣单元五个单元组成。其中,每一工作单元都可自成一个独立的系统,由一台 PLC 承担其控制任务,各 PLC 之间通过 RS485 串行通信实现互联的分布式控制方式。整机结构如图 10-43、图 10-44 所示。

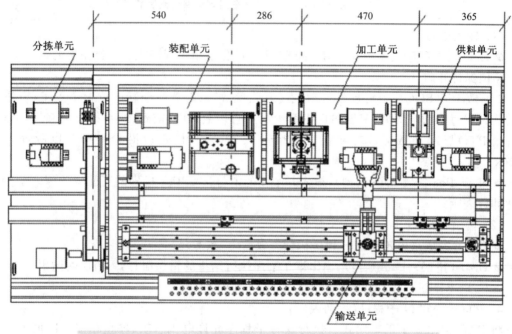

图 10-43 亚龙 YL-335A 型自动生产线实训装置整体结构俯视图

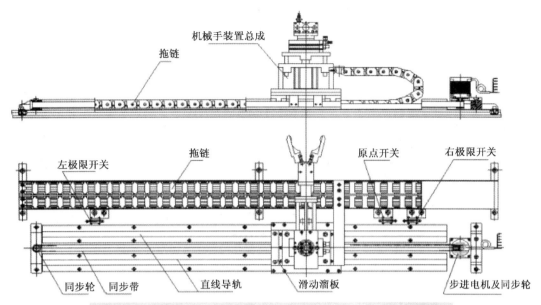

图 10-44 亚龙 YL-335A 型自动生产线实训装置输送单元示意图

控制要求如下:

① 输送单元启动前在原点处,供料单元发出完成信号后,输送单元抓取工件,运行到加工单元,放下工件,等待加工单元发出完成信号后,输送单元抓取工件,运行到装配单元放下工件,继续等待装配单元发出完成信号,输送单元再一次抓取工件,运行到分拣单元放下工件,等待分拣单元发出检测到信号后,输送单元高速返回到接近原点处时,改为低速返回运动,直到回到原点停止。

② 如遇到紧急情况,按下"急停"按钮,可立即停止系统运行。

③ 可以手动调整运行位置。

PLC 的 I/O 端子分配表如表 10-4 所示。

表 10-4 I/O 端子分配表

输 入						输 出	
元件名称	端子号	元件名称	端子号	元件名称	端子号	元件名称	端子号
原点检测开关	I0.0	供料完成信号	I2.0	装配完成信号	I2.2	脉冲输出	Q0.0
"急停"按钮	I2.6	加工完成信号	I2.1	分拣检测信号	I2.3	方向控制	Q0.1
"手动调整"按钮	I2.5						

西门子 S7-200 PLC 控制程序梯形图如图 10-45 所示。

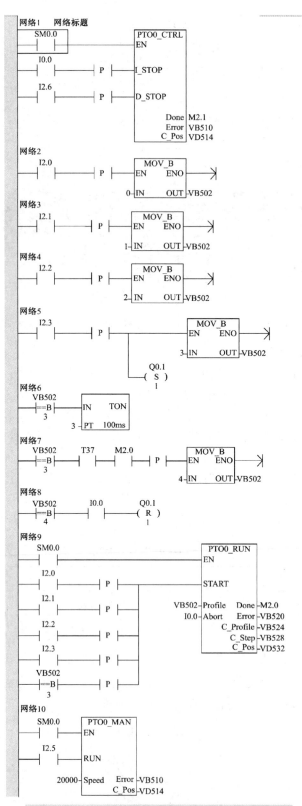

图 10-45　西门子 S7-200 PLC 控制程序梯形图

如果采用三菱 PLC 系统控制，I/O 端子分配表如表 10-5 所示。

表 10-5 I/O 端子分配表

输入		输出	
元件名称	端子号	元件名称	端子号
原点检测开关	X000	脉冲输出	Y000
"急停"按钮	X026	方向信号	Y001
供料完成信号	X020		
加工完成信号	X021		
装配完成信号	X022		
分拣检测信号	X023		
"手动调整"按钮	X025		

三菱 PLC 控制程序梯形图如图 10-46(a)、(b)所示。

```
 0 ──M8002──────────────────────────[MOV   K500      D8145]
      │                                              加减速时间
      │
      │                             ─[MOV   K300      D8148]
      │                                              最低速度
      │
      └────────────────────────────[DMOV  K100000   D8146]
                                                    最高速度

20 ──M8002──┬──────────────────────────────────[SET    S0]
            │
    ──X026──┘
      ↓↑
      急停

25 ──X026─────────────────────────────[ZRST   S20    S25]
      急停

31 ───────────────────────────────────────────[STL    S0]

32 ──X020─────────────────────────────────────[SET    S20]
      供料完成

35 ───────────────────────────────────────────[STL    S20]

36 ──────────────────────[DDRVA  K43000   K30000   Y000   Y002]

53 ──M8029──X021──────────────────────────────[SET    S21]
            加工完成
```

(a)

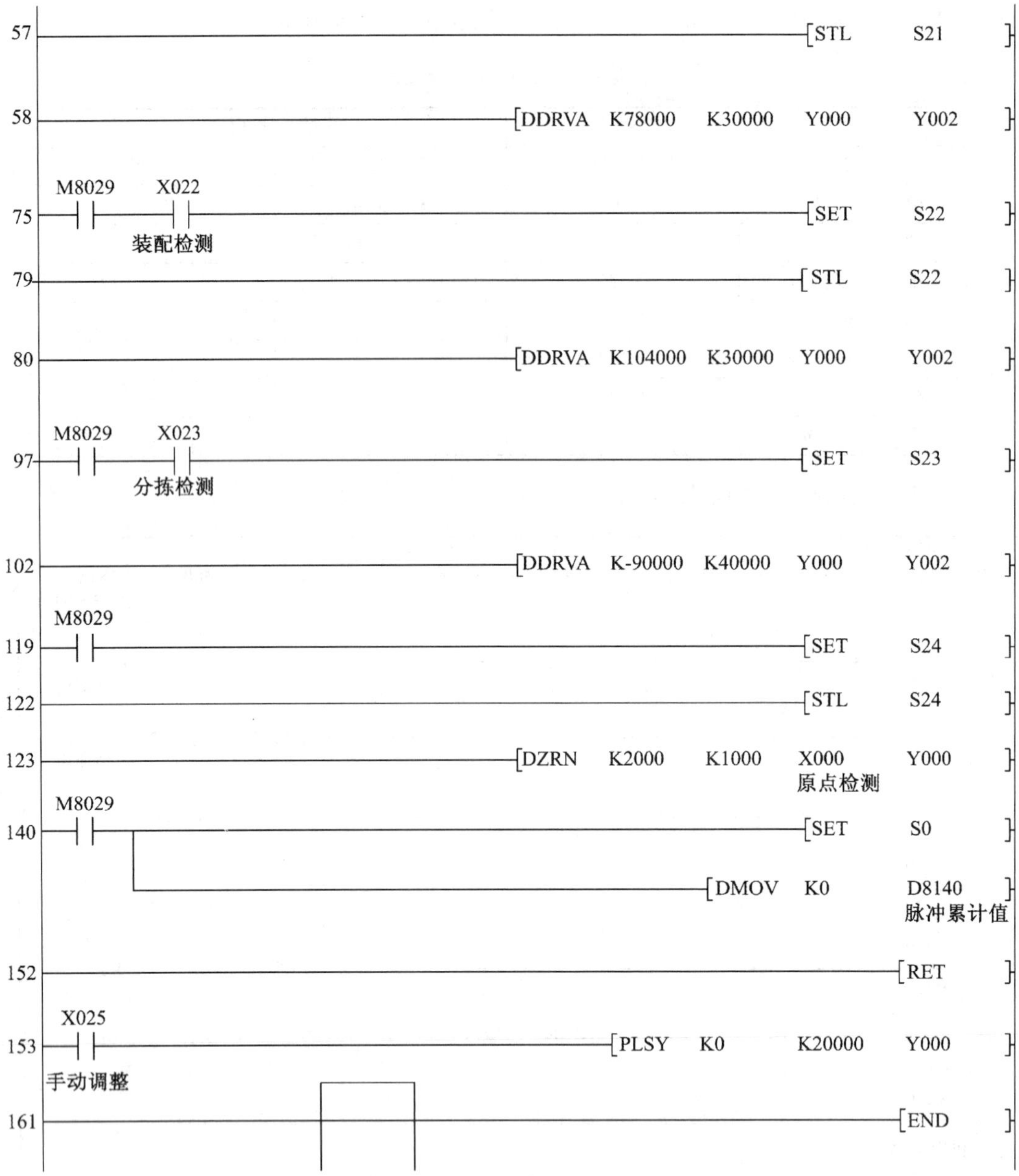

```
57  ─────────────────────────────────────────────[STL    S21 ]
58  ─────────────────────────────[DDRVA  K78000   K30000   Y000   Y002 ]
      M8029   X022
75  ───┤ ├─────┤ ├──────────────────────────────[SET    S22 ]
           装配检测
79  ─────────────────────────────────────────────[STL    S22 ]
80  ─────────────────────────────[DDRVA  K104000  K30000   Y000   Y002 ]
      M8029   X023
97  ───┤ ├─────┤ ├──────────────────────────────[SET    S23 ]
           分拣检测
102 ─────────────────────────────[DDRVA  K-90000  K40000   Y000   Y002 ]
      M8029
119 ───┤ ├────────────────────────────────────────[SET    S24 ]
122 ─────────────────────────────────────────────[STL    S24 ]
123 ─────────────────────[DZRN   K2000    K1000    X000    Y000 ]
                                                        原点检测
      M8029
140 ───┤ ├────────────────────────────────────────[SET    S0 ]
                                               [DMOV    K0    D8140 ]
                                                              脉冲累计值
152 ─────────────────────────────────────────────[RET ]
      X025
153 ───┤ ├──────────────────────────[PLSY   K0    K20000    Y000 ]
      手动调整
161 ─────────────────────────────────────────────[END ]
```

(b)

图 10-46 三菱 PLC 控制程序梯形图

10.4 西门子 S7-200 SMART 系列 PLC 简介

10.4.1 S7-200 SMART 简介

S7-200 SMART 系列是 S7-200 的升级换代产品，其外部结构如图 10-47 所示。

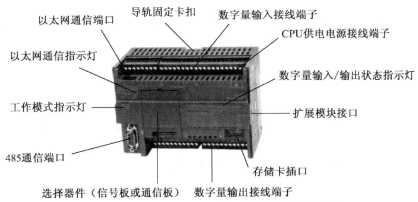

图 10-47　S7-200 SMART 系列的外部结构

1. S7-200 SMART CPU 的型号

S7-200 SMART CPU 分为可扩展的标准型（S）和不可扩展的紧凑型（C）两种，根据输出回路的不同，分为晶体管输出（T）和继电器输出（R）两种。各型号如表 10-6 所示。

表 10-6　S7-200 SMART CPU 的型号

型　号	CR40	CR60	SR20	ST20	SR30	ST30	SR40	ST40	SR60	ST60
紧凑型	C	C								
标准型			S	S	S	S	S	S	S	S
继电器输出	R	R	R		R		R		R	
晶体管输出				T		T		T		T
I/O 点	40	60	20	20	30	30	40	40	60	60

2. S7-200 SMART CPU 模块

S7-200 SMART CPU 模块本体集成 1 个以太网接口和 1 个 RS485 接口，通过安装一块 RS232/RS 485 信号板 SBCM01，其通信端口数量可增至 3 个，以满足小型自动化设备连接触摸屏、变频器等第三方设备的众多需求。

（1）以太网通信

S7-200 SMART CPU 本体标配以太网接口。S7-200 SMART 的以太网通信支持西门子 S7 协议、TCP/IP 协议，支持多种终端连接，可以作为程序下载端口（使用普通网线即可），可以与 SMART LINE HMI 进行通信，也可以通过交换机与多台以太网设备进行通信，实现数据的快速交互。

（2）串行口通信

S7-200 SMART CPU 本体集成 1 个 RS485 端口（端口 0），可以与变频器、触摸屏等第三方设备进行通信。如果需要额外的串口，可通过扩展 CM01 信号板（端口 1）来实现，信号板支持 RS232/RS485 自由转换，最多支持与 4 个设备进行通信。

10.4.2 S7-200 SMART PLC 与 S7-200 PLC 的比较

1. 硬件方面

① S7-200 SMART CPU 采用西门子专用高速处理器芯片,使得扫描速率更快,基本指令执行时间可达 $0.15\mu s$;而 S7-200 CPU 则为 $0.22\mu s$。

② S7-200 SMART CPU 本体最多支持三轴运动控制,输出脉冲频率可达 100kHz;而 S7-200 CPU 则最多支持两轴,输出脉冲最大频率为 20kHz。

③ S7-200 SMART CPU 本体 I/O 点数最多可达 60 点;而 S7-200 CPU 点数最多为 40 点。

④ S7-200 SMART CPU 存储区可设置为永久保存,大电容用来支撑时钟;而 S7-200 只有 M 存储区的前 14 个字节可以设置永久保存,其他需通过程序编程进行。

⑤ S7-200 SMART CPU 既可以通过本体集成的 RS485 端口或信号板连接支持 PPI 协议的西门子 HMI 设备,也可以通过本体集成的以太网口来连接支持 S7 协议的西门子 HMI 设备;而 S7-200 只能通过 RS485 连接 SMART LINE 触摸屏。

⑥ S7-200 SMART CPU 扩展模块需在软件中组态使用,而 S7-200 则不需要。S7-200 SMART CPU 支持的最大扩展模块数为 6 个,而 S7-200 CPU 则为 7 个。

⑦ S7-200 SMART CPU 和 S7-200 CPU 都支持扩展卡功能。S7-200 SMART PLC 所使用的存储卡为市场上通用的 MICRO SD 卡,可方便地实现程序的更新和固件的升级;而 S7-200 PLC 的扩展卡必须是西门子专用扩展卡。

⑧ S7-200 SMART CPU 没有手动 RUN/STOP 开关,只能通过编程软件设定;而 S7-200 CPU 有。

⑨ S7-200 SMART CPU 两个通信端口不能同时作为 Modbus RTU 主站或者同时作为 Modbus RTU 从站。可以一个通信端口作为 Modbus RTU 主站,另外一个通信端口同时作为 Modbus RTU 从站。但是可以通过 S7-200 程序移植,实现两个端口同时为 Modbus RTU 主站,移植后可以直接使用。注意:Port1 对应于 S7-200 SMART 的信号板模块 CM01。

因为 SMART 的 Modbus 库两个端口用的是一个库存储区,所以不能同时作为主站或作为从站;而 S7-200 的 Modbus 库两个端口用的存储区是分开的,0 口与 1 口都有作主站的库程序,所以 S7-200 PLC 可以同时作为主站或从站。

⑩ S7-200 SMART CPU 输入点在上方,输出点在下方;而 S7-200 CPU 则相反。

⑪ S7-200 SMART CPU 有 4 路高速计数器,最大计数频率可达 200kHz;而 S7-200 CPU 有 6 路高速计数器,最大计数频率为 30kHz。

2. 软件方面

① S7-200 SMART PLC 的指令系统和监控方法与 S7-200 PLC 基本相同,熟悉 S7-200 PLC 的用户几乎不需要任何培训就可以使用 S7-200 SMART PLC。

② S7-200 SMART PLC 的编程软件 STEP 7-Micro/WIN SMART 短小精干,编程软件仅有 80MB;而 S7-200 PLC 的编程软件 STEP 7-Micro/WIN 则大于 300MB。

③ STEP 7-Micro/WIN SMART 编程软件自带 Modbus RTU 指令库和 USS 协议指令库;而 S7-200 PLC 的编程软件没有自带相应的库文件,需要用户另外安装这些库文件。

④ STEP 7-Micro/WIN SMART 编程软件与 STEP 7-Micro/WIN 编程软件一样,均集成了简易快捷的向导设置功能,只需按照向导的提示,设置每一步的参数,就可完成复杂功能的设定。

⑤ STEP 7-Micro/WIN SMART 编程软件的变量表、输出窗口、交叉引用表、数据块、符号表、状态图表均可以浮动、隐藏和停靠在程序编辑器或软件界面的四周,浮动时可以调节表格的大小和位置,可以同时打开和显示多个窗口。项目树窗口也可以浮动、隐藏和停靠在其他位置。而 STEP 7-Micro/WIN 则不能浮动。

⑥ STEP 7-Micro/WIN SMART 编程软件增加了搜索功能,指令的帮助功能不像 STEP 7-Micro/WIN 有固定的区域,整个窗口区都可以滚动。

⑦ 将光标放到 STEP 7-Micro/WIN SMART 编程软件的指令树或程序编辑器中的指令上时,将显示出该指令的名称和输入/输出参数的数据类型;而 STEP 7-Micro/WIN 不能。

⑧ STEP 7-Micro/WIN SMART 编程软件的堆栈层数为 32 层,而 STEP 7-Micro/WIN 编程软件的堆栈层数为 9 层。

10.4.3　S7-200 SMART CPU 的运动控制功能

S7-200 SMART CPU 本体最多支持三轴运动控制,输出脉冲频率可达 100kHz,支持 PWM/PTO 输出方式及多种运动模式,能够实现主动寻找参考点功能、绝对运动功能、相对运动功能、单/双速连续旋转功能、速度可变功能及曲线功能。

S7-200 SMART CPU 运动控制需占用本体上的相关 I/O 端子地址,一旦被使用,便不能作为其他用途,如表 10-7 所示。

表 10-7　S7-200 SMART CPU 运动控制占用 I/O 端子列表

类型	信号	描述	CPU 本机 I/O 端子分配		
输入	STP	STP 输入可让 CPU 停止脉冲输出。在位控向导中可选择所需要的 STP 操作	在位控向导中可被组态为 I0.0～I0.7,I1.0～I1.3 中的任意一个,但是同一个输入点不能被重复定义		
	RPS	RPS(参考点)输入可为绝对运动操作建立参考点或零点位置			
	LMT+	LMT+ 和 LMT- 是硬件限位			
	LMT-				
	ZP (HSC)	ZP(零脉冲)输入可帮助建立参考点或零点位置。通常,电机驱动器在电机的每一转产生一个 ZP 脉冲	CPU 本体高速计数器输入(I0.0、I0.1、I0.2、I0.3)可被组态为 ZP 输入		
	信号	描述	轴 0	轴 1	轴 2
输出	P0	P0 和 P1 是源型晶体管输出,用以控制电机的运动和方向	Q0.0	Q0.1	Q0.3
	P1		Q0.2	Q0.7 或 Q0.3	Q1.0
	DIS	DIS 是一个源型输出,用来禁止或使能电机驱动器	Q0.4	Q0.5	Q0.6

注:如果轴 1 组态为脉冲+方向,则 P1 被分配到 Q0.7。如果轴 1 组态为双向输出或 A/B 相输出,则 P1 被分配给 Q0.3,但此时轴 2 不能使用。

S7-200 SMART CPU 具有 13 条运动控制指令,如表 10-8 所示。多条指令组合选用,可以实现较复杂的工艺控制要求。

表 10-8　S7-200 SMART CPU 的运动控制指令

指　令	功　能	指　令	功　能
AXISX_CTRL	初始化运动轴并启用它	AXISX_SRATE	更改向导设置的加减速及 S 曲线时间
AXISX_MAN	手动模式	AXISX_DIS	使能/禁止 DIS 输出
AXISX_GOTO	命令运动轴移动到所需位置	AXISX_CFG	重新加载组态
AXISX_RUN	运行曲线	AXISX_CACHE	缓冲曲线
AXISX_RSEEK	搜索参考点位置	AXISX_ABSPOS	读取绝对位置
AXISX_LDOFF	加载参考点偏移量	AXISX_RDPOS	读取当前位置
AXISX_LDPOS	加载位置		

例 10-5　运料小车控制要求。

运料小车运行示意图如图 10-48 所示。运料小车由 Kinco 3M458 三相步进电机驱动器通过丝杠驱动,丝杠的传动螺距为 4.0mm,步进电机驱动脉冲为 1000 脉冲/转,SQ1、SQ2 分别为原点和终点限位开关,SQ3、SQ4 分别为两侧极限开关。

按下启动按钮 SB1,运料小车由原点以 10.0mm/s 的速度驶向 SQ2 方向,到达 SQ2 后,停止 3s,运料小车又以同样的速度返回原点 SQ1 停止,运料小车的加减速时间均为 100ms。若运料小车越过 SQ1(或 SQ2)而撞下 SQ3(或 SQ4),则运料小车立即停止。

图 10-48　运料小车运行示意图

PLC I/O 端子分配表如表 10-9 所示。

表 10-9　PLC I/O 端子分配表

输　入		输　出		V 存储器			
名称符号	地址	名称符号	地址	名称符号	地址	名称符号	地址
启动按钮 SB1	I0.0	脉冲输出	Q0.0	给定位置	VD20	当前速度	VD14
原点 SQ1	I0.6	方向信号	Q0.1	给定速度	VD24	当前方向	V0.1
终点 SQ2	I0.4	—	—	当前位置	VD10	停止命令	V0.2
急停按钮 SB2	I0.1						

步进驱动器接线及设置如图 10-49、表 10-10 所示。

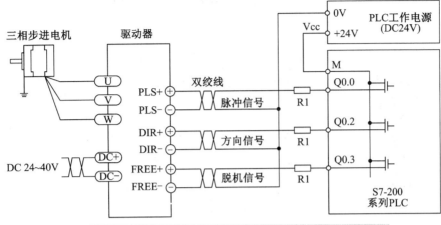

图 10-49　Kinco 3M458 三相步进电机驱动器的典型接线图

表 10-10　步进驱动器细分设置表

DIP1	DIP2	DIP3	细分	DIP1	DIP2	DIP3	细分
ON	ON	ON	400 步/转	OFF	ON	ON	2000 步/转
ON	ON	OFF	500 步/转	OFF	ON	OFF	4000 步/转
ON	OFF	ON	600 步/转	OFF	OFF	ON	5000 步/转
ON	OFF	OFF	1000 步/转	OFF	OFF	OFF	10000 步/转

运动向导设置方法如下：

① 打开编程软件，找到"向导"中的"运动"，双击之，如图 10-50 所示。

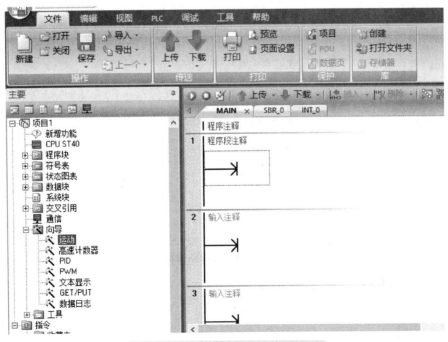

图 10-50　编程软件向导运动设置

② 弹出运动控制向导窗口，选中"轴0"复选框进行组态，如图10-51所示。

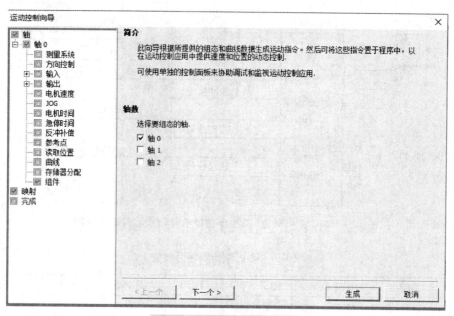

图10-51　组态轴0设置

③ 单击"测量系统"，设置驱动步进电机所需的脉冲数及位移参数，如图10-52所示。

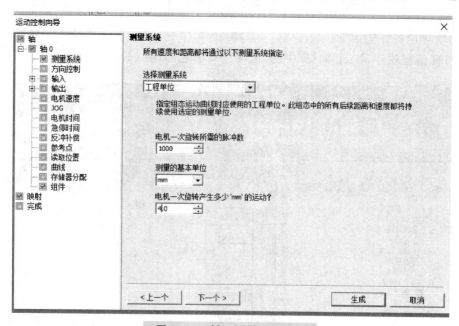

图10-52　轴0测量系统设置

④ 对方向控制进行设置，如图10-53所示。

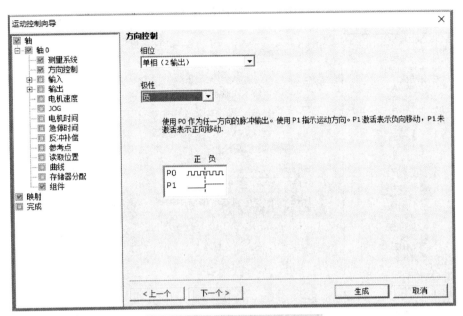

图 10-53　运动向导方向设置

⑤ 正反方向限位设置,先选中"LMT＋"复选框,设置正向限位,如图 10-54 所示。

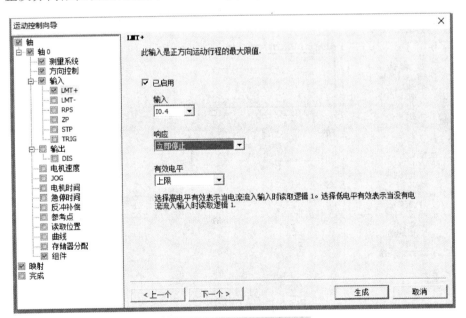

图 10-54　正向限位设置

⑥ 再选中"LMT－",设置反向限位,如图 10-55 所示。

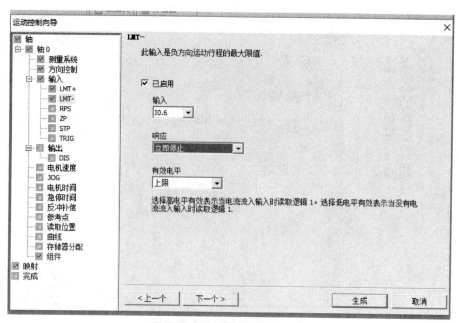

图 10-55 反向限位设置

⑦ 设定加减速时间,如图 10-56 所示。

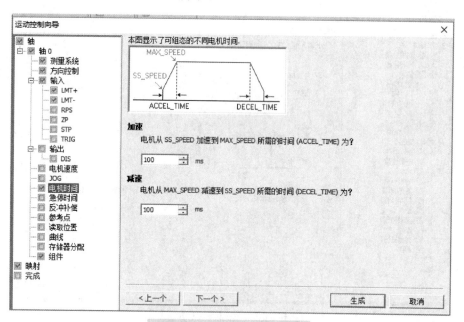

图 10-56 加减速时间设置

⑧ 设置存储器地址,如图 10-57 所示,建议设置得大一些,避免与习惯使用的地址冲突,如填写 VB1000。

第 10 章 交流伺服电机控制技术

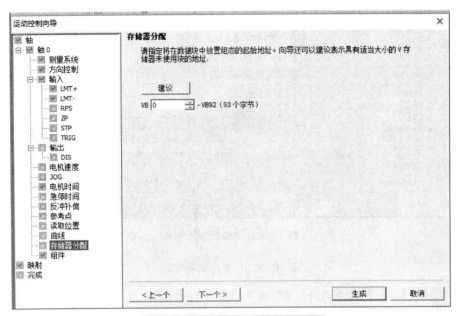

图 10-57 存储器地址分配设置

⑨ 选择组件(运动控制指令),本例选择 5 号指令(AXISX-GOTO 命令运动轴移动到所需位置),如图 10-58 所示。单击"生成"按钮,结束向导设置。

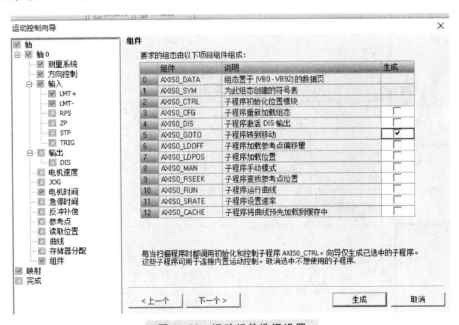

图 10-58 运动组件选择设置

⑩ 软件左下角调用子例程中有两条运动控制命令,即 AXISX-GOTO 和 AXISX-CTRL 指令,它们的格式和参数功能如图 10-59、表 10-11 所示。

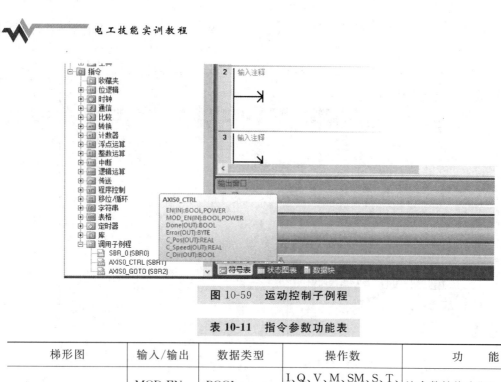

图 10-59 运动控制子例程

表 10-11 指令参数功能表

梯形图	输入/输出	数据类型	操作数	功　能
AXIS0_CTRL EN MOD_EN 　　　Done 　　　Error 　　　C_Pos 　　　C_Speed 　　　C_Dir	MOD-EN	BOOL	I、Q、V、M、SM、S、T、C、L、能流	该参数始终为"1"
	Done	BOOL	I、Q、V、M、SM、S、T、C、L	完成时,该参数会输出
	Error	BYTE	IB、QB、VB、MB、SMB、SB、AC、*VD、*AC、*LD	错误标志位
	C_Pos	DINT、REAL	ID、QD、VD、MD、SMD、SD、AC、*VD、*AC、*LD	当前位置,可以是脉冲数(DINT),也可以是工程单位数(REAL)
	C_Speed	DINT、REAL	ID、QD、VD、MD、SMD、SD、AC、*VD、*AC、*LD	当前速度,可以是脉冲数,也可以是工程单位数
	C_Dir	BOOL	I、Q、V、M、SM、S、T、C、L	当前方向,0—正向运行,1—反向运行
AXIS0_GOTO EN START Pos　　Done Speed　Error Mode　C_Pos Abort　C_Speed	START	BOOL	I、Q、V、M、SM、S、T、C、L、能流	使用边沿指令触发,启动信号
	Pos	DINT、REAL	ID、QD、VD、MD、SMD、SD、AC、*VD、*AC、*LD、常数	指示要移动的位置(绝对移动)或要移动的距离(相对移动),该值是脉冲数或工程单位数
	Speed	DINT、REAL	ID、QD、VD、MD、SMD、SD、AC、*VD、*AC、*LD、常数	轴移动的目标速度,该值单位是脉冲数/秒(DINT),也可以是工程单位数/秒(REAL)
	Mode	REAL	IB、QB、VB、MB、SMB、SB、AC、*VD、*AC、*LD、常数	移动类型:0—绝对位置,1—相对位置,2—单速连续正转,3—单速连续反转
	Abort	BOOL	I、Q、V、M、SM、S、T、C、L	轴停止命令

⑪ 编写 PLC 控制程序,如图 10-60 所示。

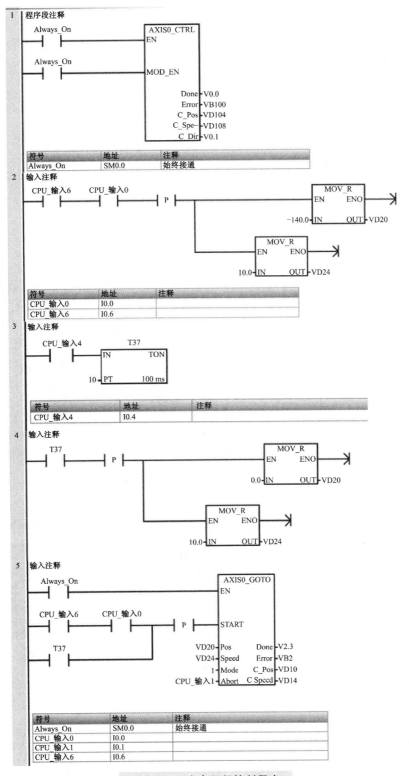

图 10-60 小车运行控制程序

例 10-6 以太网通信应用。

① 控制要求。建立 PLC SR40 和 SR30 的通信，用 SR40 的 I0.0 触点状态控制 SR30 的 Q0.0 输出状态。

② PLC 的 I/O 及内存分配表如表 10-12 所示。

表 10-12　PLC 的 I/O 及内存分配表

S7-200 SMART　SR40 PLC		S7-200 SMART　SR30 PLC	
控制按钮	I0.0	指示灯	Q0.0
发送数据区	IB0	接收数据区	VB1
IP 地址	192.168.0.2	IP 地址	192.168.0.3

③ 通信设置。

a. 首先打开编程软件，双击指令树中 CPU 图标，在系统块里，选择 PLC 类型为"CPU SR40"，如图 10-61 所示。

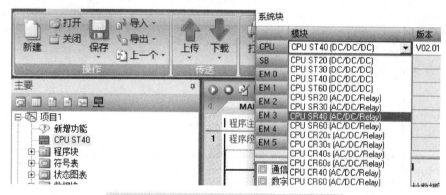

图 10-61　编程软件系统块 PLC 类型选择

b. 修改其 IP 地址，如图 10-62 所示。

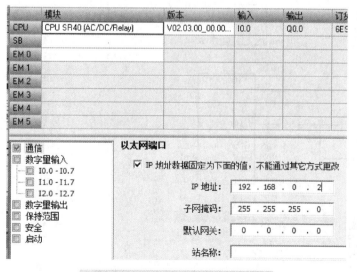

图 10-62　CPU 的 IP 地址的设置

图 10-63　选择"GET/PUT"

c. 在向导中找到"GET/PUT",双击之打开,如图 10-63 所示。

d. 单击"添加"按钮,出现"Operation0",如图 10-64 所示。单击左上方"Operation0",出现如图 10-65 所示的界面。

图 10-64 Operation0 选择

e. 在"Get/Put 向导"中,如图 10-65 所示,修改类型、传送大小、本地地址、远程地址、远程 IP。其中远程地址的意思为:将 SR40 中的 IB0 数值传送到 SR30 中的 VB1 中,即 SP40 中的 I0.0 得电闭合,则 SR30 中的 V1.0 得电闭合,通过其控制 SR30 中的输出 Q0.0 的工作状态。

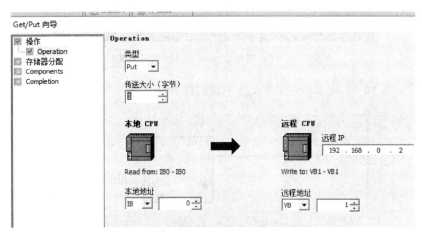

图 10-65 GET/PUT 窗口属性设置

f. 按图 10-66 所示修改"存储器分配"地址,建议起始地址大些,避开常用地址,单击"生成"按钮,两台 PLC 的以太网通信建立完成。

图 10-66 存储器地址分配设置

④ 编写 SR40 PLC 程序。

a. 如图 10-67 所示，在指令树下方，调用子例程中"NET_EXE"子例程，双击引用"NET-EXE"子例程。

图 10-67　编程软件中调用通信子例程

b. 编写如图 10-68 所示程序，完成后下载程序。

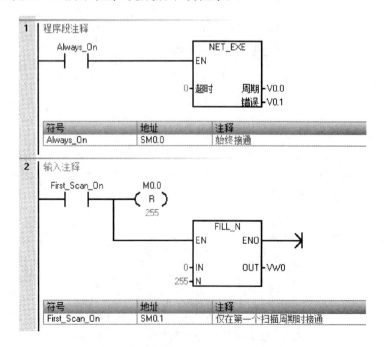

图 10-68　SR40 PLC 控制程序

⑤ 再次打开编程软件,编写 SR30 PLC 程序。

a. 如图 10-69 所示,选择 CPU 类型,修改 IP 地址。

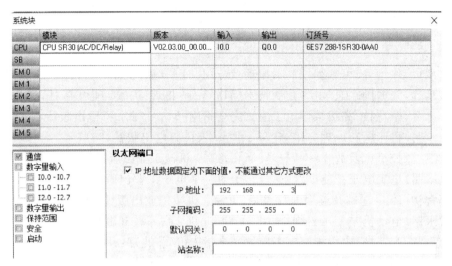

图 10-69　SR30 PLC 的 IP 地址设置

b. 按图 10-70 所示编写控制程序,完成后下载到 SR30 PLC 中。

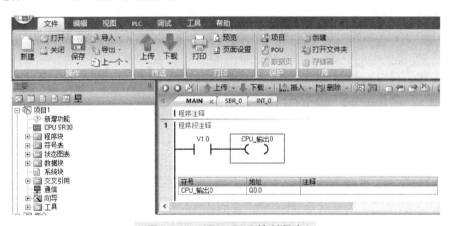

图 10-70　SR30 PLC 控制程序

⑥ 联机运行。

按下 SR40 PLC 中的 I0.0,SR30 PLC 中的 V1.0 闭合,Q0.0 得电输出,对应的外部指示灯亮。

参 考 文 献

1. 宫淑贞,徐世许.可编程控制器原理及应用[M].3 版.北京:人民邮电出版社,2012.
2. 方承远,张振国.工厂电气控制技术[M].3 版.北京:机械工业出版社,2006.
3. 李惠贤,李花枝.高级维修电工应试完全指南[M].北京:科学出版社,2005.
4. 熊幸明.机床电路原理与维修[M].北京:人民邮电出版社,2011.
5. 黄卫.数控机床及故障诊断技术[M].北京:机械工业出版社,2004.
6. 熊幸明.电工电子技能训练[M].2 版.北京:电子工业出版社,2013.
7. 廖常初.PLC 基础及应用[M].2 版.北京:机械工业出版社,2010.
8. 黄永铭.电动机与变压器维修[M].4 版.北京:高等教育出版社,2012.
9. 李惠贤,李花枝.中级维修电工应试完全指南[M].北京:科学出版社,2005.
10. 韩鸿鸾,荣维芝.数控原理与维修技术[M].北京:机械工业出版社,2004.
11. 袁维义.电工技能实训[M].北京:电子工业出版社,2008.
12. 徐耀生.电气综合实训[M].北京:电子工业出版社,2003.
13. 张燕宾.电动机变频调速图解[M].北京:中国电力出版社,2003.
14. 吴中俊,黄永红.可编程序控制器原理及应用[M].2 版.北京:机械工业出版社,2005.
15. 王建,莫冰莹.维修电工(高级)国家职业资格证书取证问答[M].北京:机械工业出版社,2014.
16. 张进秋,陈永利,张中民.可编程控制器原理及应用实例[M].北京:机械工业出版社,2004.
17. 郭宗仁,吴亦锋,郭宁明.可编程序控制器应用系统设计及通信网络技术[M].2 版.北京:人民邮电出版社,2009.
18. 西门子(中国)有限公司.深入浅出西门子 S7-200 SMART PLC[M].2 版.北京:北京航空航天大学出版社,2018.